Ausgezeichnete Informatikdissertationen 1999

Im Auftrag der GI herausgegeben durch
den Nominierungsausschuß

Herbert Fiedler — U Bonn
Oliver Günther — HU Berlin
Werner Grass — U Passau
Steffen Hölldobler — TU Dresden
Günter Hotz (Vorsitzender) — U Saarbrücken
Rüdiger Reischuk — MedU Lübeck
Bernhard Seeger — U Marburg
Dorothea Wagner — U Konstanz

B.G.Teubner Stuttgart · Leipzig · Wiesbaden

1. Auflage September 2000

ISBN- 13: 978-3-519-02650-1   e-ISBN- 13: 978-3-322-84823-9
DOI: 10.1007/ 978-3-322-84823-9

Vorwort

Die Gesellschaft für Informatik zeichnet jedes Jahr eine Dissertation durch einen Preis aus, der im Rahmen der Jahrestagung verliehen wird. Die diesjährige Preisverleihung betrifft die Dissertationen von Kandidaten, die ihre Promotion 1999 abgeschlossen haben. Die deutschen Hochschulen können für diesen Preis höchstens einen Kandidaten vorschlagen. Für den in diesem Jahr zu verleihenden Preis gab es von 23 Hochschulen Vorschläge.

Der Nominierungsausschuß veranstaltete am 26. und 27. Mai dieses Jahres ein Kolloquium in den Räumen der *Akademie der Wissenschaften und der Literatur zu Mainz*, das den Kandidaten Gelegenheit bot, ihre Resultate im Kreis der Mitbewerber vorzustellen und zu verteidigen. Die rege Beteiligung der Kandidaten an den Diskussionen trug wesentlich zum Verständis der Resultate bei. Wieder begrüßten alle Teilnehmer dieses Gespräch über die engeren Fachrichtungen hinaus lebhaft.

Am 27. Mai abends konnte der Nominierungsausschuß sich auf vier Kandidaten für den Preis einigen. Zwei dieser Kandidaten promovierten mit Resultaten aus dem Bereich der Komplexitätstheorie. Die beiden anderen Kandidaten beeindruckten durch die Bearbeitung aktueller praktischer Fragestellungen, deren Lösung den nicht trivialen Einsatz mathematischer und softwaretechnischer Methoden erforderte. Schließlich konnte sich der Ausschuß auf die Nomination von Frank Kurth von der Universität Bonn einigen, dessen Ergebnisse auf ein breites Intersse stoßen und der diese in erstaunlich kurzer Bearbeitungszeit erzielte.

Die Kolloquiumsteilnehmer waren nur noch zum Teil an den Hochschulen tätig, an denen sie promoviert hatten. Einige Teilnehmer reisten von weit her an (USA und China), um an dem Kolloquium teilzunehmen. Der Ausschuß bedauert, daß er die Anreise der Teilnehmer nicht finanziell unterstützen konnte. Der Gesellschaft für Informatik gebührt Dank dafür, dass sie die Aufenthaltskosten der Teilnehmer in Mainz übernommen hat. Der Akademie danken wir für die Möglichkeit, dieses Kolloquium in ihren Räumen veranstalten zu können. Besonderen Dank verdient Frau Juliane Klein, die die Organisation des Kolloquiums vortrefflich vorbereitet hatte.

Ein besonderer Dank gebührt auch Herrn Dr. Peter Spuhler vom Teubner-Verlag für die Aufnahme der Dissertationspreisreihe in das Verlagsprogramm und der Ernst-Denert-Stiftung für Software-Engineering, die diese Reihe finanziell unterstützt.

Der Nominierungsausschuß hat wie stets effizient und konstruktiv zusammengearbeitet und dem Vorsitzenden die Arbeit leicht gemacht.

Der Wunsch, Informationen zu übertragen und auszutauschen, macht es bei begrenzten Kanalkapazitäten wünschenswert, die zu übertragenden Daten nach Möglichkeit zu komprimieren. Diese Kodierung der Daten erfordert natürlich eine Dekodierung, um sie für den Empfänger verständlich zu machen. Die Kodierung des Datenstromes kann alle Details, die für keinen Empfänger von Bedeutung sind, entfernen und auch den Rest noch weiter komprimieren, wenn das Orginal Teile enthält, die aus dem Gesamtzusammenhang rekonstruierbar sind. Frank Kurth hat sich in seiner Disseration diesen Fragen im Zusammenhang mit der Übertragung von Sprache und Musik, d.h. der audiovisuellen Wahrnehmung gewidmet. Kontinuierliche Eingangssignale werden digitalisiert, um zum Beispiel über das Internet übertragen zu werden, und vom Empfanger wieder in hörbare, d.h. kontinuierliche Signale zurückverwandelt. Natürlich wünscht man sich, daß dieser Prozeß, wenn man ihn iteriert, stets das selbe Resultat liefert, d.h. daß die iterierte Anwendung von Kodierung-Dekodierung das nach dem ersten Kodierungs-Dekodierungsschritt erzeugte Signal nicht mehr verändert. Diese Forderung wird durch das von Frank Kurth in seiner Dissertation angegebene Verfahren erstmals erfüllt. Er erreicht dies, indem er die Signale nicht bis auf das äußerste komprimiert, sondern einen kleinen Teil der bei der Kompression gewonnenen Kapazitäten dazu verwendet, um für den Hörer nicht wahrnehmbare Informationen mit zu übertragen, die sein Verfahren ausnutzen kann, um die Invarianz des Hörbaren zu gewährleisten. Er hat in seiner Arbeit bewiesen, daß seine Methode diese Invarianz gewährleistet und das Verfahren technisch realisiert. Weiterhin hat er durch umfangreiche Tests gezeigt, daß sein Verfahren trotz gewisser unvermeidbarer Unterschiede zwischen Theorie und Praxis die Invarianz-Forderung zumindest nach zwei- bis dreimaliger Iteration ohne hörbare Qualitätseinbußen erfüllt. Die theoretische Fundierung des Verfahrenens, seine technische Umsetzung und seine Tests hat er in eineinhalb Jahren vollendet. Die Gesellschaft für Informatik würdigt mit dieser Preisverleihung eine Arbeit, die vorbildlich ist in der Verbindung von theoretischer Fundierung, praktischer Umsetzung und experimenteller Erprobung.

Für die Zusammenstellung der nicht in einheitlichem Format gelieferten Kurzfassungen zu dem vorliegenden Buch danke ich Herrn Timo von Oertzen herzlich.

Günter Hotz, Saarbrücken im Juli 2000

Kandidaten für den
GI-Dissertationspreis 2000

Georg Bareth	U	Hohenheim
Jörg Bruske	U	Kiel
Henning Dierks	U	Oldenburg
Jana Dittmann	TU	Darmstadt
Christian Drewniok	U	Hamburg
Michael Germann	U	Erlangen-Nürnberg
Torsten Grust	U	Konstanz
Martin Hennecke	U	Hildesheim
Ulrich Hensel	TU	Dresden
Evgeni Ivanov	TU	Ilmenau
Michael Jaedicke	U	Stuttgart
Thomas Kemp	U	Karlsruhe
Frank Kurth	U	Bonn
Jörn von Lucke	HS	Speyer
Volker Markl	TU	München
Oliver Matz	RWTH	Aachen
Bernhard Metzler	TU	Braunschweig
Marek Musial	TU	Berlin
Martin Sauerhoff	U	Dortmund
Gerik Scheuermann	U	Kaiserslautern
Bernhard Sick	U	Passau
Uta Störl	U	Jena
Can Türker	U	Magdeburg

Nominierungsausschuß für den GI-Dissertationspreis 2000

Herbert Fiedler	U	Bonn
Oliver Günther	HU	Berlin
Werner Grass	U	Passau
Steffen Hölldobler	TU	Dresden
Günter Hotz (Vorsitzender)	U	Saarbrücken
Rüdiger Reischuk	MedU	Lübeck
Bernhard Seeger	U	Marburg
Dorothea Wagner	U	Konstanz

Inhaltsverzeichnis

Emissionen klimarelevanter Gase aus der Landwirtschaft

- Regionale Darstellung und Abschätzung unter Nutzung von GISam Beispiel des württembergischen Allgäus -

Georg Bareth
Universität Hohenheim
Institut für Landwirtschaftliche Betriebslehre (410 A)
Fachgebiet für Agrarinformatik und Unternehmensführung

Einführung

Klimarelevante Gase und umwelttoxische Stoffe aus der Landwirtschaft und Landschaftsnutzung sind in bedeutendem Umfang an den anthropogenen Emissionen von Treibhausgasen beteiligt (Enquete-Kommission 1994). Die Enquete-Kommission 'Schutz der Erdatmosphäre' des Deutschen Bundestages gibt in ihrem 1994 erschienenen Bericht 'Schutz der Grünen Erde - Klimaschutz durch umweltgerechte Landwirtschaft und Erhalt der Wälder' die globale Beteiligung der Landwirtschaft an den anthropogenen Emissionen klimarelevanter Gase mit 15 % an. Für die Bundesrepublik Deutschland wird von Größenordnungen zwischen 7 und 9 % ausgegangen (Trunk 1995). Vor allem der hohe Anteil der Landwirtschaft von jeweils 30 % an der Emission von Methan (CH_4) und Lachgas (N_2O) ist nicht zu vernachlässigen (Enquete-Kommission 1994). Beide Treibhausgase besitzen aufgrund ihrer längeren Verweilzeit in der Atmosphäre sowie Ihrer optischen Eigenschaften ein vielfaches Treibhauspotential im Vergleich zu Kohlendioxid (CO_2) (IPCC 1996a). N_2O ist zusätzlich am Abbau des stratosphärischen Ozons beteiligt, wodurch es eine besondere Bedeutung für den Strahlungshaushalt erlangt (Warnecke 1997). Unter Berücksichtigung der Tropenwaldvernichtung und Biomasseverbrennung hat CO_2 mit ca. 52 % den größten Anteil an den globalen Emissionen aus der Landwirtschaft (Ahlgrimm 1995). Für Deutschland werden 46 % angegeben, wobei die Emissionen durch die Verbrennung fossiler Energieträger miteinbezogen sind. Dies entspricht aber nur einem Anteil von ca. 34% an den gesamten anthropogenen CO_2-Emissionen in der Bundesrepublik Deutschland (Enquete-Kommission 1994).

Problematik

Die chemisch/physikalische Wirkungsweise der Treibhausgase und Ihre Auswirkungen auf das Klima sind weitgehend bekannt (Flohn 1988). Über die
Quellen der Emissionen bestehen in globalem Maßstab konkrete Vorstellungen
(Brauch 1996). Selten sind allerdings regionale Aussagen in größerem Maßstab,
so z.B. auf kommunaler Ebene, die sich zusätzlich auf einen bestimmten Sektor
der anthropogenen Emissionen (z.B. die Landwirtschaft) beziehen. Die vorliegenden Arbeiten zu klimarelevanten Emissionen aus Landwirtschaft und Landschaftsnutzung in regionalem Maßstab liegen zudem meist in tabellarischer
Form vor. Sie basieren auf Modellrechnungen von statistischen Daten unterschiedlicher Skalierung, die für administrative Einheiten zur Verfügung stehen
oder aus Erhebungen gewonnen wurden, ohne allerdings die naturräumliche
Ausstattung in angemessener Weise zu berücksichtigen (Beauchamp 1997). So
beschränken sich z.B. die bisherigen Ansätze zur Abschätzung regionaler oder
globaler N-haltiger Emissionen aus Böden auf der Annahme eines prozentua-
len Anteils der N-Emissionen an der ausgebrachten Stickstoffdüngung (IPCC
1996d). Die Einbeziehung des Naturraums bei der Modellierung von klimarelevanten Emissionen und deren Vermeidungsmöglichkeiten ist aber für eine
realitätsnahe und praxisbezogene Betrachtungsweise von grundlegender Bedeutung, um Vermeidungsstrategien sinnvoll in der Landwirtschaft um- und
einzusetzen. Eine Modellierung der Emission von klimarelevanten Gasen aus
der Landwirtschaft sowie eine Modellierung der Auswirkungen von Vermeidungsstrategien unter Berücksichtigung der naturräumlichen Gegebenheiten
in regionalem meso- bis makroskaligem Maßstab wurde bislang nicht durchgeführt.

Limitierender Faktor für raumbezogene regionale, insbesondere großmaßstäbi-
ge Aussagen von klimarelevanten Emissionen aus Landwirtschaft und Landschaftsnutzung ist vor allem die Datendichte von Meßwerten. Die Erfassung
und Darstellung klimarelevanter Gase erweist sich als sehr schwierig und kost-
spielig. Dies liegt zweifelsohne an der geringen Konzentration der Gase in den
Medien Pedosphäre, Biosphäre, Hydrosphäre und Atmosphäre, woraus sich ein
erheblicher technischer Aufwand bei der Messung der Gase ergibt (Butterbach-
Bahl et al. 1997; Conrad und Rasmussen 1993).

Das Gesamtsystem der Emission klimarelevanter Gase und umwelttoxischer
Stoffe aus Landwirtschaft und Landschaftsnutzung erweist sich als äußerst
komplex und vielschichtig (Jarvis 1997; Adger und Brown 1994). Deshalb fallen bei einer regionalen, flächenspezifischen Betrachtung sehr große Mengen an
Daten und Informationen an, die sich nur schwer zusammenführen, analysieren
und darstellen lassen. Nur unter dem Einsatz moderner Informationstechnolo-
gien ist die Bearbeitung von großen und heterogenen Datenbeständen möglich

(Riss und Zettl 1999). Für die Bearbeitung raumbezogener Fragestellungen eignet sich insbesondere die Anwendung von GeoInformationssystemen (GIS) (Blaschke 1997). GIS sind in der Lage räumliche Daten zu erfassen, zu verwalten, zu analysieren und zu präsentieren (Bill und Fritsch 1994). Allerdings müssen i) die Methoden und Modelle für die Bearbeitung der Fragestellung neu entwickelt werden oder ii) existierende Methoden und Modelle genutzt und in das GIS integriert werden. Dies erfordert wiederum einen intensiven Entwicklungsaufwand. Außerdem stellt der Bezug bestehender hochauflösender Sach- und Geometriedaten von Landesministerien und -ämtern sowie anderer Institutionen ein nicht zu unterschätzendes Problem dar. Die Daten liegen in unterschiedlichsten Datenformaten vor und müssen in das einheitliche Datenformat der GIS-Datenbank überführt werden, um gemeinsam im GIS bearbeitet werden zu können. Insbesondere die z.T. unüblichen Datenformate der Landesbehörden und -ämter sind hier zu nennen, die den Einsatz von entsprechenden Schnittstellen erfordern und deren Bezug und Formatierung mit einem sehr hohen technischen, zeitlichen und finanziellen Aufwand verbunden sind.

Ziele

Ziel der Arbeit ist es, unter Nutzung von existierenden Daten und GIS für das württembergische Allgäu ein regional differenziertes Umweltinformationssystem (UIS) für die Darstellung und Abschätzung klimarelevanter Emissionen aus der Landwirtschaft zu erstellen. Im Mittelpunkt steht hierbei die Berücksichtigung des Einflusses der naturräumlichen Ausstattung auf die Emissionen klimarelevanter Gase aus der Landwirtschaft. Dadurch werden Grundlagen für die Umsetzung und den Einsatz von Methoden zur Reduzierung der Emissionen klimarelevanter Gase und umwelttoxischer Stoffe aus der Landwirtschaft bereitgestellt, die für politische Entscheidungsunterstützung herangezogen werden können. Im einzelnen werden dabei die folgenden Teilziele genauer verfolgt:

- Bewertung vorhandener und verfügbarer Daten für die Fragestellung.
- Entwicklung/Anwendung einer an die Datenverfügbarkeit angepaßten Methodik.
- Aufbau der Datenbasis bzw. eines UIS im Sinne von Bill und Fritsch (1994:45) unter Nutzung von GIS. Das UIS wird aufgrund seiner thematischen Ausrichtung als Landwirtschaftliches Umweltinformationssystem für klimarelevante Emissionen (LUISKE) für das württembergische Allgäu bezeichnet.
- Darstellung des Ist-Zustandes (Referenzsystem) raumbezogener Emissionen in Folge landwirtschaftlicher Aktivität.

Die Untersuchungsregion württembergisches Allgäu

Der südöstlichste Teil von Baden-Württemberg gehört zum Naturraum Allgäu. Die Untersuchungsregion liegt im Bereich gemäßigt-ozeanischen Klimas mit kontinentalem Einschlag (Huttenlocher 1972). Charakteristisch für dieses kühl-humide Klima sind die niedrigen Jahresmitteltemperaturen und die hohen Niederschläge. Die jährlichen Niederschlagsmengen betragen zwischen 1200 und 1800 mm und nehmen nach Südosten hin zu. Die mittlere Jahresdurchschnittstemperatur liegt in der Untersuchungsregion zwischen 6 und 7,5 C. Die potentielle Evapotranspiration beträgt in der Untersuchungsregion zwischen 500 und 800 mm pro Jahr (Schmid 1995). Daraus leitet sich eine jährliche Durchfeuchtung (Grundwasser + Abflußspende) von mindestens 500 bis über 1000 mm ab. Die Grundwasserneubildung beträgt ca. zwischen 400 und 600 mm im Jahr (Schmid 1995).

Nach Stahr (1994) beobachtet man in der Geschiebemergellandschaft Oberschwabens und des Allgäus die Böden der sogenannten Mergelserie mit der Chronosequenz Lockersysrosem - Pararendzina - Parabraunerde - Pseudogley-Parabraunerde. Außerhalb des Jungmoränengebiets (Würm) sind Parabraunerden mit einer großen Entkalkungstiefe sowie sekundäre Pseudo- und Stagnogleye weit verbreitet. Im Jungmoränengebiet dominieren hingegen Parabraunerden und Braunerden mit geringer Entkalkungstiefe (Abt 1991; Bleich et al. 1987). Pararendzinen finden sich nur in Lagen sehr starker Bodenverjüngung oder auf Flächen mit anthropogenem Bodenabtrag (Stahr 1994).

Neben der vorgestellten Chronosequenz kann auch eine Toposequenz beschrieben werden. In einer vereinfachten Abfolge von der Hochfläche zur Senke findet sich die Bodenabfolge Pseudogley-Parabraunerde - Pararendzina - Braunerde-Parabraunerde - Kolluvium - Gley - Anmoor - Niedermoor (Stahr 1994). Insbesondere die vermoorten z.T. abflußlosen Senken und Becken sind typisch für die Untersuchungsregion, die deshalb zum *Voralpinen Hügel- und Moorland* zählt.

Die heutige Vegetation, die das Landschaftsbild in der Untersuchungsregion prägt, ist zum einen vor allem das Ergebnis des Nutzungswandels der letzten 50 Jahre und zum anderen durch die Siedlungs- und Nutzungsgeschichte seit dem 8. Jahrhundert bedingt. Sie ist geprägt von intensiver Grünlandnutzung, ungenutzten und genutzten Moorstandorten, Weihern und Seen, Laubmischwäldern an steilen Hängen und einzelnen Fichtenbeständen auf Moränenrücken und -hügeln (Kellermann 1998).

Methodik

Am Institut für Landwirtschaftliche Betriebslehre der Universität Hohenheim werden seit Anfang der 90er Jahre landwirtschaftliche Betriebsmodelle auf der Basis statischer linearer Programmierung entwickelt, die die Beeinflussung der Bewirtschaftung auf die Emission klimarelevanter Gase abbilden können (Kazenwadel et al. 1997; Löthe et al. 1997; Trunk 1995). Die Modelle sind in der Lage 'simultane Lösungen mehrdimensionaler Probleme zu erstellen' (Löthe et al. 1997). Die Modelle bestehen aus verschiedenen Teilmodellen, die in der Lage sind die Produktionstechnik, die Mechanisierung der Außenwirtschaft, die Tierhaltung mit Futterrationsgestaltung, die Güllewirtschaft sowie den Stickstoffkreislauf abzubilden. Diese hochkomplexen Modelle sind in der Lage, verschiedene Variationen von Produktionsverfahren, Bewirtschaftungsintensitäten, Fütterungsstrategien, Stall- und Güllelagerungssystemen unter Berücksichtigung zahlreicher beeinflussender Parameter zu modellieren und den jeweiligen Einfluß auf die Emissionen zu quantifizieren. Es können auch die betrieblichen Auswirkungen von Vermeidungsstrategien oder politische Vorgaben simuliert werden. Löthe (1999) und Trunk (1995) beschreiben diese Modelle ausführlich.

Für die Untersuchungsregion liegen verschiedene Betriebsmodelle für Futterbaubetriebe vor (Angenendt unveröff.; Trunk 1995). Diese Modelle können für eine regionale Modellierung anhand von Gruppenhöfen für das württembergische Allgäu eingesetzt werden. Hierbei wird z.B. eine Gemeinde anhand von wenigen repräsentativen Futterbaubetrieben dargestellt und die Ergebnisse auf die Gemeinde hochgerechnet.

Die mit den Betriebsmodellen berechneten Emissionen für Futterbaubetriebe für die in Abb.1 dargestellten Emissionssysteme Stall, Düngung und Verbrennung fossiler Energieträger basieren auf einer solch detaillierten Daten- und Modellbasis, daß eine bessere Abbildung der Emissionen im Rahmen der Fragestellung nicht durchgeführt werden kann. In der Literatur werden auch keine detaillierteren Modelle für Emissionen des Betriebsstandortes beschrieben. Dies gilt allerdings nicht für die flächenbezogenen Emissionen aus den durch die Landwirtschaft beeinflußten Böden, dem Emissionssystem Boden (Abb.1). Die Berücksichtigung der naturräumlichen Ausstattung ist bis dato in diesen Modellen nur stark aggregiert integriert.

Existierende Modelle für die räumliche Emissionsmodellierung aus der landwirtschaftlichen Nutzfläche benötigen z.T. sehr detaillierte Boden-, Be-wirtschaft-ungs- und Klimadaten. Eine solche Datenbasis existiert für die Untersuchungsregion württembergisches Allgäu nicht und kann auch nicht aufgebaut werden. Selbst die einfacheren Modelle benötigen Boden- und Bewirtschaftungsdaten auf Schlagebene, wobei vor allem letztere nicht zur Verfügung stehen und aus Gründen des Datenschutzes nur sehr aufwendig zu ermitteln sind. Folglich können die in der Literatur beschriebenen Modelle nicht für die flächenbezogene Emissionsdarstellung und -abschätzung von CO_2, CH_4 und N_2O herangezogen werden. Es muß deshalb eine Methodik gewählt bzw. ent-

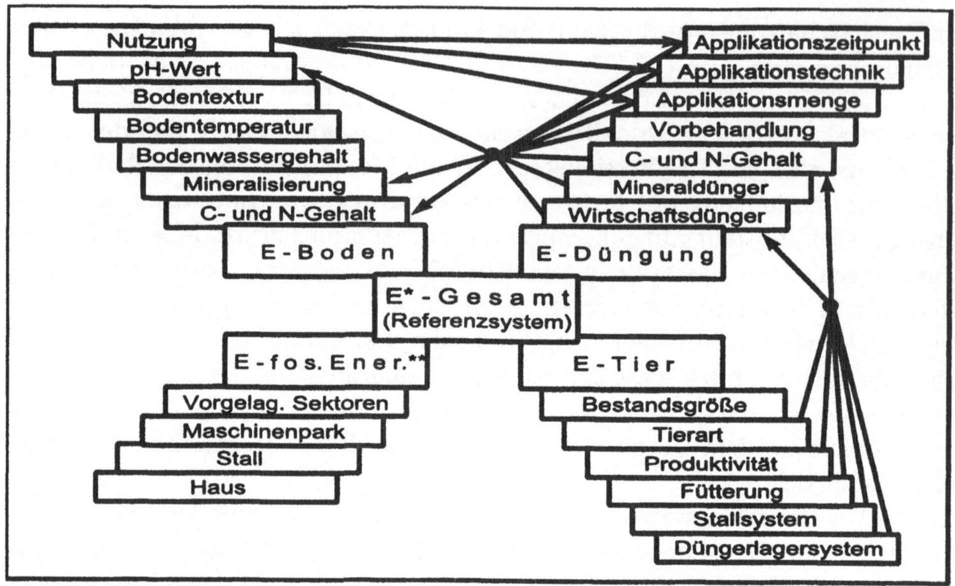

Abbildung 1: Einflussfaktoren der landwirtschaflichen Emissionen
* E: Emissionssystem
**E - fos. Ener.: Emissionssystem Verbrennung fossiler Energieträger

wickelt werden, die eine flächenbezogene Darstellung klimarelevanter Gase aus der Landwirtschaft anhand von existierenden und zugänglichen Daten, insbesondere von Landesämtern und -behörden, unter Berücksichtigung der naturräumlichen Ausstattung ermöglicht.

Für die zu bearbeitende Fragestellung wurde eine Methodik zur Emissionsabschätzung auf der Basis des von Matson und Vitousek (1990) beschriebenen *Ecosystem Approach* entwickelt. Der *Ecosystem Approach* basiert auf der Annahme, daß mittlere Emissionsmeßwerte eines Ökosystems repräsentativ für das Ökosystem sind. Daher kann zur Abschätzung der Emissionen aus Ökosystemen die Fläche einzelner definierter Ökosysteme mit vorhandenen mittleren Meßwerten multipliziert werden. Diese Vorgehensweise wird insbesondere bei der Erstellung von nationalen und globalen Emissionsinventaren verwendet und von Van Breemen und Feijtel (1990) als *bookkeeping models* bezeichnet.

Für die regionale Betrachtung der Untersuchungsregion württembergisches Allgäu wurde die Vorgehensweise des *Ecosystem Approach* in Kombination mit GIS bzw. UIS und der Methodik von wissensbasierten Systemen gewählt. In Anlehnung an den *Ecosystem Approach* wird die Methode als *Boden-Landnutzungs-System-Ansatz* bezeichnet. Der Ansatz basiert auf der Arbeitsweise von wissensbasierten Systemen, wie z.B. Expertensysteme, die dem Forschungszweig der Künstlichen Intelligenz (KI) entstammen.

Für die Bearbeitung der vorliegenden Problemstellung wird die Methodik der Ableitung neuen Wissens durch wissensbasierte Produktionsregeln genutzt (Leung 1997; Krems 1994; Wright 1993), um die Emissionen aus der Landwirtschaft abzubilden. Die Wissensbasis für die Erstellung der wissensbasierten Produktionsregeln wurde anhand vorhandener Literatur und in Zusammenarbeit mit den Experten des Forschungsprojektes[1] erarbeitet. Es wird qualitatives und quantitatives Expertenwissen genutzt, um Boden-Landnutzungs-Systemen - in Abhängigkeit ihrer Bodeneigenschaften und ihrer Landnutzung - Emissionspotentiale zuzuordnen. Diese Vorgehensweise ist wesentlich disaggregierter im Vergleich zu dem *Ecosystem Approach*, weil innerhalb von Ökosystemen Subklassen aufgrund von wechselnden Bodeneigenschaften und Landnutzungen identifiziert werden können. Es wird unterstellt, daß existierende Emissionsmeßwerte eines Bodentyps unter einer bestimmten Nutzung und Düngung auf vergleichbare Standorte innerhalb der Region übertragen werden können. Dies gilt nur dann, wenn die klimatischen Voraussetzungen innerhalb einer Region nahezu homogen sind. Die Generierung von Boden-Landnutzungs-Systemen, die Identifikation vergleichbarer Systeme und die Berechnung deren Fläche kann durch die Nutzung eines GIS bzw. den Aufbau eines UIS und wissensbasierten Produktionsregeln erfolgen.

In Abb.2 ist der Prozeß des Boden-Landnutzungs-System-Ansatzes vereinfacht dargestellt. Das Verfahren gliedert sich in vier wesentliche Arbeitsschritte:

1. Unter Nutzung von GIS werden alle für die Fragestellung relevanten Raum- und Sachdaten in ein einheitliches Datenformat überführt und in einer Datenbasis zusammengeführt. Aufgrund der thematischen Ausrichtung des GIS wird dieses als <u>L</u>andwirtschaftliches <u>U</u>mwelt<u>i</u>nformations<u>s</u>ystem für <u>k</u>limarelevante <u>E</u>missionen (LUISKE) bezeichnet.

2. Mit GIS-Funktionalitäten ist es möglich, Boden- und Landnutzungsdaten sowie weitere vorhandene Fachinformationen miteinander sowohl geometrisch als auch tabellarisch zu 'verschneiden'. Das Ergebnis sind Boden-Landnutzungsdaten, die sich sowohl geometrisch als auch anhand ihrer Attribute in der Datenbank analysieren lassen. Auf diese Art und Weise können Boden-Landnutzungs-Systeme identifiziert und in der Datenbank selektiert werden.

---

[1]Die Arbeit wurde im Rahmen des im Januar 1996 an der Universität Hohenheim eingerichteten Graduiertenkollegs mit dem Titel 'Strategien zur Vermeidung der Emission klimarelevanter Gase und umwelttoxischer Stoffe aus Landwirtschaft und Landschaftsnutzung' durchgeführt. Das Projekt wird von der Deutschen Forschungsgemeinschaft finanziert. Weiter Informationen zum Hohenheimer Graduiertenkolleg unter http://www.uni-hohenheim.de/~wwwgkoll.

3. Die erzeugte Boden-Landnutzungs-Datenbank kann nun über Datenbank-selektions-verfahren weiterbearbeitet werden. Relationale Datenbanken, welche üblicherweise in GIS zur Verfügung stehen, eignen sich aufgrund ihrer Selektionsverfahren sehr gut zur Erzeugung von wissensbasierten Produktionsregeln die in Form von WENN-DANN-Regeln benutzt werden. Die Datenbanken verfügen über entsprechende Programmiersprachen (z.B. AML = ArcInfo Macro Language), mit denen die wissensbasierten Produktionsregeln programmiert werden können.

4. Die generierten Emissionsdaten können zum einen über GIS-Funktionalitäten in Form von Karten, Diagrammen oder Tabellen präsentiert werden. Emissionskarten ermöglichen die Identifikation der räumlichen Verbreitung von Emissionen. Zum anderen können durch GIS-Funktionalitäten die den Flächen zugeordneten Emissionswerte für die gesamte Region aufsummiert oder z.B. als mittlerer Emissionswert pro ha berechnet werden. Die Ergebnisse der räumlichen Emissionsmodellierung können in die betriebliche Modellierung z.B. eines Regionshofes integriert werden. Durch die Integration der räumlichen Emissionsabschätzung in die betriebliche Emissionsmodellierung sind alle der in Abb.1 vorgestellten Emissionssysteme Boden, Düngung, Stall und Verbrennung fossiler Energieträger bei der Modellierung der Emission berücksichtigt.

Abbildung 2: Arbeitsschritte des Boden-Landnutzungs-System-Ansatzes: 1.Aufbau eines GIS bzw. UIS, 2. Erzeugung der Boden-Landnutzungs-Daten, 3. Generierung der räumlichen Emissionsdaten, 4. Präsentation der Ergebnisse und deren Integration in die betriebliche Modellierung

Ergebnisse

Anhand der entwickelten Methode des Boden-Landnutzungs-System-Ansatzes und des LUISKE konnten für das württembergische Allgäu die Emissionen aus landwirtschaftlich genutzten Böden modelliert werden. Die mittlere Emission von CH_4 beträgt 3,5 kg CH_4-C ha^1a^{-1} und von N_2O 3,1 kg N_2O-N $ha^{-1}a^{-1}$. Im Gegensatz zu CH_4 und N_2O wurde für die LF der Untersuchungsregion eine CO_2-Senke von 1,4 t CO_2-C $ha^{-1}a^{-1}$ modelliert. Die C-Senke kann durch den Landnutzungswechsel in der Region von Ackerland zu Grünland erklärt werden, der bis Ende der sechziger Jahre andauerte. Eine Berechnung der gesamten Emissionen klimarelevanter Gase aus landwirtschaftlich genutzten Böden in CO_2-äquivalente ergibt für das württembergische Allgäu eine CO_2-äquivalenten-Senke in der Höhe von 3,4 t $ha^{-1}a^{-1}$ bei einem Zeithorizont von 100 Jahren. Entscheidende Größe ist hier die modellierte C-Senke. Aufgrund nicht verfügbarer, raumbezogener Daten zum Landnutzungswechsel, der die Größe der C-Senke bestimmt, wurde ein Minimum-Szenario modelliert. Die mittlere C-Senke des Minimum-Szenarios beträgt 0,7 t CO_2-C $ha^{-1}a^{-1}$. Die Be-

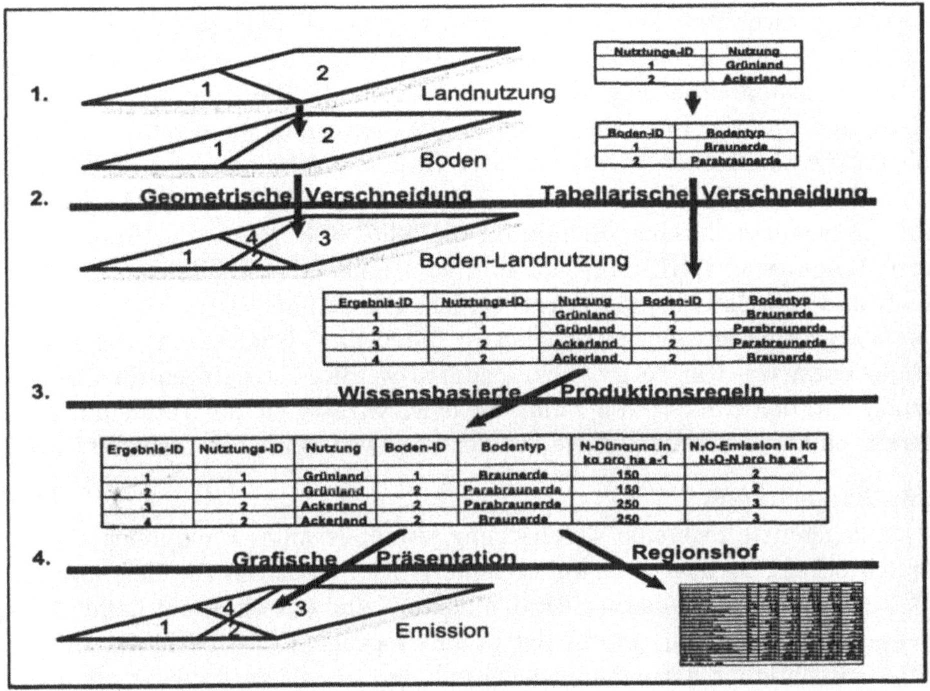

Abbildung 2: Arbeitsschritte des Boden-Landnutzungs-System-Ansatzes:
1.Aufbau eines GIS bzw. UIS, 2. Erzeugung der Boden-Landnutzungs-Daten,
3. Generierung der räumlichen Emissionsdaten, 4. Präsentation der Ergebnisse
und deren Integration in die betriebliche Modellierung

rechnung der gesamten Emissionen ergibt dann eine CO_2-äquivalenten-Senke
von 0,9 t $ha^{-1}a^{-1}$.

Zur Abschätzung der Emissionen aus der Landwirtschaft für die Untersuchungsregion wurden die Ergebnisse der räumlichen Emissionsmodellierung in
die betriebliche Emissionsmodellierung von Gemeindehöfen integriert. Es wurden hierfür die Ergebnisse des Minimum-Szenarios verwendet. Die Emissionen
aus der Landwirtschaft betragen für das württembergische Allgäu 6,1 t CO_2-
äquivalente ha^1a^1 bei einem Zeithorizont von 100 Jahren. Ohne die Berücksichtigung der raumbezogenen Emissionsmodellierung betragen die Ergebnisse
der Betriebsmodellierung 8,3 t CO_2-äquivalente ha^1a^1 bei einem Zeithorizont
von 100 Jahren.

Die Modellierung der aktuellen Emissionen aus der Landwirtschaft stellt die
Grundlage für die Simulation von Vermeidungsszenarien dar. Im württembergischen Allgäu sind aufgrund der naturräumlichen Gegebenheiten organische

Böden weit verbreitet. Diese Böden weisen unter Bewirtschaftung ein hohes Emissionspotential auf. Durch eine Extensivierung solcher Standorte wird deren Emissionspoptential gesenkt. Auf der Basis des LUISKE wurde beispielhaft das raumbezogene Vermeidungsszenario *Extensivierung organischer Böden* simuliert. Die Emissionen klimarelevanter Gase aus der Landwirtschaft verringerten sich um 1,1 t CO_2-äquivalente ha^{1}a^1 von 6,3 auf 5,2 t CO_2-äquivalente ha^{1}a^1. Dies entspricht einer Reduktion von 18 %.

Unter Nutzung von GIS-Funktionalitäten können die Ergebnisse kartographisch und tabellarisch präsentiert werden. Die räumliche Identifikation von raumbezogenen Emissionspotentialen ist durch die Visualisierung der Ergebnisse in Form von Karten möglich. Dadurch werden Grundlagen für die Umsetzung und den Einsatz von raumbezogenen Strategien zur Vermeidung der Emissionen klimarelevanter Gase aus der Landwirtschaft bereitgestellt.

Schlußfolgerungen

Die durchgeführte regionale Abschätzung klimarelevanter Emissionen aus der Landwirtschaft für das württembergische Allgäu stellt die zur Zeit umfangreichste Emissionsmodellierung für den Sektor Landwirtschaft auf Landschaftsebene dar. Es konnten sowohl die raumbezogenen Emissionen der LF unter Berücksichtigung naturräumlicher Einflußgrößen als auch die betrieblichen Emissionen unter Berücksichtigung produktionsbestimmender Einflußgrößen durch diese Vorgehensweise in die Modellierung integriert werden.

Die räumliche Emissionsabschätzung anhand des Boden-Landnutzungs-System-Ansatzes basiert auf einem wissensbasierten Umweltinformationssystem. Entsprechend treten Mängel in der Methodik dort auf, wo nicht zufriedenstellendes Wissen oder ein Mangel an Emissionsmeßdaten vorliegt. Dies trifft im württembergischen Allgäu vor allem auf Messungen des sich ändernden C-Gehalts von Böden zu. Aufgrund des Land-nutzungswechsels von Acker- zu Grünland in den letzten 30 bis 150 Jahren ist mit einer andauernden Zunahme des C-Gehalts von Böden in der Region zu rechnen. Die Größe dieser C-Senke entscheidet weitgehend bei einer Betrachtung der gesamten Emissionen, ob die LF eine CO_2-äquivalenten-Senke ist oder nicht. In die Methodik des Boden-Landnutzungs-System-Ansatzes lassen sich neue Erkenntnisse sowie neue Emissionsmessungen bzw. C-Bilanzen unproblematisch integrieren. Dies gilt auch für die aufgebaute räumliche Datenbasis. Neue und bessere Landnutzungs- und Bodendaten werden in naher Zukunft vorliegen und können in das LUISKE integriert werden. Aus den zuletzt genannten Aspekten folgt, daß das LUISKE kein statisches Informationssystem ist, sondern vielmehr ein dynamisches, das der Datenweiterentwicklung sowie dem fortschreitenden Wissensgewinn klimarelevanter Emissionen aus der Landwirtschaft Rechnung trägt, indem es durch seine Struktur und Methodik der Datenverarbeitung offen ist.

Es konnte weiter durch die Modellierung eines raumbezogenen Vermeidungsszenarios gezeigt werden, daß bei einer Simulation der Implementation von Strategien zur Vermeidung klimarelevanter Gase aus der Landwirtschaft zwei Aspekte berücksichtigt werden müssen:

(1) Die Auswirkungen von Vermeidungsstrategien auf andere klimarelevante Gase.

(2) Die Auswirkungen von räumlichen Vermeidungsmaßnahmen auf die Emissionen des landwirtschaftlichen Betriebs.

Nur durch eine direkte Kopplung des Raumes an das Betriebsmodell oder durch die in der vorliegenden Arbeit vorgestellte Integration einer räumlichen Emissionsabschätzung in die betriebliche Modellierung können diese Aspekte umgesetzt werden.

Literatur

Abt, K. (1991): Landschaftsökologische Auswirkungen des Agrarstrukturwandels im württembergischen Allgäu. - In: Studien zur Agrarökologie, Band 1, 151 Seiten

Adger, W.N. und Brown, K. (1994): Land use and the causes of global warming. - John Wiley & Sons: Chichester, 271 S.

Ahlgrimm, H.-J. (1995): Beitrag der Landwirtschaft zur Emission klimarelevanter Spurengase - Möglichkeiten zur Reduktion. - In: Landbauforschung Völkenrode, Vol.45, S.191-204.

Beauchamp, E.G. (1997): Nitrous oxide emission from agricultural soils. - In: Can. J. Soil. Sci, Vol.77, S.113-123.

Bill, R. und Fritsch, D. (1994): Grundlagen der Geo-Informationssysteme - Hardware, Software und Daten. - Wichmann Verlag: Heidelberg, 415 S.

Blaschke, T. (1997): Landschaftsanalyse und -bewertung mit GIS - Methodische Unter-suchungen zu Ökosystemforschung und Naturschutz am Beispiel der bayrischen Salzachauen. - In: Forschungen zur Deutschen Landeskunde, Bd.243, 320 S.

Bleich, K.E., Papenfuß, K.H., Van der Ploeg, R.R. und Schlichting, E. (1987): Exkursionsführer zur Jahrestagung in Hohenheim. - In: Mitt. Dtsch. Bodenk. Gesell., Bd.54, 246 S.

Brauch, H.G. (Hrsg.) (1996): Klimapolitik. - Springer Verlag: Berlin, Heidelberg u.a., 450S.

Butterbach-Bahl, K., Gasche, R., Breuer, L. und Papen, H. (1997): Fluxes of NO and N_2O from temperate forest soils: impact of forest type, N deposition and of liming on the NO and N_2O emissions. - In: Nutrient Cycling in Agroecosystems, Vol.48, S.79-90.

Conrad, R. und Rasmussen, R.A. (1993): Measurement and research techniques. - In: NATO ASI Serie I, Vol. 13, S.7-37.

Enquete-Kommission 'Schutz der Erdatmosphäre' des Deutschen Bundestages (Hrsg.) (1994): Schutz der Grünen Erde - Klimaschutz durch umweltgerechte Landwirtschaft und Erhalt der Wälder. - Economica Verlag: Bonn, 702 S.

Flohn, H. (1988): Das Problem der Klimaänderungen in Vergangenheit und Zukunft. - Darmstadt: Wissenschaftliche Buchgesellschaft, 228 S.

Huttenlocher, F. (1972): Kleine geographische Landeskunde. - In: Schriftenr. Komm. Gesch. Landesk., H.2, 222 S.

IPCC - Intergovernmental Panel on Climate Change (1996a): Climate change 1995 - The science of climate change. - Hrsg.: Houghton, J.T., Meira Filho, L.G., Callander, B.A., Harris, N., Kattenberg, A. und Maskell, K., Cambridge University Press, 572 S.

IPCC - Intergovernmental Panel on Climate Change (1996b): Greenhouse gas inventory - reporting instructions. - Volume I, IPCC: Bracknell, United Kingdom.

IPCC - Intergovernmental Panel on Climate Change (1996c): Greenhouse gas inventory - workbook. - Volume II, IPCC: Bracknell, United Kingdom.

IPCC - Intergovernmental Panel on Climate Change (1996d): Greenhouse gas inventory - reference manual. - Volume III, IPCC: Bracknell, United Kingdom.

Jarvis, S.C. und Pain, B.F. (Hrsg.)(1997): Gaseous nitrogen emissions from grasslands. - CAB International: New York, 452 S.

Kazenwadel, G., Zeddies, J. und Löthe, K. (1997): Balancing greenhouse gases and reduction of emission in grassland farming systems. - In: Gaseous Nitrogen Emissions from Grasslands, Hrsg: Jarvis, S.C. und Pain, B.F., CAB International: Oxon, New York, S.373382.

Kellermann, S. (1998): Vegetationsentwicklung und Standortgradienten zwischen Wirtschaftsgrünland und Streuwiesen im württembergischen Allgäu. - In: Dissertationes Botanicae, Bd.294, 181 S.

Krems, J.F. (1994): Wissensbasierte Urteilsbildung - Diagnostisches Problemlösen durch Experten und Expertensysteme. - Hans Huber Verlag: Bern, Göttingen, Toronto, 160 S.

Leung, Y. (1997): Intelligent Spatial Decision Support Systems. - Springer Verlag, Berlin, Heidelberg, New York, 470 S.

Löthe, K. (1999): Strategien zur Vermeidung von Gasemissionen aus verschiedenen landwirtschaftlichen Betriebssystemen. - In: Landwirtschaft und Umwelt, Bd.17, Wissen-schaftsverlag Vauk: Kiel, 179 S.

Löthe, K., Müller, H.-U. und Zeddies, J. (1997): Modellansatz zur Ermittlung klimarelevanter Gasemissionen in landwirtschaftlichen Betriebssystemen. - In: Berichte der GIL, Bd.10, Referate der 18. GIL - Jahrestagung in Hohenheim, ZMP: Bonn, S.102-105.

Matson, P.A. und Vitousek, P.M. (1990): Ecosystem appraoch to a global nitrous oxide budget. - In. Bio. Science, Vol.9, S.667-672.

Riss, B. und Zettl, A. (1999): GIS-Anwendungen als Managementaufgabe bei umweltrelevanten Planungen. - In: GIS in Geowissenschaften und Umwelt, Hrsg: K. Asch, Berlin: Springer Verlag, S.25-34.

Schmid, T. (1995): Wasserhaushalt und Stoffumsatz in Grünlandgebieten im württembergischen Allgäu. - In: Tübinger Geowissensch. Arb., Reihe C, Nr.23, 145 S.

Stahr, K. (1994): Landschaftsentwicklung und Nutzungsprobleme im Grünlandgebiet des württembergischen Allgäu. - In: Hohenheimer Bodenkundliche Hefte, H.20, Inst. f. Bodenk. und Standortsl., Universität Hohenheim, S.1-10.

Trunk, W. (1995): Ökonomische Beurteilung von Strategien zur Vermeidung von Schadgasemissionen bei der Milcherzeugung - dargestellt für allgäuer Futterbaubetriebe. In: Studien zur Agrarökologie, Bd.15, 175 S.

Van Breemen, N. und Feijtel, T.C.J. (1990): Soil processes and properties involved in the production of greenhouse gases, with special relevance to soil taxonomic systems. - In: Soils and the greenhouse effect, Hrsg: A.F. Bouwman, London: John Wiley & Sons, S.195-223.

Warnecke, G. (1997): Meteorologie und Umwelt. - Springer Verlag: Berlin, Heidelberg u.a., 354 S.

Wright, J.R.(1993): GIS and spatial modeling. - In: Expert systems in environmental planning, Hrsg: J.R. Wright, L.L. Wiggins, R.K. Jain und T.J. Kim, Springer-Verlag: Berlin, S.83-84.

Dynamische Zellstrukturen
Theorie und Anwendung eines KNN-Modells

Dr.-Ing. Jörg Bruske

Christian-Albrechts-Universität zu Kiel
Technische Fakultät
Lehrstuhl für Kognitive Systeme

In dieser Arbeit [Bru98] wird ein neuartiges Künstliches Neuronales Netz (KNN), die *Dynamische Zellstruktur (DCS)*, vorgestellt, die das Approximationsverhalten von Netzwerken radialer Basisfunktionen (RBF-Netzen) mit der Repräsentationskraft topologieerhaltender Karten vereint. Die topologieerhaltenden Karten werden dabei zu einer im Vergleich zu herkömmlichen RBF-Netzwerken effizienteren Ausgabeberechnung und Adaption genutzt. Daneben tragen sie zu einer Regularisierung des Lernproblems bei und bewirken durch effektive Projektion auf die Eingabemannigfaltigkeit eine verminderte Rauschsensitivität. Durch inkrementelle Adaption sowohl der Parameter als auch der Modellordnung und der topologieerhaltenden Repräsentation der Eingabemannigfaltigkeit weist die DCS ein Höchstmaß an Flexibilität auf. Hierfür werden eine Vielzahl von Lernregeln angegeben, die im Kontext der stochastischen Approximation und der statistischen Mustererkennung diskutiert werden. Die DCS ist eine Weiterentwicklung von Fritzkes Wachsender Zellstruktur, [Fri95], an die sich ihre Namensgebung anlehnt.
Die experimentelle Evaluierung der DCS erfolgt im Kontext sämtlicher relevanter Lernparadigmen, d.h. dem unüberwachten und überwachten Lernen, dem Fehlerrückkopplungs-Lernen und dem Reinforcement-Lernen, wobei im Rahmen des Reinforcement-Lernens das Q-Lernen und das reellwertige Reinforcement-Lernen untersucht werden. Das vorgestellte Anwendungsspektrum reicht von der topologieerhaltenden Repräsentation von Eingabemannigfaltigkeiten über die überwachte Konstruktion diverser Klassifikatoren und das überwachte Lernen der Regelungsfunktion eines invertierten Pendels bis zum Erlernen der Sakkadensteuerung eines Stereokamerakopfes und der visuomotorischen Koordination eines Industrieroboterarmes durch Fehlerrückkopplung sowie dem Erlernen einer Hindernisvermeidungsstrategie für einen autonomen mobilen Roboter durch reellwertiges, verzögertes Reinforcement.

1 Einleitung

Zum erfolgreichen Einsatz als adaptive Module in verhaltensbasierten Systemen müssen KNN zwei Voraussetzungen erfüllen: Zum einen erfordern sie eine *höchst flexible Struktur* (Architektur des Netzwerkes), die die Ausbildung einer der Aufgabenstellung angepaßten optimalen Repräsentation erlaubt, zum anderen müssen sie in der Lage sein, auf eine Vielzahl von Lernparadigmen zurückzugreifen, um möglichst alle relevanten, in der Wechselwirkung mit der Umwelt auftretenden Informationen zu nutzen. Die Arbeit [Bru98] versucht, hierzu einen Beitrag zu leisten. So wird im ersten Teil der Arbeit eine KNN-Architektur vorgestellt, die *Dynamische Zellstruktur (DCS)*, die erstmals das gute Approximationsverhalten von *Netzwerken radialer Basisfunktionen (RBF-Netzen)* mit der Repräsentationskraft optimal topologieerhaltender Karten vereint. Die DCS besitzt ein Höchstmaß an Flexibilität, denn sie erlaubt eine inkrementelle Adaption sowohl der Parameter als auch der Ordnung des Modelles (Anzahl der Neuronen) und der topologieerhaltenden Repräsentation der Eingabemannigfaltigkeit. Hierfür wird eine Vielzahl von teils speziell auf die DCS zugeschnittenen Lernregeln angegeben, die im Kontext der stochastischen Approximation und der statistischen Mustererkennung diskutiert werden. Besonderes Gewicht liegt dabei auf der Entwicklung von Online-Lernregeln. Die DCS weist insbesondere folgende, nicht nur für verhaltensbasierte Systeme wichtige Eigenschaften auf:
i) Fähigkeit zur inkrementellen Online-Adaption der Parameter, der Modellordnung und der Topologie, ii) Fähigkeit zum One-Shot-Lernen, d.h. Speicherung von Ein-/ Ausgabepaaren nach einmaliger Präsentation, und iii) Fähigkeit zur Integration von aufgabenspezifischem Vorwissen.

Im zweiten Teil der Arbeit erfolgt die experimentelle Evaluierung der DCS und der vorgestellten Lernregeln im Zusammenhang mit sämtlichen relevanten Lernparadigmen, d.h. dem unüberwachten und überwachten Lernen, dem Fehlerrückkopplungs-Lernen und dem Reinforcement-Lernen, wobei im Rahmen des Reinforcement-Lernens das Q-Lernen und das reellwertige Reinforcement-Lernen untersucht werden. Es kommen ausschließlich Online-Lernregeln zum Einsatz, die jeweils im Kontext der spezifischen Anwendung und des jeweiligen Lernparadigmas abgeleitet werden. Dabei werden, insbesondere im Rahmen des Reinforcement-Lernens, auch neue Lernverfahren entwickelt. Als exemplarische Anwendungen werden zum einen Benchmarks herangezogen, zum anderen werden originär im Rahmen dieser Arbeit entstandene Anwendungen und Lösungsansätze dargestellt.

Der vorliegende Beitrag versucht, einen kleinen Überblick über die Arbeit zu vermitteln, wobei aus Platzgründen durchaus wesentliche Aspekte, wie z.B.

die Einbettung in die stochastische Approximationstheorie, die vereinheitlichende Diskussion alternativer Netzwerkmodelle, interessante Anwendungen und schließlich das Thema Q-Lernen, nicht einmal gestreift werden können.

2 Dynamische Zellstrukturen

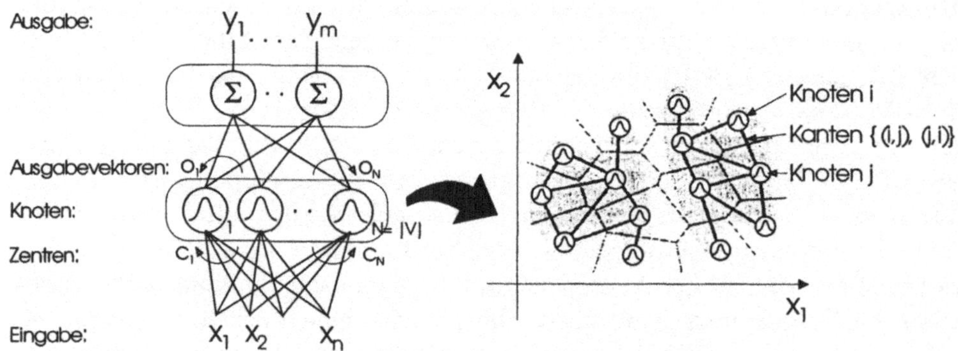

Abbildung 1: Dynamische Zellstrukturen kombinieren RBF-Netze und Perfekt Topologieerhaltende Karten.

Die in Abb. 1 illustrierte wesentliche Idee der DCS ist, die Vorzüge von Netzwerken Radialer Basisfunktionen,[Bis95], mit den von Martinetz entwickelten Perfekt Topologieerhaltenden Karten (PTK), [MS94], zu verbinden, wobei letztere zur Erzielung von Nachbarschaftskooperationseffekten nach dem Vorbild der Kohonenkarten (SOM), [Koh95] eingesetzt werden. Die neue Qualität von DCS-Netzen besteht darin, die topologische Struktur der Eingabedaten zu modellieren und direkt in einem konnektionistischen Approximationsverfahren zu nutzen. Die erweiterte Kohonenkarte mit ihrer starren Gitterstruktur ist zu diesem Zweck im allgemeinen ungeeignet, während RBF-Netze wie auch das erweiterte Neuronengas von Martinetz nur metrische Information zur Approximation nutzen. Letztere ist im Fall konvexer Eingabemannigfaltigkeiten vollkommen ausreichend, bei komplizierter gestalteten, nicht konvexen Mannigfaltigkeiten hingegen läßt sich durch die Hinzunahme von topologischer Information eine qualitative Verbesserung des Approximationsverhaltens erzielen.
Die Ausgabeberechnung durch eine DCS erfolgt durch Interpolation nur über die bezüglich einer Eingabe x euklidisch nächsten Stützstelle (der *best matching unit, bmu*) und deren hinsichtlich der PTK topologischen Nachbarn, während im Gegensatz hierzu in RBF-Netzen über alle Stützstellen interpoliert

wird. Hierdurch wird das Interpolationsverahlten an den Grenzen der Voronoi-Zellen der Stützstellen unstetig, und es entsteht zusätzlicher Aufwand durch das gleichzeitige Erlernen der PTK. Diesen Nachteilen gegenber RBF-Netzen stehen aber folgende in [Bru98] nachgewiesene Vorteile gegenüber:

- Eine *beschleunigte Ausgabeberechnung und Adaption* durch Einbeziehung stets nur der topologischen Nachbarschaft der *bmu*,

- eine *Regularisierung durch Nachbarschaftskooperation* dergestalt, daß sich bei ungünstig gewählten Weitenparametern der radialen Basisfunktionen die Beschränkung auf die topologische Nachbarschaft der *bmu* günstig auf die Konditionierung der Eingangskorrelationsmatrix und damit günstig auf die numerische Stabilität, die Konvergenzgeschwindigkeit und die Rauschunempfindlichkeit des Lernverfahrens auswirkt und

- eine *Effektive Projektion auf die Eingabemannigfaltigkeit* und damit eine optimale Interpolation eingangsverrauschter Daten.

Neben der Erörterung der Approximationseigenschaften von DCS-Netzen werden in [Bru98] Verfahren zur Parameteradaption, d.h. zur Adaption der Lage, der Weitenparameter und der Ausgabevektoren der Basisfunktionen, beschrieben. Die Lernverfahren werden dabei in überwachte und unüberwachte Lernverfahren gegliedert. Für endliche Trainingsmengen werden Batch-Lernverfahren angegeben, für potentiell unendliche, nur durch (im allgemeinen unbekannte) Dichteverteilungen charakterisierte Trainingsmengen (stochastische) Online-Adaptionsverfahren auf der Basis einzelner Trainingsbeispiele. Neben *Lernverfahren zur Parameteradaption* werden *Lernverfahren zur Konstruktion von PTKs* vorgestellt. Schließlich werden *Lernverfahren zur Adaption der Knotenzahl* und damit der Modellordnung angegeben. Während die Online-Verfahren zur Parameteradaption meist Varianten eines stochastischen Gradientenabstieges sind und die Konstruktionsverfahren für PTKs Weiterentwicklungen von Martinetz' einfacher Hebbschen Lernregel darstellen, wird zur Adaption der Modellordnung neben der Sollausgabe des Netzes auch der lokale Approximationsfehler des Netzes (die Varianz) gelernt. Die Grundidee ist dann, die DCS dort durch neue Basisfunktionen zu verfeinern, wo der lokale Approximationsfehler am größten ist.

Jede zulässige Kombination von Lernverfahren zur Parameteradaption, Adaption der lateralen Verbindungsstruktur und der Modellordnung beschreibt eine mögliche Lernfunktion $\mathcal{L}$ für die DCS.

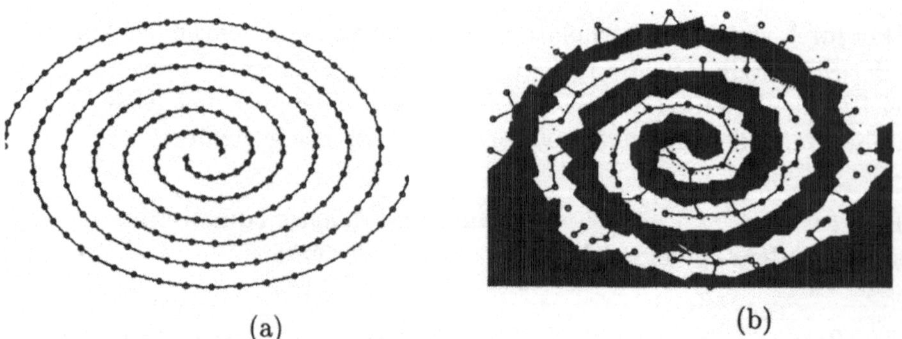

(a)   (b)

Abbildung 2: (a) Unüberwachtes Lernen zweier Spiralen (b) Überwachtes Lernen zweier Spiralen

3   Unüberwachtes und Überwachtes Lernen

Ein Lernverfahren wird als *unüberwacht* oder *selbstorganisierend* bezeichnet, wenn es ein Modell ohne Rückkoppelung einer Sollausgabe oder eines Fehlersignals adaptiert. Im Rahmen von KNN-Modellen mit lokal rezeptiven Feldern ist unüberwachtes Lernen vor allem bei der Verteilung einer Menge $S = \{c_1, \ldots, c_N\}$ von *Zentren* $c_i \in \mathbb{R}^n$ (den Zentren der rezeptiven Feldern) im Eingaberaum $\mathbb{R}^n$ von Bedeutung. Ziel ist dabei die Modellierung der Eingangswahrscheinlichkeitsdichte $p(x)$ durch die Dichte der Zentren $P(c)$ im Eingaberaum oder die Minimierung des quadratischen Vektorquantisierungsfehlers. Neben der Modellierung der Wahrscheinlichkeitsdichte leisten DCS zusätzlich die Modellierung der topologischen Struktur der Eingabemannigfaltigkeit, indem sie gleichzeitig PTKs ausbilden. Dies verdeutlicht Abb. 2 (a) am Beispiel einer Eingabemannigfaltigkeit aus zwei verschachtelten aber getrennten Spiralarmen. Die Verteilung der Zentren folgt dabei der Eingabedichte der Trainingsmengen (die Stützstellen liegen auf den Spiralarmen) und die zwei 1-dimensionalen Spiralarme werden durch zwei 1-dimensionale Verbindungsstrukturen separiert.

Beim *überwachten Lernen* wird zu jeder Trainingseingabe x aus dem Eingaberaum E eine zugehörige Sollausgabe t des Netzwerkes aus dem Ausgaberaum A geliefert und zur Adaption des Modells genutzt. Ziel ist das Erlernen der Sollausgabe für jede Eingabe, am Beispiel der Spiralen die Ausgabe einer '1' für Eingaben auf dem einen Spiralarm und einer '0' für Eingaben auf dem anderen Arm. Abb. 2 (b) zeigt die Entscheidungsregionen eines DCS-Netzes mit 135 Knoten nach Abschluß des Trainings. Obwohl die Topologie in einigen Regionen noch nicht perfekt modelliert ist, gelingt dennoch eine 100%ige Klassifikation dieser höchst nichtlinearen Trainingsmenge, [BS95].

4   Fehlerrückkopplungslernen

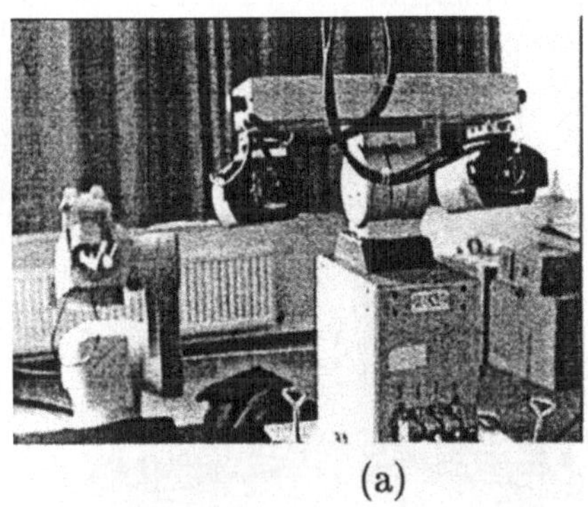
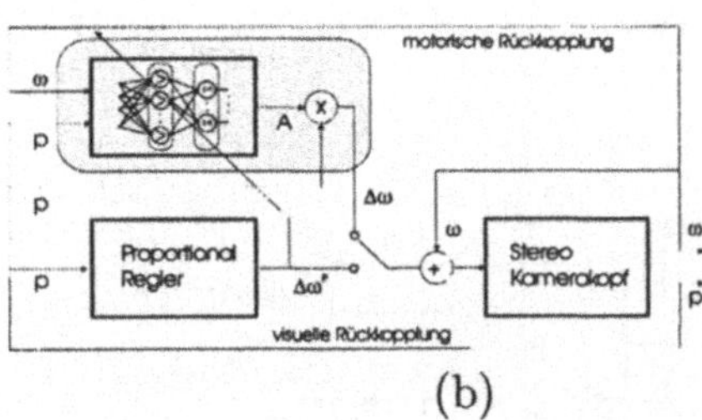

(a)   (b)

Abbildung 3: (a) Ein TRC-Bisight Stereokamerakopf wird trainiert, einen von einem Roboterarm bewegten Lichtpunkt zu fixieren (b) Diagramm des neuronalen Reglers, der auf einer Approximation der Jakobi-Matrix A aufgrund der retinalen Koordinaten p und der Kamerastellwinkel ω beruht.

Beim Fehlerrückkopplungs-Lernen erhält der Lerner ein Fehlersignal, das proportional zum tatsächlichen Fehler ist. Dieses Signal enthält damit weniger Information als das Fehlersignal beim überwachten Lernen, welches direkt die gewünschte Ausgabe darstellt. Fehlerrückkopplungs-Lernen ist ein reines Online-Lernverfahren mit typischem Anwendungspotential in der Robotik, speziell hinsichtlich des Erlernens der inversen Kinematik bzw. Dynamik. Das Erlernen der inversen Kinematik ist auch Gegenstand der hier vorgestellten kalibrierungsfreien adaptiven Sakkadensteuerung eines Stereo-Kamerakopfes, Abb. 3. Ziel des neurobiologisch motivierten Lernverfahrens ist es, unter Umgehung einer langsamen Regelungsschleife eine ruckartige Fixierung (Sakkade) eines Lichtpunktes in Abhängigkeit von dessen retinalen Koordinaten zu erlernen, [BHRS97].
Unter Verwendung eines lokal linearen Approximationsschemas weist dieser Ansatz eine Reihe von vorteilhaften Eigenschaften auf: Erstens ergeben sich durch fehlergesteuertes Wachstum des Netzes bis zu einer vorgegebenen Sakkadengenauigkeit an diese angepaßte relativ kleine Netze, die für eine Sakkaden-Steuerung auch in Videoechtzeit geeignet sind. Zweitens stellt sich heraus, daß die zur Fixierung notwendigen Drehungen in guter Näherung in linearem Zusammenhang mit den retinalen Koordinaten des Zielpunktes stehen, mit zunehmendem initialen Neigungswinkel der funktionale Zusammenhang aber zunehmend nichtlinear wird. Um dennoch einen gleichförmigen Approximationsfehler zu erzielen, muß ein lokal lineares Approximationsschema eine höhere

Stützstellendichte in den Regionen stärkerer Nichtlinearität aufweisen. DCS-Netze sind zur Generierung dieser problemangepaßten Stützstellenverteilung in der Lage. Als letzten Bonus besitzt die DCS die Eigenschaft, sich der Topologie der Eingabemannigfaltigkeit durch Ausbildung von PTKs anzupassen.

5 Reinforcement-Lernen

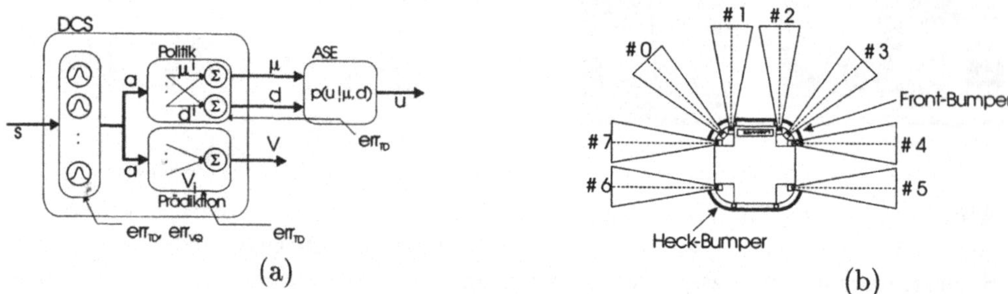

Abbildung 4: (a) DCS-baierte Reinforement- Lernarchitektur, (b) Diagramm des mobilen Roboters TRC-Labmate mit 8 Ultraschallsensoren.

Ähnlich dem überwachten oder dem Fehlerrückkopplungs-Lernen erhält der Lerner beim Reinforcement-Lernen ein Rückkopplungssignal. Dieses ist jedoch im Gegensatz zu den erst genannten Verfahren nicht *instruktiv*, also mit einem Hinweis zur Verbesserung verbunden, sondern rein *evaluativ* (bewertend). Es bietet einen allgemeineren Rahmen als die instruktiven Lernverfahren und besitzt ein weites Anwendungsfeld insbesondere im Kontext autonomer lernender Agenten, die kompetentes Verhalten autonom (ohne Lehrer) erlernen oder adaptieren müssen. Die Tatsache, daß Reinforcement-Lernen bei biologischen Systemen eine herausragende Rolle spielt, macht dieses Lernparadigma zusätzlich interessant.

In [Bru98] werden die beiden Hauptvarianten dieses Problems diskutiert und ausgebaut: Reinforcement-Lernen in Markovschen Umgebungen als das diskrete Markovsche Entscheidungsproblem, falls Zustands- und Aktionsraum abzählbar sind, und Reellwertiges Reinforcement-Lernen, falls Zustands- und Aktionsraum reellwertig sind. Für beide Varianten werden DCS basierte Lernarchitekturen vorgestellt, deren besondere Vorteile aber auch Begrenzungen diskutiert und anhand konkreter Anwendungen demonstriert werden. Besondere Merkmale der vorgestellten Architekturen sind

- die Verwendung von Mehrschrittprädiktoren nach dem TD(λ)-Verfahren zur Beschleunigung des Lernens,

- ihre Fähigkeit, mittels der Reinforcement-Signale nicht nur vorhandenes Wissen zu adaptieren sondern auch neues Wissen zu generieren,

- ihre Kombinationsfähigkeit mit überwachtem Lernen oder Fehlerrück-kopplungs-Lernen,

- ihr potentieller Beitrag zur Vermeidung des "Curse of Dimensionality" bei höherdimensionalen Zustandsräumen und

- ihr Verzicht auf explizite Weltmodellierung.

Abbildung 4 (a) zeigt eine DCS-basierte Lernarchitektur zum Lernen aus reellwertigem, verzögertem Reinforcement in reellwertigen Zustands- und Aktionsräumen. Sie besteht aus einem DCS-Netzwerk, das Politik- und Prädiktionskomponente integriert, und einer Schicht stochastischer Gaußneuronen, die hier der von Sutton eingeführten Terminologie folgend als *Adaptive Search Element* (ASE) bezeichnet wird. Die Adaption der Netzwerkparameter (Ausgabeschicht und Zentren) erfolgt nach einem in [Bru98] eingeführten Lernfahren, das AHC- (Adaptive Heuristic Critique), [BSA83], und REINFORCE-Lernen,[Wil92], kombiniert. Als Anwendung des DCS-basierten Reinforcement-Lernverfahrens diente das Erlernen eines reaktiven Hindernisvermeidungsverhaltens mit der mobilen TRC Labmate Plattform, siehe Abb. 4 (b). Die Aufgabe besteht darin, eine reellwertige sensomotorische Abbildung zu lernen, die unvorverarbeitete Daten von acht Ultraschallsensoren mit einer zur Hindernisvermeidung geeigneten Vorwärts- und Drehgeschwindigkeit assoziiert, [BAS98].

6   Ausblick

Ausgehend von der Forderung des verhaltensbasierten Entwurfsprinzips nach einer *integrierten Lernarchitektur*, d.h. einer Lernarchitektur, die ein Höchstmaß an Flexibilität und die Fähigkeit, die verschiedensten Lernparadigmen zu nutzen, vereint, wurden in [Bru98] die Dynamischen Zellstrukturen (DCS) entwickelt. Die lineare Ausgabeschicht eines DCS-Netzwerkes kann mit jeder Lernregel trainiert werden, die die Ableitung der Netzausgabe nach den mit den RBF-Knoten assoziierten Ausgabevektoren nutzt. Hierzu gehören überwachtes Lernen, Fehlerrückkopplungs-Lernen und Reinforcement-Lernen. Da die Netzausgabe differenzierbar nach den Zentrumsvektoren der RBF-Knoten ist, können die aufgeführten Lernprinzipien durch Backpropagation auch zur Adaption der Zentren genutzt werden. Zusätzlich lassen sich die Zentren durch selbstorganisierende Lernregeln adaptieren, falls eine Minimierung des durch die Zentren induzierten Quantisierungsfehlers erwünscht ist. Im Unterschied zu RBF-Netzen kann hierbei auf die laterale Verbindungsstruktur zurückgegriffen werden, die ihrerseits durch Hebbsches Wettbewerbslernen zu einer optimal topologieerhaltenden Karte des Eingaberaumes konvergiert. Die ebenfalls mit den RBF-Knoten assoziierten Fehlervariablen lassen sich, wie vielfach in [Bru98] demonstriert, sowohl zu inkrementellem, fehlergetriebenem Wachstum als auch zur Fehlermodulation selbstorganisierender Lernregeln nutzen. Dabei muß die Fehlerfunktion im Gegensatz zu gradientenbasierten Verfahren nicht differenzierbar sein. Schließlich kann a priori Wissen in Form von Fuzzy-Logic-Regeln im Zuge einer Vorstrukturierung in das Netzwerk eingebracht werden, und das Einfügen prototypischer Situation/Ausgabe-Paare als neue RBF-Knoten erlaubt sogenanntes "One Shot Learning". Die DCS bietet damit ungleich mehr Kombinationsmöglichkeiten verschiedener Lernverfahren als z.B. MLP-Netze. Die tatsächliche Nutzung aber dieses Potential in Anwendungen, die mehrere Lernparadigmen kombinieren, steht erst am Anfang. Schließlich erscheint auch das Potential der optimal topologieerhaltenden Karten noch nicht erschöpft. Werden diese von der DCS im wesentlichen zu einer beschleunigten Ausgabeberechnung und Adaption genutzt, wobei sie durch Nachbarschaftskooperation auch zu einer Regularisierung des Lernproblems und einer effektiven Projektion auf die Eingabemannigfaltigkeit beitragen, so basiert die DCS doch weiterhin auf Interpolation durch radiale Basisfunktionen. Wie erste Resultate eigener Untersuchungen zeigen, lassen sich optimal topologieerhaltende Karten auch zur Schätzung der intrinsischen Dimensionalität der Eingabemannigfaltigkeit einsetzen. Dies ermöglicht die lokal lineare Approximation der Eingabemannigfaltigkeit und die Konstruktion an die intrinsische Dimensionalität angepaßter Basisfunktionen, was wiederum eine Verbesserung der Approximations- und Generalisierungseigenschaften bewirkt. Ein solches, nur von der intrinsischen Dimensionalität abhängiges Approximationsschema ist insbesondere für das Erlernen visueller Aufgaben interessant. Erste positive Ergebnisse stützen die Erwartungen auch in diese Richtung, [BS98].

Literatur

[BAS98]   J. Bruske, I. Ahrns, and G. Sommer. An integrated architecture for learning of reactive behaviors based on dynamic cell structures. *Robotics and Autonomous Systems*, 22(2):87–101, 1998.

[BHRS97] J. Bruske, M. Hansen, L. Riehn, and G. Sommer. Biologically inspired calibration-free adaptive saccade control of a binocular camerahead. *Biological Cybernetics*, 77(6):433–446, 1997.

[Bis95]   C. Bishop. *Neural Networks for Pattern Recognition*. Clarendon Press, 1995.

[Bru98]   J. Bruske. *Dynamische Zellstrukturen - Theorie und Anwendung eines KNN-Modells*. PhD thesis, Inst. f. Inf. u. Prakt. Math., Christian-Albrechts-Universitaet zu Kiel, 1998. Technischer Bericht Nr. 9809, Juni 1998.

[BS95]   J. Bruske and G. Sommer. Dynamic cell structure learns perfectly topology preserving map. *Neural Computation*, 7(4):845–865, 1995.

[BS98]   J. Bruske and G. Sommer. Intrinsic dimensionality estimation with optimally topology preserving maps. *IEEE PAMI*, 20(5):572–575, 1998.

[BSA83]   A. Barto, R. Sutton, and C. Anderson. Neuronlike adaptive elements that can solve difficult learning control problems. *IEEE Trans. on Systems, Man and Cybernetics*, 13:834–846, 1983.

[Fri95]   B. Fritzke. Growing cell structures - a self-organizing network for unsupervised and supervised learning. *Neural Networks*, 7(9):1441–1460, 1995.

[Koh95]   T. Kohonen. *Self-Organizing Maps*. Springer, 1995.

[MS94]   T. Martinetz and K. Schulten. Topology representing networks. In *Neural Networks*, volume 7, pages 505–522, 1994.

[Wil92]   R.J. Williams. Simple statisticle gradient-following algorithms for connectionist reinforcement learning. *Machine Learning*, 8:229–256, 1992.

Jörg Erik Bruske geboren am 17. August 1967 in Frankfurt/M, Abitur 1986, Wehrdienst 1986-87, Studienbeginn 1987 (Elektrotechnik, TH Darmstadt), Vordiplom in Informatik 1989 (Uni Frankfurt), Diplom in Informatik 1993 (Uni Kaiserslautern), Promotion 1998 (Technische Fakultät der CAU zu Kiel, Doktorvater: Prof. Dr. G. Sommer). Seit 1999 selbständiger IT-Berater (Bad Vilbel)

Specification and Verification of Polling Real-Time Systems

Henning Dierks

University of Oldenburg
Germany

Formal methods for real-time systems are an important topic of contemporary research. The aim is to cope with the additional complexity of "time" in specification and verification. In [Die99a] we present an approach to the correct design of real-time programs implemented on "Programmable Logic Controllers" (PLCs). This hardware executes repeatedly an application program whereas each cycle has an upper time bound. The central device in our approach is the notion of "PLC-Automaton" which provides an abstract view on PLC programs. For PLC-Automata the following results are presented in [Die99a]:

1. It is possible to generate PLC source code from a PLC-Automaton. Also constraints on both the speed of the PLC and on the accuracy of time measurement are derived.

2. A logical semantics in terms of Duration Calculus is developed. Since this semantics considers the cyclic behaviour, computation speed, and timer tolerances a realistic model of the real-world behaviour is given.

3. Several ways to compose PLC-Automata are defined and described semantically.

4. An alternative operational semantics in terms of Timed Automata is given. It is provably consistent with the Duration Calculus semantics. Hence, model-checking PLC-Automata is possible due to this semantics. Moreover, we examine techniques for building abstractions of these Timed Automata models.

5. A formal synthesis procedure for "Implementables", a sublanguage of Duration Calculus, is derived that produces a PLC-Automaton implementing the Implementables-specification if and only if there exists an implementing PLC-Automaton.

1   Introduction

Have you ever played "Tching-Tchung-Tchoong"?

This is a children's game for two players with the following rules: both players say together "Tching-Tchung-Tchoong" and when they say "Tchoong" both choose one of three symbols with their hands. The three symbols stand for stone, scissors, and paper. A stone beats the scissors, the scissors beat the paper, and the paper beats the stone. This game is both funny and fair. Independently from her choice (say "scissors") the player can loose (the opponent chose "stone"), she can win (the opponent chose "paper"), or the result is a draw (the opponent chose "scissors", too).

The reason for saying "Tching-Tchung-Tchoong" is simple: it is necessary to synchronise the moment when both players show their choice. But why is there no winning strategy? This is because we would need the information which choice the opponent makes. However, this information is available only when "Tchoong" is said and both players have made their choice. Suppose that we try to cheat by first looking at the choice of the opponent and then choosing the winning symbol. Of course we would need a little bit of time to choose the symbol that would beat the opponent's symbol. But it is likely that due to the delay the opponent (or a judge) would notice our cheat. If we had instantaneous reaction time we could cheat but in this case children would not play "Tching-Tchung-Tchoong" with us since it would not be funny anymore. The existence of reaction times is a necessary condition for this game. If we used computers to serve as the players of the game we would synchronise their clocks (probably by other means than saying "Tching-Tchung-Tchoong"). Even for computers there is no winning (cheating) strategy. The opponent (or a judge) could notice that the cheating computer shows its choice with an illegal delay because even the fastest device needs some time to react to the choice of the opponent. Therefore, computers can be used to play this game in a fair manner.

However, many formal approaches to model the behaviour of both computers and programs abstract from reaction times. This abstraction is reasonable when the *correctness* of a system does not depend on time, e.g. the correctness of a sorting algorithm does not take into account the time spent for sorting. In case of real-time systems correctness depends on time per definitionem. Even in this field many formal approaches abstract from reaction times and it is assumed that the system reacts instantaneously to the inputs of the environment. Some prominent approaches to real-time systems which assume instantaneous reactions are categorised as "synchronous languages". In [BB91, p. 1274] the assumption of instantaneous reactions is justified as follows:

> "The basic idea is very simple: we consider *ideal* reactive systems
> that produce their outputs *synchronously* with their inputs, their
> reaction taking no observable time. This is akin to the instanta-
> neous interaction hypothesis of Newtonian mechanics or standard
> electricity, a hypothesis which is well-known to make life simple
> and to be valid in most practical cases."

We agree that the instantaneous reaction hypothesis simplifies the models in
both cases. However, there is a significant difference between physics and
computer science:

- The models of physics assume *continuous* time and the instantaneous
  reaction hypothesis is justified by observations. For example, human
  beings are still not able to observe that the effect of gravitation is delayed.
  This matches our daily observation: if something can fall, then it will
  fall immediately.

- The models of time used in computer science are either *discrete* or *continuous*. The instantaneous reaction hypothesis is *not* justified by observations. It is an *abstraction* from reality. The problem is that this
  idealisation could lead us to wrong results. For example, it might be
  possible to build a system within these idealised models that implements
  a winning strategy for "Tching-Tchung-Tchoong" because instantaneous
  reactions are possible.

The disadvantage of introducing reaction times into our models is that these
models become more difficult. The advantages are:

- We gain models that are closer to physical reality. This is mandatory in
  case of safety-critical systems. For example, if we assume instantaneous
  reactions, we possibly build a controller which satisfies the specification
  exploiting this abstraction. A *physical implementation* of such a controller would not necessarily satisfy the specification since it is equipped
  with reaction times which were not considered in the formal model. Thus,
  a careless user of these methods could produce significant harm to people
  by using physical implementations produced from those idealised designs.

  If we consider reaction times in our model, then some constraints on
  the physical implementation are given to the user. Moreover, we cannot
  design systems that exploit the idealisation from reaction time, e.g. a
  cheating controller for "Tching-Tchung-Tchoong".

- We can save money by considering reaction times. If our model abstracts from reaction times, we are well advised to use fast physical implementations of our controllers to come as close as possible to the idealised models. However, if our model considers reaction times in a reasonable way, then a controller would satisfy a specification provided that the reactions are faster than a certain bound. In this case it suffices to use the cheapest physical implementation that is fast enough.

In [Die99a] we present a formal approach to real-time systems that considers explicitly physical reality like reaction times and that offers automatic procedures. Based on this theory tool-support has been developed in the research group the author belongs to. All other existing approaches which consider these physical properties like the ProCoS approach [HHF+94, BHL+96] lack tool support.

2   Overview

Our approach is mainly inspired by the UniForM[1] project [KBPO+96]. One of the issues in this project has been the verification of real-time programs running on hardware devices called Programmable Logic Controllers (PLCs for short). The description language for requirements is the Duration Calculus (DC) [ZHR91, HZ97], an interval-based real-time logic. Both choices are reasonable in a real-time setting. Due to its expressiveness the DC is quite convenient to specify typical real-time properties. The fact that we are aiming at implementations on PLCs is also advantageous, because these devices are equipped with helpful features: a real-time operating system forces the system to behave in a cyclic manner in which the input values are polled, an application program is executed once, and finally the outputs are written. This cycle is executed within a given time provided that the application program is well-formed. Moreover, the controller may use "timers" to measure the passage of time.

In order to bridge the gap between the high-level requirements language DC and the "down-to-earth" implementation hardware PLC, we introduce an intermediate language called PLC-Automata[Die97a, Die00b]. The purpose of this language is to serve as a stepping-stone in the design procedure. The definition of this automata-like language is motivated by case studies provided from the industrial partner Insy[2] in the UniForM project. In order to cope

---

[1]Universal Workbench for **Formal** Methods

[2]Formerly known as Elpro. Insy sells among others tramway control systems implemented on PLCs.

with the real-time problems given in these case studies PLC-Automata are able to hold certain states under certain circumstances for a given amount of time and they have an upper bound for reactions as well as functions that describe the tolerances when time is measured by the system. Figure 1 contains a simple example of a PLC-Automaton. In contrast to other real-time approaches PLC-Automata model the reaction time of the executing hardware and unreliability of time measurement.

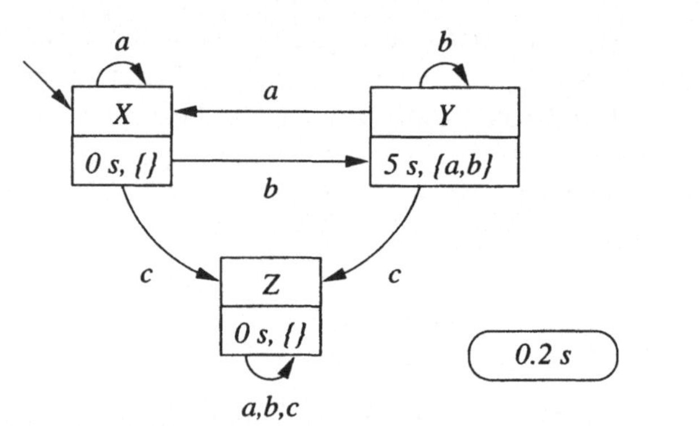

Figure 1: **A PLC-Automaton $\mathcal{A}$.**
This automaton $\mathcal{A}$ describes a polling system with input alphabet $\{a, b, c\}$ and an initial state with output X. The upper bound for a cycle is 0.2 seconds. In the state with output X it reacts to a polled input c by changing to the state with output Z where the system remains forever. If the polled input in state X is b the system changes to the state with output Y. It holds this state for 5 seconds ($\pm$ tolerances), provided that only input in $\{a, b\}$ are read. After this delay it reacts to "a" and "b" as given by the transitions. If input c is polled, then it changes to the state with output Z without considering the delay time of 5 seconds.

A denotational semantics of PLC-Automata is defined in terms of DC. The reason for choosing this formalism is obvious: since we intend to specify our requirements in DC we can use the DC semantics to prove that a system of PLC-Automata fulfils the specification. However, the semantics cannot be defined in an arbitrary way because PLC-Automata are to be implemented on PLCs and the DC semantics has to reflect the (real-time) behaviour of the PLCs. In other words: the semantics has to be chosen in such a way that an implementation of the PLC-Automaton on a PLC is feasible without conflicts with the semantics. Figure 2 exhibits an example how the DC semantics describes behaviour accepted by an automaton.

It is possible to generate automatically PLC source code from the definition of a PLC-Automaton. This translation reflects the semantics, i.e. the behaviour

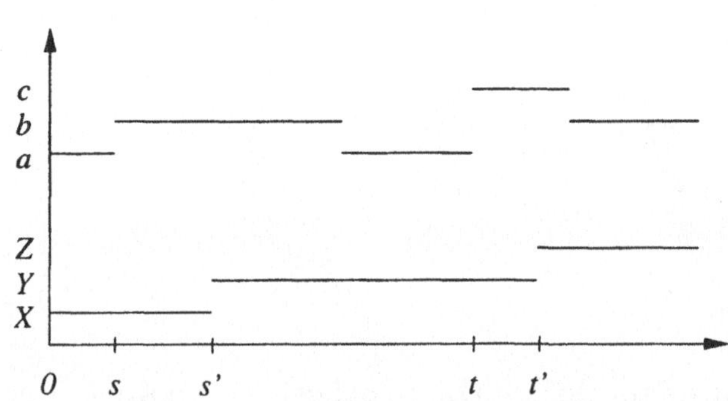

Figure 2: DC semantics for PLC-Automata.
The DC semantics describes a set of accepted interpretations of the observable variables by DC formulas which have to be satisfied by the interpretations. In this figure a possible interpretation of the automaton $\mathcal{A}$ of Fig. 1 is given. For example, the formula $\Box(\lceil X \wedge b \rceil \implies \ell < 2 \cdot \varepsilon)$ (with ε denoting the upper bound for the cycle) is part of the DC semantics of $\mathcal{A}$ and implies that $s' - s < 2\varepsilon$ has to hold. Otherwise, this interpretation would not satisfy this formula. The justification of the formula is simple: If during state X the input b is read, the system has to change the state. It takes one cycle (with duration ε in the worst case) to execute this transition and it take less than ε to start this cycle. Analogously, this interpretation is not accepted if $t' - t \geq 2\varepsilon$ holds.

of a PLC executing the source code is an accepted behaviour. Since the target PLC programming language lacks formal semantics, we cannot prove formally that this translation is correct. However, the translation is systematic and the relation between a PLC-Automaton and its produced source code is transparent.

Having lifted the problem of deriving PLC code to the problem of deriving PLC-Automata the question arises how to derive a specification in terms of PLC-Automata from requirements given in DC. For the prominent sublanguage of DC called "Implementables" we can give an exhaustive answer. With the help of a synthesis algorithm [Die97b, Die99b] we can compute an implementation for every specification in terms of Implementables provided that the specification is consistent. Consistency means that the controller always has at least one choice for its output and always has a reaction interval which is not a single point. A typical specification in terms of Implementables is given in Fig. 3.

The definition of composition operators [Die00a] for PLC-Automata distinguishes between distributed and non-distributed implementations. According to these two cases a semantics is defined in [Die99a] for compositions which

$$\lceil \rceil \vee \lceil X \rceil \,;\mathsf{true} \qquad\qquad\qquad \lceil \neg Y \rceil \,;\lceil Y \wedge \neg c \rceil \xrightarrow{\leq 4.9} \lceil Y \vee X \rceil$$

$$\lceil \neg X \rceil \,;\lceil X \wedge a \rceil \longrightarrow \lceil X \rceil \qquad\qquad \lceil \neg Y \rceil \,;\lceil Y \wedge a \rceil \longrightarrow \lceil Y \vee X \rceil$$

$$\lceil \neg X \rceil \,;\lceil X \wedge b \rceil \longrightarrow \lceil X \vee Y \rceil \qquad\quad \lceil \neg Y \rceil \,;\lceil Y \wedge b \rceil \longrightarrow \lceil Y \rceil$$

$$\lceil \neg X \rceil \,;\lceil X \wedge c \rceil \longrightarrow \lceil X \vee Z \rceil \qquad\quad \lceil \neg Y \rceil \,;\lceil Y \wedge c \rceil \longrightarrow \lceil Y \vee Z \rceil$$

$$\lceil X \wedge \neg a \rceil \xrightarrow{0.5} \lceil \neg X \rceil \qquad\qquad\quad \lceil Y \wedge c \rceil \xrightarrow{0.5} \lceil \neg Y \rceil$$

$$\lceil Z \rceil \longrightarrow \lceil Z \rceil \qquad\qquad\qquad\quad \lceil Y \wedge a \rceil \xrightarrow{5.5} \lceil \neg Y \rceil$$

Figure 3: An example for the synthesis procedure

This a specification of a system by Implementables. It speaks about a system with inputs a, b, and c and outputs X, Y, and Z. The result of the synthesis procedure is the automaton $\mathcal{A}$ of Fig. 1. The tolerances for the timer are $\pm 2\%$. It is simple to compute the transitions between states, because Implementables are nearly operational, e.g. the formula $\lceil \neg Y \rceil \,;\lceil Y \wedge a \rceil \longrightarrow \lceil Y \vee X \rceil$ can be read as "whenever we enter state Y and poll the input a, then we remain in Y or change to state X". The main problem for the synthesis procedure is to cope with the timed constraints and to find a solution for the cycle time ε and the timer tolerances. Time constraints are formulas like $\lceil X \wedge \neg a \rceil \xrightarrow{0.5} \lceil \neg X \rceil$ which forces the system to leave state X within 0.5 s if during that time no input a was read.

considers the linking of inputs and outputs of the composed automata.

A major objective for all the work in the UniForM project was the applicability in industry. This demands automatic procedures for testing or model-checking, which is equivalent to exhaustive testing. Due to the fact that there is no positive decidability result for the variant of DC we use for the DC semantics, such procedures were not available. Therefore, an alternative semantics in terms of Timed Automata (TA) [AD94] was defined [DFMV98]. Figure 4 contains a brief description for the reader who is familiar with TA. For this formalism model-checking tools are available to decide whether a TA satisfies a formula of a logic called Timed Computation Tree Logic (TCTL) [ACD90]. The problem that arises by introducing a second semantics is the relation between these semantics. It is shown that both semantics are equivalent with respect to a canonical notion of equivalence [DFMV98, Die99a].

By the tool Moby/PLC [Tap98, DT98] several case studies have been modelled successfully with the help of PLC-Automata. However, the complexity of some case studies made formal verification by automatic procedures sometimes infeasible. Figure 5 provides an overview of the whole approach presented in [Die99a].

$$(i, \varphi, \phi, \pi, \tau) \xrightarrow{\varphi',\text{true},\{x\}} (i, \varphi', \phi, \pi, \tau) \tag{1}$$

$$(0, \varphi, \phi, \pi, \tau) \xrightarrow{\textit{poll},0<x\wedge 0<z,\emptyset} (1, \varphi, \varphi, \pi, \tau) \tag{2}$$

$$(1, \varphi, \phi, \pi, \tau) \xrightarrow{\textit{test},y_Y<5,\emptyset} (2, \varphi, \phi, \pi, \text{true}) \tag{3}$$

$$(1, \varphi, \phi, \pi, \tau) \xrightarrow{\textit{test},y_Y\geq 5,\emptyset} (2, \varphi, \phi, \pi, \text{false}) \tag{4}$$

$$(2, \varphi, a, Y, \text{true}) \xrightarrow{\textit{tick},\text{true},\{z\}} (0, \varphi, a, Y, \text{true}) \tag{5}$$

$$(2, \varphi, b, X, \tau) \xrightarrow{\textit{tick},\text{true},\{y_Y,z\}} (0, \varphi, b, Y, \tau) \tag{6}$$

$$(2, \varphi, \phi, \pi, \tau) \xrightarrow{\textit{tick},\text{true},\{z\}} (0, \varphi, \phi, \delta(\pi, \phi), \tau) \tag{7}$$

$$\text{if } (\phi, \pi) \neq (b, X) \wedge (\phi, \pi, \tau) \neq (a, Y, \text{true})$$

Figure 4: **The transitions of the TA semantics for $\mathcal{A}$.**
The TA semantics of $\mathcal{A}$ consists of a TA with location set $\{0,1,2\} \times \Sigma \times \Sigma \times Q \times \mathbb{B}$ where $\Sigma = \{a,b,c\}$ and $Q = \{X,Y,Z\}$. The automaton has three clocks: $\{x, y_Y, z\}$ and each location carries the invariant $z \leq \varepsilon$ to ensure the upper bound for the cycle. The transitions above mimic the behaviour of the system where $i \in \{0,1,2\}$, φ, $\phi \in \Sigma$, $\pi \in Q$, and $\tau \in \mathbb{B}$. By (1) we allow the environment to change the input value (second component) arbitrarily. The first component of the locations denotes the internal state of the PLC during the execution of its cycle. First component equals 0 iff the cycle has started but the polling of the input has not happened yet. First component equals 1 after polling the input and before evaluating the timer. First component equals 2 after evaluation of the timer and before finishing the cycle. By (2) we model the polling step of the PLC. Hence, we read the current input and store the read value in the third component. By (3)–(4) we model the evaluation of the timers within the cycle of the PLC. The result is stored in the fifth component. We finish the cycle by (5)–(7) which may change the fourth component. We distinguish three cases: (5) the delay for state Y if "a" is read and the delay time has not elapsed, (6) the transition to Y where we have to reset the clock y_Y, and (7) all other remaining cases where the system reacts according to the transition relation of $\mathcal{A}$.

References

[ACD90]   R. Alur, C. Courcoubetis, and D. Dill. Model-Checking for Real-Time Systems. In *Fifth Annual IEEE Symp. on Logic in Computer Science*, pages 414–425. IEEE Press, 1990.

[AD94]   R. Alur and D.L. Dill. A theory of timed automata. *TCS*, 126:183–235, 1994.

[BB91]   A. Benveniste and G. Berry. The Synchronous Approach to Reactive and Real-Time Systems. *Proceedings of the IEEE*, 79(9):1270–1282, September 1991.

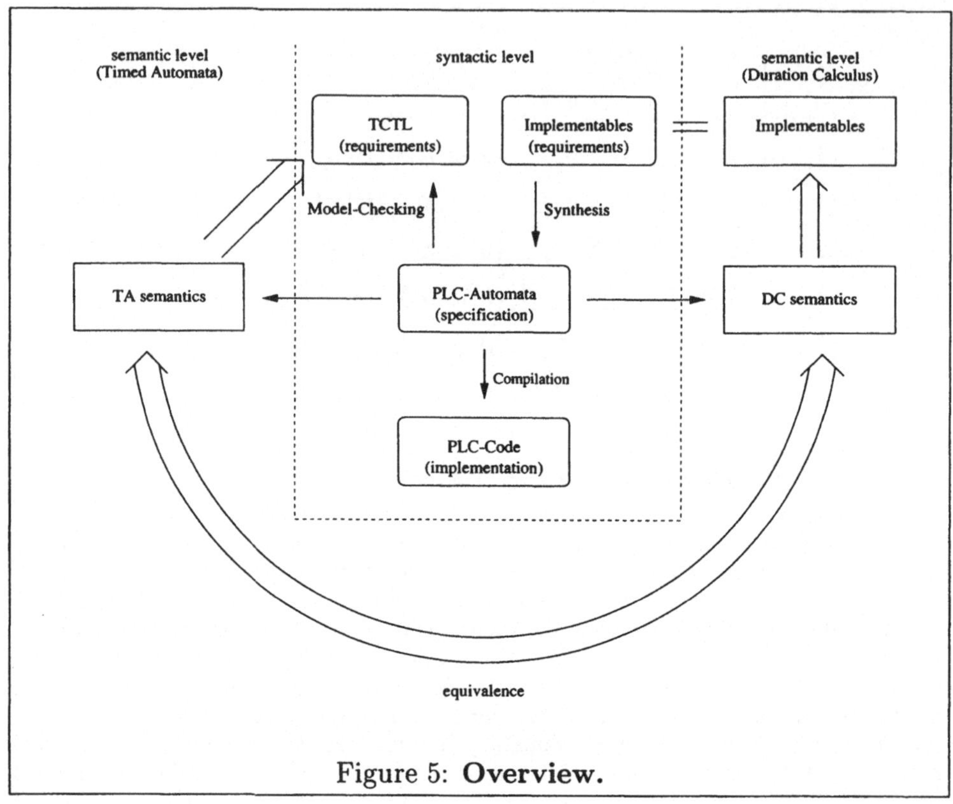

Figure 5: **Overview.**

[BHL+96]   J. Bowen, C.A.R. Hoare, H. Langmaack, E.-R. Olderog, and A.P. Ravn. *ProCoS II: A ProCoS II Project Final Report*, chapter 7, pages 76–99. Number 59 in Bulletin of the EATCS. European Association for Theoretical Computer Science, June 1996.

[DFMV98]   H. Dierks, A. Fehnker, A. Mader, and F.W. Vaandrager. Operational and Logical Semantics for Polling Real-Time Systems. In A.P. Ravn and H. Rischel, editors, *FTRTFT'98*, volume 1486 of *LNCS*, pages 29–40, Lyngby, Denmark, September 1998. Springer.

[Die97a]   H. Dierks. PLC-Automata: A New Class of Implementable Real-Time Automata. In M. Bertran and T. Rus, editors, *ARTS'97*, volume 1231 of *LNCS*, pages 111–125, Mallorca, Spain, May 1997. Springer.

[Die97b]   H. Dierks. Synthesising Controllers from Real-Time Specifications. In *Tenth International Symposium on System Synthesis*, pages 126–133. IEEE Computer Society, September 1997. short version of [Die99b].

[Die99a]   H. Dierks. *Specification and Verification of Polling Real-Time Systems.* PhD thesis, University of Oldenburg, July 1999.

[Die99b]   H. Dierks. Synthesizing Controllers from Real-Time Specifications. *IEEE Transactions on Computer-Aided Design of Integrated Circuits and Systems,* 18(1):33–43, 1999.

[Die00a]   H. Dierks. A Process Algebra for Real-Time Programs. In *FASE 2000: Fundamental Approaches to Software Engineering,* LNCS. Springer, 2000. to appear.

[Die00b]   H. Dierks. PLC-Automata: A New Class of Implementable Real-Time Automata. *TCS,* 2000. full version of [Die97a], to appear.

[DT98]   H. Dierks and J. Tapken. Tool-Supported Hierarchical Design of Distributed Real-Time Systems. In *Proceedings of the 10th EuroMicro Workshop on Real Time Systems,* pages 222–229. IEEE Computer Society, June 1998.

[HHF+94]   He Jifeng, C.A.R. Hoare, M. Fränzle, M. Müller-Olm, E.-R. Olderog, M. Schenke, M.R. Hansen, A.P. Ravn, and H. Rischel. Provably Correct Systems. In H. Langmaack, W.-P. de Roever, and J. Vytopil, editors, *Formal Techniques in Real-Time and Fault-Tolerant Systems,* volume 863 of *LNCS,* pages 288–335. Springer, 1994.

[HZ97]   M.R. Hansen and Zhou Chaochen. Duration Calculus: Logical Foundations. *Formal Aspects of Computing,* 9:283–330, 1997.

[KBPO+96]   B. Krieg-Brückner, J. Peleska, E.-R. Olderog, D. Balzer, and A. Baer. UniForM — Universal Formal Methods Workbench. In U. Grote and G. Wolf, editors, *Statusseminar des BMBF Softwaretechnologie,* pages 357–378. BMBF, Berlin, March 1996.

[Tap98]   J. Tapken. Moby/PLC – A Design Tool for Hierarchical Real-Time Automata. In E. Astesiano, editor, *Fundamental Approaches to Software Engineering,* volume 1382 of *LNCS,* pages 326–329. Springer, 1998.

[ZHR91]   Zhou Chaochen, C.A.R. Hoare, and A.P. Ravn. A Calculus of Durations. *IPL,* 40/5:269–276, 1991.

Henning Dierks, born in June 11, 1970 in Nordenham, received an MSc in computer science from the University of Oldenburg, Germany, in 1995 and an MSc in mathematics in 1997 from the same university. Since October 1995 he is with the Semantics group headed by E.-R. Olderog of the computer science department at the University of Oldenburg, where he worked in the UniForM-project. In October 1999 he defended his PhD-thesis "Specification and Verification of Polling Real-Time Systems".

Sicherheit in Medienströmen: Digitale Wasserzeichen

Jana Dittmann

GMD Forschungszentrum Informationstechnik GmbH

Digitale Medien haben in den letzten Jahren ein gewaltiges Wachstum erfahren und sind dabei, die analogen Medien abzulösen. Für digitale Medien Medien weitgehend ungelöst sind: die Gewährleistung von Authentizität der Daten, um die Identität des Besitzers oder Senders zu garantieren, um beispielsweise Urheberrechte durchzusetzen und der Nachweis der Unverfälschtheit (Unversehrtheit und Integrität), um Manipulationen zu erkennen.

Seit Anfang der 90-er Jahre beschäftigt man sich in Industrie und Wissenschaft mit digitalen Wasserzeichen zur Prüfung von Authentizität und Integrität für Mediendaten. Eine Vielzahl von Publikationen und Lösungen sind bereits entstanden. Die existierenden Verfahren sind allerdings anwendungsspezifisch, haben uneinheitliche Verfahrensparameter und teilweise geringe Sicherheitsniveaus.

Um die Verfahren vergleichbar zu machen, wird ein Klassifikationsschema aufgestellt. Weiterhin entwickeln wir robuste Wasserzeichen zur Urheber- und Kundenidentifizierung sowie fragile Wasserzeichen zum Integritätsnachweis. Der wesentliche wissenschaftliche Beitrag besteht darin, daß die eingebrachte Wasserzeicheninformation auch nach Medienverarbeitung zuverlässig detektiert werden kann. Dieses erreichen wir dadurch, daß wir für Bildmaterial sogenannte selbst spannende Wasserzeichenmuster (SSP Self Spanning Pattern) vorschlagen, im Audiobereich direkt auf MPEG arbeiten und für 3D-Modelle direkt in VRML Wasserzeichen einbringen. Im Bereich Kundenmarkierungen setzen wir erstmals ein mathematisches Modell in ein Wasserzeichenverfahren für Bilddaten um, womit man nach Koalitionsangriffen mehrerer Kunden, direkt auf die zusammenarbeitenden Kunden schließen kann. Im Bereich fragile Wasserzeichen schlagen wir ein Verfahren vor, das ein robustes Verfahren nutzt und direkt auf dem Inhalt von Bilddaten arbeitet. Wir definieren somit das content-fragile Wasserzeichen. Damit wird der Nachteil bisheriger Verfahren umgangen, bei zugelassenen Bildoperatoren wie Skalierung auf Veränderungen im Datenmaterial zu reagieren und Integritätsverletzungen anzuzeigen.

1 Klassifizierung der Wasserzeichen

Unter einem digitalen Wasserzeichen verstehen wir ein transparentes, nicht wahrnehmbares Muster, welches in das Datenmaterial (Bild, Video, Audio, 3D-Modelle) mit einem Einbettungsalgorithmus unter Verwendung eines geheimen Schlüssels eingebracht wird.

Jeder Wasserzeichenalgorithmus besteht in Analogie zur Steganographie aus:

- **Einem Einbettungsprozeß E:**

  Watermark Embedding

- **Einem Abfrageprozeß/Ausleseprozeß R:**

  Watermark Retrieval

In der Literatur finden wir sehr unterschiedliche Wasserzeichenansätze [1,5,7]. Um sie vergleichen zu können, schlagen wir als erstes Klassifikationsmerkmal das Anwendungsgebiet, d.h. eine Unterscheidung nach der Art der eingebrachten Information, vor. Innerhalb dieses Klassifikationsmerkmals werden wir die Verfahren in zweiter Ebene nach den optimierten Verfahrensparametern unterteilen.

1.1 Klassifikationsmerkmal erste Ebene: Anwendungsgebiet

Für die Vielzahl existierender Wasserzeichenverfahren identifizieren wir folgende Anwendungsgebiete:

- **Verfahren zur Urheberidentifizierung (Authentifizierung):**

  Robust Authentication Watermark: Autoren, Urheber, Produzenten etc. fügen in das Datenmaterial eine eindeutige Markierung ein, um die Urheberschaft oder das Copyright zu sichern. Der Urheber verwahrt das Original und verbreitet das markierte Datenmaterial mit dem Urheber- oder Copyrightvermerk.

- **Verfahren zur Kundenidentifizierung (Authentifizierung):**

  Fingerprint Watermark: Wird das Datenmaterial an unterschiedliche Personen ausgeliefert, will man häufig ein kundenspezifisches Merkmal in das Datenmaterial integrieren, um einerseits legale Kunden zu identifizieren und andererseits illegale Kopien zum Verursacher zurückverfolgen zu können (traitor tracing). Es werden sogenannten Fingerabdrücke, eindeutige Kundenidentifizierungen, in das Datenmaterial eingefügt.

- **Verfahren zur Annotation des Datenmaterials:**

  Caption Watermark, Annotation Watermark: Mit dieser Markierung können Beschreibungen zum Datenmaterial, wie Szenen- und Verwendungsbeschreibungen, aber auch Lizenzhinweise usw. in das Datenmaterial selbst eingebracht werden.

- **Verfahren zur Durchsetzung des Kopierkontrolle:**

  Copy Control Watermark, Broadcast Watermark: Diese Markierung dient dazu, daß eine Applikation entscheiden kann, ob das Datenmaterial angeschaut und/oder kopiert werden darf.

- **Verfahren zum Nachweis der Unversehrtheit:**

  Integrity Watermark oder Verification Watermark: Als Wasserzeichen können Informationen in das Bild eingebracht werden, die erlauben festzustellen, ob das Datenmaterial manipuliert worden ist oder ob bestimmte Zusatzinformationen zum Datenmaterial korrekt sind. Wichtig ist, daß die Wasserzeicheninformation die Semantik des Datenmaterials widerspiegelt. Diese Art von Wasserzeichen werden auch als unsichtbarzerbrechliche Wasserzeichen bezeichnet. Bei einem Verification Watermark können auch Umstände oder weitere Eigenschaften des Datenmaterials als Wasserzeichen integriert werden, die später verifiziert werden sollen.

1.2 Klassifikationsmerkmal zweite Ebene: Verfahrensparameter

Die Klassifikation in erster Ebene unterteilen wir in einer zweiten Ebene nach den Verfahrensparametern. Aus den in der Literatur vorgefundenen Verfahrensparameter definieren wir die für uns wichtigsten:

1. **Nach dem Wahrnehmungsaspekt:**

    - **wahrnehmbare Wasserzeichen**

    - **nicht-wahrnehmbare, adaptive Wasserzeichen**

2. **Nach der Robustheit: Robust Watermarking, Fragile Watermark**

3. **Nach der Verifizierbarkeit der Markierung**

    - **Geheim (Private Watermarking)**

- Öffentlich (Public Watermarking)

4. Nach der Verwendung des Originals beim Abfrageprozeß

- Blinde Verfahren, benötigen kein Original
- Nicht-blinde Verfahren benötigen das Original

5. Nach der Kapazität

- Einbringen von Mustern
- Einbringen von Text

6. Nach der Abhängigkeit vom Original

- Vom Original abhängig
- Vom Original nicht abhängig, invertierbar

Die Verfahrensparameter bilden die Grundlage für eine Qualitätsbewertung und für einen verbesserten Verfahrensentwurf. Wesentlich ist ebenfalls die Betrachtung von Angriffe und deren Klassifizierung, siehe dazu im Detail [3] und [2,4,8]. Das Klassifikationsschema ermöglicht es, bestehende und neue Wasserzeichenverfahren einzuordnen und zu bewerten, wodurch eine Vergleichbarkeit und Transparenz erreicht wird. In das Klassifikationsschema werden ausgewählte existierende Verfahren und unsere eigenen, von uns entwickelten Verfahren eingeordnet, wodurch wir unsere Verfahrensfortschritte deutlich machen können.

2 Entwicklung verbesserter Wasserzeichenverfahren auf der Grundlage des Klassifikationsschemas

Zweiter Schwerpunkt der Arbeit ist der Entwurf verbesserter Vorgehensmodelle für robuste sowie zerbrechliche Wasserzeichenverfahren. Auf der Grundlage bisheriger Verfahren werden wir für robuste Wasserzeichen den Robustheitsaspekt optimieren und für zerbrechliche Wasserzeichen den Inhaltsaspekt betonen.

2.1   Neue Ansätze für robuste Wasserzeichen zur Urheberauthentifizierung

Die Verfahren zur Authentizitätsprüfung auf Basis nicht-wahrnehmbarer robuster Wasserzeichen sind am weitesten für Bildmaterial entwickelt. Die Verfahren zeigen, daß es möglich ist, Informationen über den Urheber in Form von urheberspezifischen Mustern oder direkt als Text mit einer Basisrobustheit in das Datenmaterial über Pixel- oder Koeffizientenmodifikationen einzubringen. Basisrobustheit bedeutet, daß die Verfahren das Wasserzeichen nach den am häufigsten auftretenden Bildverarbeitungen wie Formatkonvertierung, verlustbehaftete Kompression und einfache lineare geometrische Transformation zuverlässig auslesen können. Die Verfahren auf Basis von urheberspezifischen Mustern, die im Abfrageprozeß meist das Original benötigen, weisen bisher die größte Robustheit auf, sind aber in ihrem Einsatzgebiet begrenzt, da keine textuelle Information eingebracht werden kann und das Original benötigt wird. Probleme mit der Robustheit von Wasserzeichen ergeben sich bei kombinierten linearen Transformationen und nicht-linearen Verarbeitungsoperatoren. Verfahren, die im Abfrageprozeß nicht das Original benötigen, verlieren die Synchronisation der Markierungsstellen, und selbst bei Verfahren, die das Original benutzen, entsteht ein n-dimensionaler Suchraum, der nicht optimal durchsucht werden kann [9]. Ursache ist die pseudozufällige Wahl der Markierungspositionen, die von der Größe des Dokumentes abhängen und exakt wiedergefunden werden müssen. Bei der Verbesserung der Robustheit entsteht ein Optimierungsproblem zwischen Robustheit und Nicht-Wahrnehmbarkeit sowie Laufzeiteffizienz, welches bisher nicht optimal gelöst werden konnte.
Wir stellen einen neuen robusten Ansatz für Bildmaterial vor, der bildinhärente Eigenschaften, die Bildkanten, für die Markierungspositionen benutzt, und somit robust gegen kombinierte lineare Verarbeitungsoperationen ist und gleichzeitig Nicht-Wahrnehmbarkeit garantiert. Wir umgehen den Nachteil bisheriger Verfahren, nach Verarbeitungsoperationen auf die Markierungspositionen zurückrechnen zu müssen. Unser Ziel ist es deshalb, die Markierungspunkte so zu wählen, daß ihre Positionsbestimmung nicht auf der Bildgröße arbeitet, sondern auf Bildeigenschaften, die nach geometrischen Veränderungen unverändert vorliegen. Zusätzlich muß unser Markierungsmuster so eingebracht werden, daß der Korrelationstest auch die Form des eingebrachten Musters erkennt. Wir wollen die Markierungspositionen und die Musterform so wählen, daß im Abfrageprozeß nicht bekannt sein muß, welche Transformationen vorgenommen worden sind.
Die Bildkantenverläufe sind geeignete Kandidaten als Ausgangspunkte für Markierungspositionen. Sie beschreiben einerseits wichtige Bildeigenschaften wie

Farbübergänge und Bildstrukturen, andererseits bleibt deren Beziehung zueinander bei Rotation oder Skalierung identisch. Direkte Markierungen auf den Kanten des Bildes können die Kante visuell stören. Darüberhinaus ist diese Vorgehensweise unsicher, da bei Kenntnis des Verfahrens Angreifer die Kanten direkt manipuliert könnten. Die Kanten bieten jedoch eine Orientierung für die Markierungsstellen. Das Wasserzeichenmuster wird über vier ausgewählte Markierungspunkte aufgespannt. Diese Markierungspunkte orientieren sich an den Kanten des Bildes, wodurch Markierungspositionen entstehen, die bei Rotation oder Skalierung exakt wiedergefunden werden können. Der Name SSP für selbstspannende Muster ergibt sich daraus, da sich das Muster im Einbettungs- und Abfrageprozeß über die vier Markierungspositionen aufspannt.

Das Verfahren erweitern wir für Videomaterial. Weiterhin stellen wir ein Verfahren für Audio vor, welches den Videoteil optimal ergänzen kann und ohne Original im Abfrageprozeß arbeitet, sowie direkt auf komprimiertes Material angewendet werden kann. Im Bereich 3D-Modelle zeigen wir, in welchen Datenelementen robuste Wasserzeichen eingebracht werden können. Wir stellen einen erweiterten Ansatz vor, der direkt auf VRML-Basis arbeitet.

Durch die vorgeschlagenen Verfahren können Fortschritte in der Robustheit gegenüber linearen Transformationen erreicht werden. Nicht-lineare Transformationen können nicht vollständig gelöst werden, ohne das Original zu benötigen. Weitergehende Lösungsmöglichkeiten werden diskutiert.

2.2 Neue Ansätze für robuste Wasserzeichen zur Kundenauthentifizierung

Will man kundenspezifische Kopien erstellen, werden unterschiedliche Kopien erzeugt, so daß ein spezieller Angriff auf die kundenspezifischen Wasserzeichen möglich wird: der Koalitionsangriff. Angreifer, die die Markierung zerstören wollen, um eine Verfolgung der illegalen Kopien unmöglich zu machen, können ihre unterschiedlichen Kopien vergleichen und die gefundenen Unterschiede manipulieren. In den meisten Fällen wird dadurch die eingebrachte Information zerstört, und die Sicherheit des Verfahrens ist gefährdet.

Um dem Koalitionsangriff zu begegnen, der bei der kundenspezifischen Kennzeichnung des Datenmaterials mittels Wasserzeichenverfahren (digitale Fingerabdrücke) möglich ist, stellen wir am Beispiel von Bildmaterial ein Wasserzeichenverfahren vor, das die Auswertung von Koalitionsangriffen ermöglicht. Das Problem wurde bereits von D. Boneh und J. Shaw beschrieben. Bis heute wurden jedoch keine Wasserzeichenalgorithmen entwickelt, die gezielt ein mathematisches Modell zur Erkennung von Koalitionsangriffen umsetzen. Wir verwenden das von Jörg Schwenk und Johannes Ueberberg in vorgestellte Modell auf endlichen Geometrien und entwickeln ein passendes Wasserzeichenverfahren, welches den Koalitionsangriff auswerten läßt und robust gegen Transformationen ist, indem das Original im Abfrageprozeß verwendet wird. Unser Wasserzeichenalgorithmus zur Kundenidentifizierung ist so entworfen, daß bei einem Vergleichsangriff auf mehrere kundenspezifische Kopien die Angreifer nur die Unterschiede in den Markierungspunkten feststellen können, in denen der eingebrachte Fingerabdruck nicht identisch ist, d.h. identische Bereiche des Fingerabdrucks können nicht erkannt werden und sind beim Vergleichsangriff seitens der Angreifer nicht angreifbar. Die verbleibende Schnittmenge der Fingerabdrücke bleibt erhalten und liefert Informationen über die Angreiferkunden.

2.3   Neue Ansätze für fragile Wasserzeichen zur Manipulationserkennung

Die Verfahren zur Erkennung von Manipulationen und Integritätsverletzungen auf Basis von nicht-wahrnehmbaren zerbrechlichen Wasserzeichen stecken bisher in den Anfängen. Es gibt nur vereinzelte Arbeiten im Bildbereich. Die Ansätze bringen zerbrechliche Wasserzeichen auf Schwellwertbasis ein, die feststellen, ob das Wasserzeichen durch Manipulationen zerstört worden ist. Die Verfahren reagieren allerdings neben Manipulationen auch sehr sensibel auf Bildoperationen wie Kompression oder Skalierung, die keine eigentlichen Bildmanipulationen darstellen.

Statt zerbrechliche Wasserzeichen einzubringen, die auf Basis von Schwellwerten arbeiten, stellen wir einen Ansatz vor, der auf Basis robuster Wasserzeichen arbeitet, um die Sensibilität gegenüber Kompression oder Skalierung, die keine Bildmanipulationen darstellen, zu verlieren. Wir nutzen die bereits gut evaluierten Eigenschaften von robusten Wasserzeichen und entwickeln einen Ansatz, der den Bildinhalt auf Kantenbasis als Eingabeparameter für das Wasserzeichen nutzt. Über das Kantenmuster wird auf das Nicht- bzw. Vorhandensein eines Wasserzeichenmusters geschlossen. Wird das Muster gefunden, kann Integrität festgestellt werden. Ist das Kantenschemata verändert, kann das Wasserzeichen, welches Unversehrtheit anzeigt, nicht gefunden werden. Das von uns vorgestellte Verfahren für nicht-wahrnehmbare zerbrechliche Wasserzeichen reagiert auf Inhaltsänderungen und wird deshalb als content fragile Watermark bezeichnet. Es kann bei Integritätsverletzungen nicht gefunden werden, bei zugelassenen Bildveränderungen, wie Skalierung oder Kompression, hingegen ist es robust und wird ausgelesen.

3　Zusammenfassung

Viele der heute existierenden Verfahren sind sehr anwendungsspezifisch und haben uneinheitliche Verfahrensparameter sowie teilweise geringe Sicherheitsniveaus hinsichtlich Robustheit und Security. Die Entwicklung und Analyse von verbesserten Wasserzeichenverfahren stellt deshalb zur Zeit ein herausforderndes Forschungsfeld dar, welches interdisziplinäres Wissen und Techniken aus der Kommunikationstheorie, Signalverarbeitung, Kryptologie und Steganographie erfordert. Obwohl wir heute bereits eine Vielzahl von Verfahren finden, existiert bisher noch kein universelles Verfahren, welches alle möglichen Angriffe und Medienverarbeitungen widersteht und somit generell robust und sicher ist. In der Arbeit zum Thema werden wesentliche Fortschritte erreicht und eine Qualitätsbeurteilung mit Hilfe des Klassifizierungsschemas wird möglich, die detaillierte Beschreibung ist in der vollständigen Dissertation und weitere Ergänzungen in [3] zu finden. Schaut man sich die enormen finanziellen Implikationen im Bereich des Urheberrechtes sowie die weltweit intensiven Bemühungen zur Verbesserung der Wasserzeichenalgorithmen an, so ist über kurz oder lang mit effizienten Lösungen zu rechnen. Eine große Herausforderung stellen die Vielfalt an möglichen Medienoperationen dar, die von den Wasserzeichen gemeistert werden müssen. Um jedoch neben den wesentlichen Aspekten Robustheit und Security auch Beweisbarkeit zu erreichen müssen zusätzlich Aspekte wie Copyrightinfrastrukturen, Probleme der eindeutigen Urheberidentifizierung sowie einheitliche Wasserzeichenprotokolle und Qualitätsbewertungen mitbetrachtet werden [2, 3]. Ein sehr wesentlicher Punkt ist auch die Analyse öffentlich verifizierbarer Wasserzeichenverfahren. Bisher ist nicht geklärt, ob es solche Verfahren geben kann. Als nicht-technischer Aspekt muß auch der rechtliche Status geklärt und überlegt werden, ob und welche vertrauenswürdigen Instanzen benötigt werden. Durch weitere Entwicklungen und Forschungen im Hinblick auf ein gutes digitales Wasserzeichen, werden Möglichkeiten geschaffen werden, die Urheberschaft kontrollierbar, Authentizität und Integrität nachweisbar, und Manipulationen aufspürbar zu machen. Urheber werden besser in die Lage versetzt, ihre Rechte durchzusetzen und Material eindeutig mit den Hersteller- oder Produzenteninformationen zu versehen.
Zusammenfassend gibt die Klassifizierung dem Anwender Transparenz und eine Möglichkeit zur Qualitätsbeurteilung der vielfältigen Verfahren. Es werden die Möglichkeiten und Grenzen dieser neuen Techniken sowie neue Verfahrensansätze dargestellt. Um sie in die breite Anwendungsreife zu führen, sind weitere Forschungsarbeiten zu leisten und Standardisierungsbemühungen notwendig. Es ist zu erwarten, daß Wasserzeichen zu anerkannten Sicherungsmecha-

nismen werden und in der Zukunft Bild- und Tonmaterial so sichern können, daß die darin enthaltene Information als Gut von materiell-wirtschaftlichem sowie ideell-politischem Wert geschützt werden kann.

Literatur

[1] R. Anderson (Ed.): *Information Hiding, First International Workshop,* Cambridge, U.K., May/June, 1996, Proc., Springer, Lecture Notes in Computer Science 1174, 1996

[2] S. Craver, N. Memon, B.L. Yeo, and M. Yeung: *Can invisible watermarks resolve rightful ownerships?,* In Proc. of the IST/SPIE Conference on Storage and Retrieval for Image and Video Databases V, San Jose, CA, USA, vol. 3022, pp. 310-321, 1997.

[3] J. Dittmann: *Sicherheit in Medienströme: Digitale Wasserzeichen,* Springer Verlag, ISBN 3 - 540 - 66661 - 3, 2000

[4] F. Petitcolas, R. Anderson: *Evaluation of copyright marking systems,* In Proc of IEEE Multimedia Systems, Multimedia Computing and Systems, June 7-11, 1999, Florence, Italy, Volume1, pp. 574-579, 1999

[5] A. Pfitzmann (Ed.): *Information Hiding, Third International Workshop,* Dresden, Germany, Proc., Springer, Lecture Notes in Computer Science 1768, 1999

[6] R. Steinmetz: *Multimedia-Technologie: Grundlagen, Komponenten und Systeme,* Springer-Verlag, 1999

[7] M. Swanson, M. Kobayashi, A. Tewfik: *Multimedia Data-Embedding and Watermarking Technologies,* Proc. of IEEE, Vol. 86, No. 6, June 1998, pp. 1064-1087, 1998

[8] S. Voloshynovskiy, A. Herrigel, F. Jordan, N. Baumgärtner, T.Pun: *A Noise Removal Attack for Watermarked Images,* In Proc. of Workshop Multimedia und Security at ACM MM'99, www.darmstadt.gmd.de/mobile/acm99.

[9] J. Fridrich: *Applications of Data Hiding in Digital Images,* Tutorial for The ISPACS'98 Conference in Melbourne, Australia, November 4-6, 1998.

Jana Dittmann, Jana Dittmann studierte Wirtschaftsinformatik und promovierte zum Thema Digitale Wasserzeichen an der Technischen Universität in Darmstadt. Seit Dezember 1996 ist sie wissenschaftliche Mitarbeiterin an der GMD - Forschungszentrum Informationstechnik GmbH im Bereich Mobile interaktive Medien, Institut IPSI, tätig. Sie ist spezialisiert im Bereich Mediensecurity, Schwerpunkt digitale Wasserzeichen zum Urheberschutz und inhalts-basierte Signaturen zur Datenauthentifizierung. Neben dem Entwurf und der Umsetzung neuer Algorithmen und Applikationen veröffentlicht sie ihre Arbeiten auf internationalen Konferenzen und Tagungen. Sie ist im Programmkomitee der SPIE-Konferenz Electronic Imaging, Bereich digitale Wasserzeichen und organisierte den Workshop Multimedia und Security auf der ACM Multimedia 1998, 1999 und 2000. Neben ihrer Tätigkeit am GMD-IPSI hält sie Vorlesungen an den Fachhochschulen Darmstadt und Köthen sowie der TU Darmstadt in den Bereichen Multimedia und Security, Datenschutz sowie Electronic Commerce.

Objektlokalisation durch Adaption parametrischer Grauwertmodelle und ihre Anwendung in der Luftbildauswertung

Christian Drewniok

Universität Hamburg
Fachbereich Informatik

Die hier beschriebene Arbeit [Dre99] ist angesiedelt im Überlappungsbereich zwischen Bildverarbeitung und Digitaler Photogrammetrie. Untersucht wird die Methode der Adaption parametrischer Grauwertmodelle im Hinblick auf ihre Eignung zur hochpräzisen Lokalisation planarer Objekte in Luftbildern. Basierend auf dieser Methode und einem bereitgestellten Repertoire geeigneter Basismodelle wird ein Ansatz zur automatischen Detektion, Lokalisation und Identifikation von Passobjekten in hochaufgelösten Luftbildern entwickelt. Dieser Ansatz erlaubt die automatische Orientierung von Luftbildern städtischer Szenen und stellt somit eine Lösung bereit für ein wichtiges aktuelles Problem in der Digitalen Photogrammetrie.
Mit dem innovativen Einsatz von Methoden aus dem Bereich des Computer Vision im Anwendungsfeld der Luftbildauswertung soll diese Arbeit einen Beitrag leisten zur Intensivierung des fruchtbaren Austausches zwischen den Disziplinen Bildverarbeitung und Digitale Photogrammetrie.

1 Motivation und Gegenstand

1.1 Automatische äußere Orientierung

Bei der Extraktion geometrischer Informationen aus Luftbildern ist es in der
Regel gefordert, die extrahierten Geometriedaten in Bezug zu setzen zu einem
übergeordneten *Weltkoordinatensystem*. Die Übertragung der Geometriedaten
in das Weltkoordinatensystem erfordert die Rekonstruktion der Bildaufnah-
megeometrie unter Verwendung eines adäquaten Kameramodells; für photo-
graphische Luftbilder ist dies das Modell der Zentralperspektive. Die Photogrammetrie hat für diese Rekonstruktionsaufgabe den Begriff *Orientierung*
definiert. Neben der Bestimmung der (hier als bekannt angenommenen) Lage
der Bildebene im Kamerakoordinatensystem (*innere Orientierung*) erfordert
die Rekonstruktion der Aufnahmegeometrie insbesondere die Ermittlung der
Parameter der *äußeren Orientierung*, also der exakten Lage des Kamerakoor-
dinatensystems relativ zum Weltkoordinatensystem. Sind die Parameter der
inneren und der äußeren Orientierung bekannt, so kann zu einer dreidimen-
sionalen Weltkoordinate die korrespondierende Bildkoordinate und umgekehrt
(bei vorgegebener Höhe des Raumpunktes) zu einer Bildkoordinate die entsprechende Weltkoordinate errechnet werden.

Die Bestimmung der äußeren Orientierung geschieht durch Vermessung der
Bildkoordinaten sogenannter *Passpunkte*, also Strukturen, deren Weltkoordinate exakt bekannt ist. Durch Lösen des Systems von Abbildungsgleichungen,
das aus den Zuordnungen von Bild- und Weltkoordinaten resultiert, lassen
sich die Abbildungsparameter schätzen. Bei den Passpunkten kann es sich um
"natürliche" Objekte handeln, also solchen, die ohnehin in der Szene vorhanden
sind, oder auch um künstliche, sogenannte *Signale*, die extra zu diesem Zweck
in die Szene eingebracht werden (z.B. helle kreuzförmige Farbmarkierungen).

Die Vermessung der Punkte geschieht in der traditionellen Photogrammetrie
interaktiv durch einen Operateur und erfordert einen beträchtlichen Aufwand
in der Phase der Datenbereitstellung. Im Zuge des Übergangs von der analytischen Photogrammetrie zur digitalen Photogrammetrie war deshalb die Entwicklung von automatischen Verfahren zur Orientierung von Beginn an ein
wichtiges Anliegen. Während für die innere Orientierung und die relative Orientierung mehrerer Bilder zueinander inzwischen operationelle automatische
Verfahren existieren, ist das Problem der automatischen Vermessung von Passpunkten zur äußeren Orientierung bislang nicht in vergleichbarer Weise gelöst
[Hei96, DR97a]. Denn hier ist es erforderlich, wenige, individuelle Objekte im
Bild zu detektieren, zu lokalisieren und zu identifizieren, die in den Bildern
meist nur schlecht räumlich aufgelöst, gering kontrastiert und in eine komple-

xe natürliche Umgebung eingebettet sind, so dass sich hier – im allgemeinen Fall – ein anspruchsvolles Bildverarbeitungsproblem ergibt.

1.2   Objektlokalisation durch Modelladaption

Eine klassische Methode zur exakten Vermessung von (Punkt-)Objekten ist das *Least-Squares Template Matching* [För93]. Dabei ist das zu vermessende Objekt gegeben in Form eines diskreten Templates. Gesucht ist im Bild eine mittels (affiner) geometrischer und (linearer) radiometrischer Transformation mit dem Template in Übereinstimmung zu bringende Struktur. Mit Hilfe der Methode der kleinsten Fehlerquadrate und unter Verwendung der Grauwerte des betrachteten Bildausschnitts als indirekte Beobachtungen werden die optimalen Transformationsparameter geschätzt. Diese geben insbesondere Aufschluss über die exakte Position des Objektes im Bild.

Bewährt hat sich diese Methode zum Auffinden korrespondierender Punkte in räumlich überlappenden Bildern eines Luftbildverbandes. Als Template dient hier ein kleiner Ausschnitt aus einem ersten Bild; Aufgabe ist es, diesen in einem zweiten Bild wiederzufinden. Die Semantik der Punktobjekte spielt keine Rolle; sie können allein nach dem Kriterium markanter Textur selektiert werden. Anders verhält es sich, wenn anstelle einer ikonischen Repräsentation des zu lokalisierenden Objekts ein physikalisches Objektmodell als Vorwissen vorliegt. Dies ist zum Beispiel der Fall, wenn in einem Luftbild nach einem Objekt einer bestimmten, im Erscheinungsbild bekannten Art gesucht wird (z.B. nach einem Kreuz). Es ist offensichtlich, dass durch die Reduktion des Modells auf die Stützwerte eines Templates unter Vorgabe einer einmal festgelegten Diskretisierung ein Teil des exakten Modellwissens verloren geht. Bedingt durch die auftretenden Diskretisierungseffekte unter variierender Verschiebung, Rotation, Skalierung und Verschmierung des Objektes im Bild und angesichts des zu erwartenden Rauschens, ist diese Reduktion mit einem Verlust an Lokalisierungsgenauigkeit und Robustheit verbunden. Dieser Verlust lässt sich durch Verwendung einer vollständigeren Repräsentation der Grauwertstruktur in Form eines analytischen Modells vermeiden. Es empfiehlt sich deshalb, anstelle diskreter Templates analytische Grauwertmodelle zu verwenden, wenn eine hohe Lokalisierungsgenauigkeit gefordert ist und ein exaktes analytisches Modell mit vertretbarem Aufwand formuliert und formal gehandhabt werden kann. Als Grundlage hierfür stellen wir einen Katalog von parametrischen Grauwertmodellen für Basisstrukturen unter Berücksichtigung einer gaußförmigen Bildverschmierung vor, der die Konstruktion komplexerer Modelle durch Superposition der Basismodelle gestattet und so zahlreiche Anwendungsmöglichkeiten eröffnet.

1.3 Lösungsansatz zur automatischen Orientierung

In dieser Arbeit schlagen wir die Verwendung von Kanaldeckeln als natürliche Signale zur automatischen äußeren Orientierung von Luftbildern städtischer Szenen vor. Wir stellen ein Verfahren zur automatischen Extraktion und hochgenauen Lokalisation von Kanaldeckeln in Luftbildern dar, das wesentlich auf der Adaption eines analytischen Grauwertmodells basiert [DR97b]. Das entwickelte Verfahren automatisiert alle Teilschritte, von der Detektion der Punkte, über ihre genaue Vermessung bis zu ihrer Identifikation, d.h. ihrer korrekten Zuordnung zu den Einträgen in einer Sielkataster-Datenbank. Die Identifikation der Punkte ermöglicht schließlich die zuverlässige automatische Schätzung der äußeren Orientierungsparameter basierend auf einer hohen Anzahl von Passpunkten. Die Leistungsfähigkeit des Ansatzes demonstriert das praktische Nutzungspotential analytischer Grauwertmodelle zur Objektlokalisation. Zugleich stellt es für eine wichtige Klasse von Luftbildern eine Lösung für das aktuelle Problem der automatischen Orientierung bereit.

2 Vorzüge analytischer Modelle

Das Least-Squares Template Matching und die Adaption analytischer Modelle nach dem Least-Squares Fit [Roh92] basieren auf einer gemeinsamen formalen Grundlage: In einem iterativen Minimierungsprozess werden die freien Parameter des Objektmodells so adaptiert, dass für die mit den Bilddaten vorliegenden Beobachtungen die quadrierten Differenzen der Grauwerte zwischen Bild und Modell minimal werden. Bestimmende Größen der iterativen Verbesserungsgleichung für die zu adaptierenden Parameter sind neben den beobachteten Fehlern die ersten partiellen Ableitungen des Objektmodells nach den freien Parametern. Der wesentliche Unterschied zwischen beiden Ansätzen liegt in der Art der Repräsentation des Objektmodells. Beim Least-Squares Template Matching liegt das Objektmodell in Form eines diskreten Grauwert-Templates vor. Dies hat zwei wichtige Konsequenzen: Erstens müssen die benötigten partiellen Ableitungen durch Faltungsoperationen mit diskreten Filtermasken geschätzt werden und zweitens müssen Modell und Ableitungen im Zuge des Minimierungsprozesses für nichtganzzahlige Koordinaten ausgewertet werden, was eine Interpolation erforderlich macht. Bei der Modelladaption wird hingegen das Objektmodell durch eine analytische Funktion beschrieben, so dass weder diskrete Faltung noch Interpolation erforderlich sind. Zudem kann ein analytisches Modell zusätzliche freie Parameter bezüglich der Objektstruktur enthalten, deren Behandlung im Rahmen des Template Matching den Einsatz eines Satzes konkurrierender Templates erfordern würde.

Der diskrete Berechnungsvorgang beim Template Matching muss zu negativen Auswirkungen bezüglich der Objektlokalisierung führen, wenn das Objekt nicht durch eine hohe Anzahl von Stützstellen räumlich sehr gut aufgelöst ist. Der Einsatz parametrischer Grauwertmodelle empfiehlt sich deshalb, wenn eine hohe Lokalisierungsgenauigkeit gefordert ist und/oder zusätzliche Freiheitsgrade im Objektmodell benötigt werden. Voraussetzung hierfür ist, dass Wissen über die Art des zu beobachtenden Objektes vorliegt und dass ein ausreichend einfaches und exaktes parametrisches Objektmodell formuliert werden kann.

3   Grauwertmodelle für planare Objekte

Bei der Entwicklung parametrischer Grauwertmodelle gehen wir von dem für die Luftbildauswertung bedeutsamsten Fall der Senkrechtaufnahme aus. Das Objekt sei planar, aus homogenen Teilflächen zusammengesetzt und klein gegen den Abstand zu Lichtquellen und Sensor. Als Abbild ergeben sich dann im Ideal stufenförmige Übergänge zwischen konstanten Intensitätsplateaus. In der Realität unterliegt die optische Abbildung zahlreichen Verschmierungseffekten die in unseren Modellen adäquat durch eine gaußförmige Verschmierung des idealen Bildsignals berücksichtigt wird.

Betrachtet man nun zunächst eine eindimensionale Stufenkante unter Gaußverschmierung, so erhält man (als Ergebnis der Faltung der Gaußfunktion mit der Einheitsstufe) als parametrisches Modell eine Funktion, die als sogenanntes Fehlerintegral bekannt ist:

$$\phi_\sigma(z) = \int_{-\infty}^{z} g_\sigma(a) \quad \text{mit} \quad g_\sigma(\mathrm{x}) = \frac{1}{\sqrt{2\pi}\sigma} \exp\left(-\frac{\mathrm{x}^2}{2\sigma^2}\right)$$

Die Fehlerfunktion gewinnt in unserem Kontext ihre Bedeutung aus der Existenz einfacher rationaler Approximationen mit hoher Genauigkeit. Durch additive und multiplikative Überlagerung von Stufenkantenmodellen lassen sich dann komplexere Modelle generieren, so insbesondere ein exaktes analytisches Modell für ein Rechteck unter Gaußverschmierung:

$$M_{box} = (\phi_\sigma(x - a_1) - \phi_\sigma(x - a_2)) \cdot (\phi_\sigma(y - b_1) - \phi_\sigma(y - b_2)) \,.$$

Eine weitere wichtige Basisstruktur ist die gaußverschmierte Kreisscheibe, für die in der Arbeit ein geeignetes approximatives Modell angegeben wird, das dem Kontext der Wahrscheinlichkeitsdichten entnommen ist. Unter Verwendung des in der Arbeit bereitgestellten Baukastens von Basismodellen lassen sich durch Überlagerung beliebig komplexe Modelle konstruieren, deren freie Parameter die Dimensionen der Komponenten aber auch ihre relativen Lagen und Orientierungen (bei Objekten mit Gelenken) umfassen können.

4 Lokalisierungseigenschaften

Im Rahmen der Arbeit wurden zahlreiche Simulationen für verschiedene Modelle unter Rauschen unterschiedlicher Stärke durchgeführt. Die Ergebnisse belegen die hohe Lokalisierungsgenauigkeit, die sich für signalartige Objekte unter Verwendung der Modelladaption erzielen lässt (siehe Abb. 1). Besonders ausführlich wurde, im Hinblick auf die vorgesehene Anwendung, ein Modell untersucht, das eine einfache Approximation für die Überlagerung zweier konzentrischer Kreisscheiben darstellt und besonders gut das schematische Erscheinungsbild eines verbreiteten Kanaldeckeltyps repräsentiert (helles Zentrum aus Beton, umgeben von einem dunklen Ring aus Gusseisen):

$$M_{KD}(r) = a_0 + (a_1 + a_2 \cdot r^2) \cdot \exp\left(-\frac{r^2}{2\sigma^2}\right).$$

Auch für dieses Modell bestätigen sich die sehr guten Lokalisierungseigenschaften, selbst bei Einbringen unterschiedlicher Störungen in die Objektumgebung (Schatten, Fahrbahnmarkierungen u.ä.). Da stets analytische Modellfunktionen verwendet werden, lassen sich den empirisch ermittelten Ergebnissen auch theoretische Abschätzungen für die bestenfalls erzielbare Lokalisierungsgenauigkeit gegenüberstellen [Roh97]. Der Vergleich für das Kanaldeckelmodell zeigt eine sehr hohe Übereinstimmung in den jeweiligen Werten; der untersuchte Ansatz lässt demnach keine verfahrensbedingte Verschlechterung gegenüber idealen Ergebnissen beobachten.

5 Ansatz zur äußeren Orientierung

Die automatische Ermittlung der äußeren Orientierung eines Luftbildes erfordert die Detektion, Lokalisation und Identifikation von Passstrukturen. Es handelt sich hier um ein hochkomplexes Bildverarbeitungsproblem, da wenige vorgegebene Szenenobjekte im Bild zu detektieren sind, die i.d.R. nur schlecht räumlich aufgelöst, gering kontrastiert und in eine komplexe natürliche Umgebung eingebettet sind. Deshalb und aufgrund der Vielzahl möglicher Aufnahmeszenarien ist die Konzentration auf spezielle Anwendungen mit hoher praktischer Relevanz notwendig. In der vorliegenden Arbeit fiel die Entscheidung auf die Betrachtung großmaßstäbiger Luftbilder, die insbesondere in der photogrammetrischen Katastervermessung eine wichtige Rolle spielen, sowie auf die Verwendung signalartiger Passstrukturen.
Gegenwärtig zeichnet sich ein verstärkter Einsatz GPS/INS-gestützter Navigationssysteme bei der Luftbildakquisition ab. Aufgrund der hohen Genauigkeitsanforderungen ist jedoch bis auf weiteres der ergänzende Einsatz von

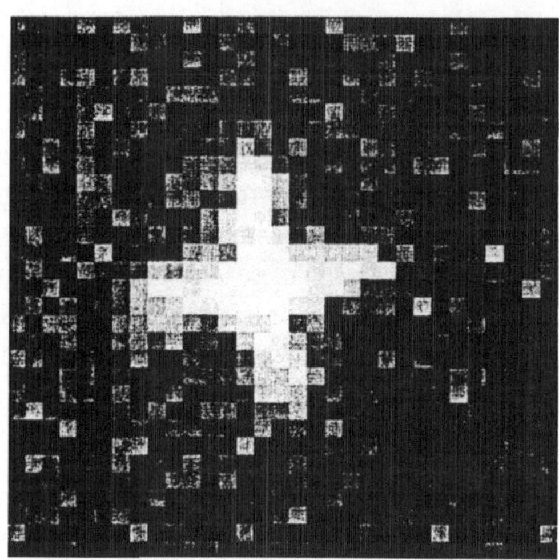

Abbildung 1: Beispiel für das synthetisch erzeugte Bild eines kreuzförmigen Signalobjekts. Die Zentrumskoordinate des Objekts lässt sich mittels Modelladaption mit einer Genauigkeit von etwa 0.05 Pixeln (Bildpunkten) bestimmen.

Passstrukturen meist unverzichtbar. Um zudem das Orientierungsproblem in großer Breite anzugehen, geht der in der Arbeit verfolgte Ansatz davon aus, dass genaue Navigationsdaten nicht verfügbar sind. In diesem Fall ist fraglich, ob die robuste und zuverlässige automatische Detektion der wenigen, schwer auszumachenden Signale im Bild gelingen kann. Zudem verursacht die Signalisierung großer Aufnahmegebiete hohe Kosten. Wie in der Arbeit gezeigt wird, können hier Kanaldeckel eine attraktive Alternative bieten: Es handelt sich um planare Objekte, die in städtischen Szenen in hoher Anzahl und guter räumlicher Verteilung in den Luftbildern sichtbar sind und deren geodätische Koordinaten in Katastern erfasst sind. Ihr markantes, wohlstrukturiertes Erscheinungsbild unterstützt die automatische Detektion und präzise Lokalisation; die aus der hohen Anzahl resultierende Redundanz gestattet auch bei Verzicht auf gute Anfangswerte für die Orientierung eine Identifikation durch Zuordnung räumlicher Konstellationen.

6   Detektion und Lokalisation der Kanaldeckel

Aufgabe der Detektion ist die möglichst effektive und effiziente Kandidatenselektion. Sie geschieht aus Aufwandsgründen Template-basiert. Das verwendete Template wird unter Kenntnis des ungefähren Bildmaßstabs aus dem parametrischen Kanaldeckelmodell gewonnen. Die so erhaltene Kandidatenmenge ist

ausreichend klein, um mit vertretbarem Aufwand die Modelladaption für jeden
Kandidaten durchzuführen und das Ergebnis anhand der adaptierten Parameter und des Adaptionsfehlers zu klassifizieren. Für die akzeptierten Detektionen
liegt mit dem Adaptionsergebnis bereits die hochgenaue Lokalisierung vor.
Für das Bildmaterial, das für Realdatenexperimente zur Verfügung stand (siehe Abb. 2), konnten mit diesem Vorgehen folgende Ergebnisse erzielt werden:
In der durch ein Bild abgedeckten Fläche sind rund 600 Kanalschächte vorhanden. Nur etwa die Hälfte dieser Schächte ist im Bild tatsächlich sichtbar
(d.h. insbesondere nicht verdeckt). Hiervon wiederum wird typischerweise die
Hälfte auch detektiert. Die Gesamtmenge der Detektionen umfasst neben den
detektierten Kanaldeckeln einen Anteil von ungefähr 20% Fehldetektionen.

7 Identifikation als Punktzuordnungsproblem

Die noch zu lösende Identifikationsaufgabe besteht in der korrekten Zuordnung
zwischen den im Bild detektierten potentiellen Kanaldeckeln und den Kanalschachtpositionen aus einer Sielkataster-Datenbank des überflogenen Gebietes. Hierbei stellen sich insbesondere zwei Probleme: Die Detektionsmenge ist
unvollständig (nur ein kleiner Teil aller Katastereinträge wird tatsächlich im
Bild detektiert) und fehlerhaft (es gibt einen signifikanten Anteil von Falsch-Positiv-Klassifikationen). Zudem ist die Anzahl von Punkten sehr hoch, so dass
primitive Strategien an einer kombinatorischen Explosion scheitern.
Eine Zuordnung auf der Basis des individuellen Erscheinungsbildes ist offensichtlich nicht möglich; betrachtet werden müssen vielmehr räumliche Konstellationen von Punkten. Die in der Arbeit vorgestellte Lösung basiert auf
der Verwendung einfacher Punktkonstellationen (z.B. kollineare Viertupel oder
Dreiecke), deren Zuordnung in sehr effizienter Weise durch Hashing unter Verwendung geometrischer Invarianten zur Indizierung geschieht [MZF92]. Die
Prüfung einer potentiellen Konstellationszuordnung geschieht in einem iterativen RANSAC-Schema [FB81] zur Ausreißerelimination: Anhand der initialen
Menge von Punktzuordnungen werden die Abbildungsparameter zwischen Bild
und Szene ermittelt; die Koordinaten sämtlicher Detektionen können dann in
Szenenkoordinaten abgebildet und dem räumlich nächstem Katastereintrag innerhalb eines kleinen Suchradius zugeordnet werden. War die Ausgangsmenge
von Punktzuordnungen bereits annähernd korrekt, so wird sich auf diese Weise
die Menge der Punktzuordnungen vergrößern und konsolidieren. Die konsolidierte Korrespondenzmenge liefert im nächsten Iterationschritt wiederum eine
verbesserte Schätzung der Abbildungsparameter, was zu einer weiteren Konsolidierung der Korrespondenzmenge führt usw. Ist hingegen die zu prüfende
Konstellationszuordnung und somit auch die initiale Menge von Punktkorre-

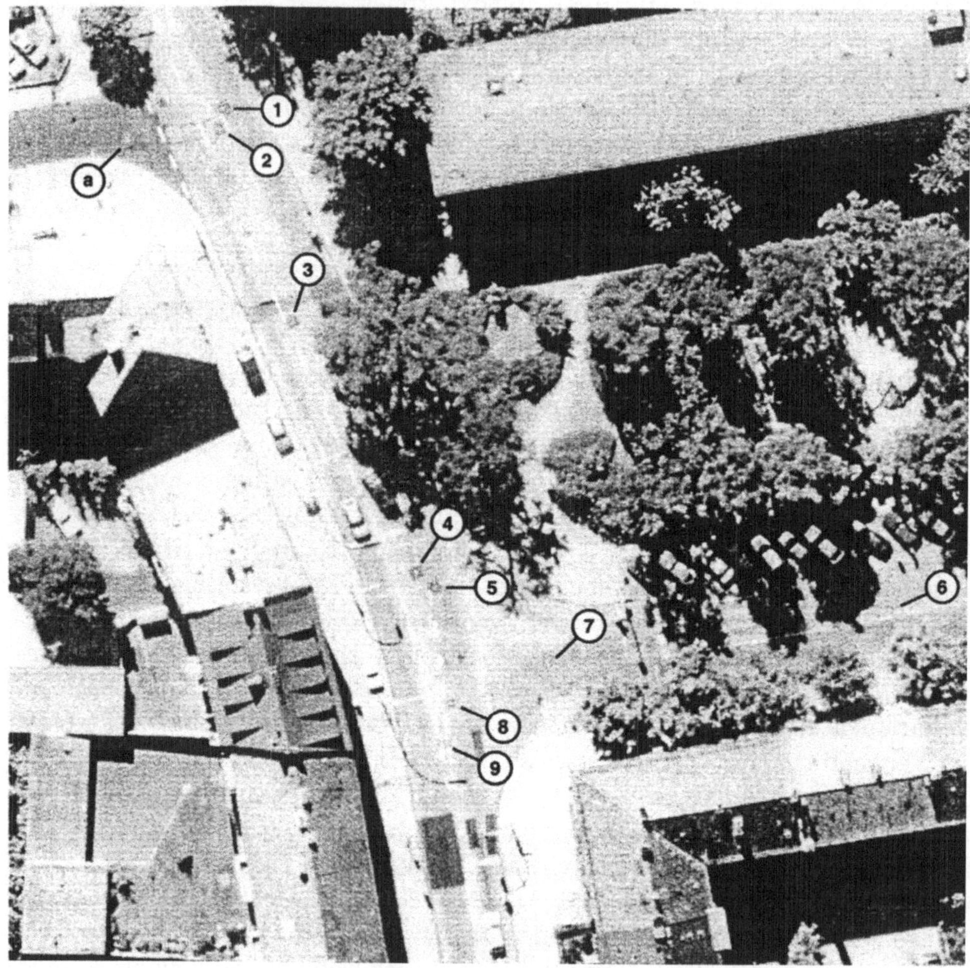

Abbildung 2: Teilausschnitt eines verwendeten Bildes; zehn Kanaldeckel sind sichtbar. Die Aufnahmen wurden freundlicherweise vom Vermessungsamt der Stadt Hamburg bereitgestellt.

spondenzen falsch, so bricht der Iterationsvorgang sehr schnell ab, ohne dass eine signifikante Anzahl von Korrespondenzen ermittelt werden konnte. Nur wenige Konstellationszuordnungen müssen im Mittel diesem Test unterworfen werden, bis die korrekte Menge von Punkt-zu-Punkt-Zuordnungen ermittelt ist. Resultat ist schließlich die Schätzung der Abbildungsparameter, also der äußeren Orientierung, basierend auf einer möglichst hohen Anzahl von Passpunkten. Die auch angesichts beträchtlicher Fehldetektionsraten in der Extraktionsphase (siehe oben) überzeugende Leistungsfähigkeit des Verfahrens wird in verschiedenen Realdatenexperimenten demonstriert.

8 Fazit

Mit der untersuchten Methode der Modelladaption und den vorgestellten parametrischen Grauwertmodellen steht ein Ansatz für Aufgaben der Objektlokalisation bereit, der sich durch hohe erzielbare Lokalisationsgenauigkeiten sowie durch eine hohe Adaptivität bezüglich der Variabilität in der Objektstruktur auszeichnet. Er bietet insbesondere für die Vermessung von signalartigen Passstrukturen eine interessante Alternative zum Template Matching.

Der hierauf basierende Ansatz zur automatischen äußeren Orientierung gestattet den Verzicht auf eine Signalisierung sowie auf eine gute Anfangsschätzung; Szenenkoordinaten der Passstrukturen stehen ohne gesonderten Erfassungsaufwand zur Verfügung; die eingehenden Lokalisierungsdaten aus dem Bild besitzen durch den Einsatz der Modelladaption eine hohe Präzision; Robustheit und Zuverlässigkeit werden gewährleistet durch die hohe Redundanz.

Literatur

[DR97a] Christian Drewniok and Karl Rohr. Exterior orientation – an automatic approach based on fitting analytical landmark models. *ISPRS Journal of Photogrammetry & Remote Sensing*, 52(3):132–145, Juni 1997. Special Issue on: Automatic Orientation.

[DR97b] Christian Drewniok and Karl Rohr. Model-based detection and localization of circular landmarks in aerial images. *Int. Journal of Computer Vision*, 24(3):187–217, 1997.

[Dre99] Christian Drewniok. *Objektlokalisation durch Adaption parametrischer Grauwertmodelle und ihre Anwendung in der Luftbildauswertung*, volume 224 of *DISKI – Dissertationen zur Künstlichen Intelligenz*. infix, Sankt Augustin, 1999.

[FB81]   Martin A. Fischler and Robert C. Bolles. Random sample consensus: A paradigm for model fitting with applications to image analysis and automated cartography. *Communications of the ACM*, 24(6):381–395, Juni 1981.

[För93]   W. Förstner. Image matching. In *Computer and Robot Vision* [HS93], chapter 16, pages 289–378.

[Hei96]   Christian Heipke. Automation of interior, relative and absolute orientation. In *ISPRS – Proc. XVIIIth Congress*, volume 31 of *Int. Arch. of Photogrammetrie and Remote Sensing*, pages 297–311 (Part B3), Vienna, Austria, July 9–19, 1996.

[HS93]   R. M. Haralick and L. G. Shapiro. *Computer and Robot Vision*. Addison-Wesley, 1993.

[MZF92]   J. L. Mundy, A. Zisserman, and D. Forsyth, editors. *Geometric Invariance in Computer Vision*. The MIT Press, Cambridge, Mass., 1992.

[Roh92]   Karl Rohr. Recognizing corners by fitting parametric models. *Int. Journal of Computer Vision*, 9(3):213–230, 1992.

[Roh97]   Karl Rohr. On the precision in estimating the location of edges and corners. *Journal of Math. Imaging and Vision*, 7:7–22, 1997.

Christian Drewniok, geboren am 3. August 1961 in Hamburg, beendete sein Informatik-Studium an der Universität Hamburg 1988 mit einer Diplomarbeit zur Farbkantendetektion. Er war anschließend, u.a. als Stipendiat der Volkswagen-Stiftung und der Hansischen Universitätsstiftung, an verschiedenen Forschungsprojekten aus dem Bereich der wissensbasierten Luftbildauswertung beteiligt, die am Labor für Künstliche Intelligenz und am Arbeitsbereich Kognitive Systeme der Informatik an der Universität Hamburg durchgeführt wurden. Seit 1997 ist er im Projektbereich Verkehr der debis Systemhaus GEI in Hamburg beschäftigt.

Gefahrenabwehr und Strafverfolgung im Internet

Michael Germann

Juristische Fakultät der Universität Erlangen-Nürnberg
Michael.Germann@jura.uni-erlangen.de

Das Internet kann wie alle Kommunikationsmittel auch als Medium für rechtswidrige Kommunikation mißbraucht werden. Während die Geltung der rechtlichen Schranken auch für das Internet nicht grundsätzlich in Frage steht, stößt die Durchsetzung dieser Schranken auf technische und rechtliche Probleme. Die hier vorzustellende rechtswissenschaftliche Dissertation[1] lotet die Leistungsfähigkeit des deutschen Rechts für ihre Bewältigung aus. Zum einen stellt sie das Arsenal behördlicher Ermittlungen im Internet vor, darunter das heimliche Auslesen von Daten über das Netz nach Art eines staatlichen „Hacker-Angriffs" und die Überwachung der Telekommunikation im Internet. Zum anderen prüft sie behördliche Unterbindungsmaßnahmen, insbesondere die Anordnung, ein Angebot vor Bereitstellung zu überprüfen, es zu beseitigen oder seine Übermittlung zu sperren. Für diese und weitere Maßnahmen werden sowohl die technischen als auch die rechtlichen Bedingungen erörtert. Das Gefahrenabwehr- und Strafprozeßrecht, das Zensurverbot, das Fernmeldegeheimnis, das Recht auf informationelle Selbstbestimmung sowie die „Multimedia-Gesetze" werden spezifisch auf die Gefahrenabwehr und Strafverfolgung im Internet bezogen. Da angesichts des grenzenlosen Internets zunehmend das grenzüberschreitende Tätigwerden nationaler Behörden gefordert ist, werden auch seine völkerrechtlichen Schranken und die Möglichkeiten internationaler Amts- und Rechtshilfe geklärt.

Ziel des folgenden Beitrags kann nicht sein, die Ergebnisse zu allen diesen Aspekten vorzustellen. Er beschränkt sich auf drei Gesichtspunkte: vorab eine Bemerkung zum Verhältnis zwischen Informatik und Rechtswissenschaft (1), dann ein Beispiel für die Subsumtion informationstechnischer Sachverhalte unter juristische Tatbestände (2) und schließlich eine Stellungnahme zu der Frage, was Gefahrenabwehr und Strafverfolgung im Internet leisten können (3).

---

[1]Buchfassung: *Michael Germann*, Gefahrenabwehr und Strafverfolgung im Internet, Berlin: Duncker & Humblot, 2000 (Schriften zum Öffentlichen Recht, Bd. 812).

1   Informatik und Rechtswissenschaft

Auf diesem Kolloquium darf man eine Auskunft darüber erwarten, was ein rechtswissenschaftliches Thema bei den Informatikdissertationen zu suchen hat. Man wird vielleicht vermuten, daß es zur „Rechtsinformatik" gehört. Die Rechtsinformatik bemüht sich darum, juristische Entscheidungsprozesse so als Informationsverarbeitung zu beschreiben und zu formalisieren, daß man sie von einer Maschine durchführen oder zumindest unterstützen lassen kann (Anwendung der Informatik auf das Recht).[2] Doch darum geht es hier nicht. Das genannte Thema ist vielmehr ein Ausschnitt aus dem „Informatikrecht" oder „Informationsrecht", also der juristischen Behandlung von Sachverhalten, die von der automatischen Informationsverarbeitung, der praktischen Informatik-Anwendung geprägt sind (Anwendung des Rechts auf die Anwendung der Informatik).[3] Die *Rechtswissenschaft* hat hier die Aufgabe, die im Recht auffindbaren Maßstäbe für solche Sachverhalte zur Geltung zu bringen. Mit der Informatik berührt sie sich nicht in der Methode, sondern im Gegenstand: Es ist dieselbe gesellschaftliche Wirklichkeit, die einerseits durch die Informatik und ihre praktischen Leistungen mitgestaltet wird und andererseits durch das Recht gesteuert werden soll. Die Rechtswissenschaft hat zwischen beidem

---

[2]Vgl. etwa *Herbert Fiedler / Roland Traunmüller* (Hg.), Formalisierung im Recht und Ansätze juristischer Expertensysteme: Workshop des Arbeitskreises „Formalisierung und formale Modelle im Recht" der Gesellschaft für Informatik, 1986; *Herbert Fiedler*, Lehrinhalte der Rechtsinformatik, in: Carl-Eugen Eberle (Hg.), Informationstechnik in der Juristenausbildung, 1989, S. 51-58; *Klaus Lenk / Heinrich Reinermann / Roland Traunmüller* (Hg.), Informatik in Recht und Verwaltung: Entwicklung, Stand, Perspektiven. Festschrift für Herbert Fiedler zur Emeritierung, 1997 (Schriftenreihe Verwaltungsinformatik, Bd. 17).

[3]In einem weiteren Sinn zur Rechtsinformatik gezählt von *Herbert Fiedler*, Lehrinhalte der Rechtsinformatik (o. Fn. 2), S. 52, 55, u. ö.; *Roland Traunmüller*, Rechtsinformatik auf dem Weg ins nächste Jahrzehnt, in: Festschrift H. Fiedler (o. Fn. 2), S. 3-24 (6); hingegen mit gutem Grund sowohl als Zweig der Rechtsinformatik als auch als eigenes Fach abgelehnt von *Fritjof Haft*, Die zweite Geburt der Rechtsinformatik, ebd., S. 95-119 (99). Man sollte jedenfalls nicht – wie es zuweilen geschieht – noch weitergehen und die Bezeichnung „Rechtsinformatik" großzügig an jede Art von Begegnung eines Juristen mit einem Computer heften. – In der Diskussion des Vortrags kam andererseits auch der Vorschlag zur Sprache, „im Sinne einer 'Rechtsinformatik' nicht nur die Informationstechnik als Hilfsmittel des Rechts zu sehen, sondern auch umgekehrt das Recht als Gestaltungsmittel der Informationstechnik", siehe *Herbert Fiedler*, Informationelle Garantien für das Zeitalter der Informationstechnik, in: Marie-Theres Tinnefeld [u. a.] (Hg.), Institutionen und Einzelne im Zeitalter der Informationstechnik, 1994, S. 147-158 (148), u. ö. Das führt etwa auf rechtliche Gewährleistungen für eine „Sicherungs-Infrastruktur", siehe *Germann* (o. Fn. 1), S. 355-357. Unberührt bleibt, daß sich die genannte Perspektive für Rechtswissenschaft und Informatik jeweils in eigener Weise eröffnet: für die Rechtswissenschaft als ein zu regelnder Sachverhalt, für die Informatik als ein äußerer Kontext aus Bedingungen für und Erwartungen an die Spezifikation und Implementation von Informationsverarbeitung.

zu vermitteln: zwischen dem Gestaltungsanspruch des Rechts, wie er in den Formen demokratischer Rechtsetzung und Rechtsanwendung auftritt, und dem durch die Informatik gestalteten Ausschnitt der gesellschaftlichen Wirklichkeit. Die *Informatik* kommt ihrerseits mit der Rechtswissenschaft ins Gespräch, sobald sie über ihr eigentliches Denkgeschäft hinaus auch die gesellschaftliche Relevanz ihres Forschens wahrnimmt. Die Bereitschaft zu diesem Gespräch erklärt sich aus dem Selbstverständnis der Informatik als Wissenschaft. Als ein Signal hierfür wird denn auch das Anliegen der Gesellschaft für Informatik deutlich, wenn sie ihr Informatikdissertations-Forum für andere Fakultäten öffnet – bis hin zur Rechtswissenschaft.

Das Thema „Gefahrenabwehr und Strafverfolgung im Internet" sucht – grob gesagt – nach einer Antwort auf die Frage: Was können das geltende Recht und sein Vollzug leisten, um Straftaten im Internet zu bekämpfen? Straftaten zu bekämpfen heißt sie zu verhindern (das ist der Ansatz der Gefahrenabwehr) und sie, widrigenfalls, zu bestrafen (das ist der Ansatz der Strafverfolgung). Daß im Internet Straftaten vorkommen und welche Probleme sich da auftun, ist in den Grundzügen jedermann bekannt. Die technischen und rechtlichen Probleme im einzelnen sind sehr vielfältig.[4] Wie eingangs angekündigt, kann diese Kurzvorstellung sie hier nicht ausbreiten, sondern nur zwei Kostproben vor das Forum der Informatik tragen: zum einen anhand eines Beispiels veranschaulichen, wie die juristische Methode mit den technischen Sachverhalten im Internet umgehen kann, zum anderen eine Antwort auf die Frage mitteilen: „Was tun?"

2 Ein Beispiel für die juristische Subsumtion von Internet-Sachverhalten

Eine staatliche Behörde, die Straftaten im Internet bekämpfen will, muß im Internet ermitteln. Solchen Ermittlungen setzen die Grundrechte bestimmte Grenzen, darunter das Fernmeldegeheimnis. Es schützt jede Art von Telekommunikation vor Ermittlungen. Dieser Schutz ist, wie bei allen Grundrechten, kein absolutes Eingriffsverbot, aber bindet Eingriffe an besondere rechtliche Voraussetzungen. Darüber hinaus ist das Fernmeldegeheimnis auch gegenüber nichtstaatlichen Eingriffen durch Private, insbesondere gegenüber den Telekommunikationsdienstleistern geschützt. Wo das Fernmeldegeheimnis gilt, sind auch private Kontrollmaßnahmen verboten, und zwar auch dann, wenn sie bloß

---

[4]Sie sind ihrerseits nur ein Ausschnitt aus dem umfassenderen Themenkomplex „Recht im Internet". Eine enzyklopädisch angelegte Bestandsaufnahme aller Rechtsprobleme im Internet bietet jetzt *Lothar Determann*, Kommunikationsfreiheit im Internet, 1999.

die Unterbindung rechtswidriger Kommunikation zum Ziel haben. Aufgabe der Rechtsauslegung ist es, die durch das Fernmeldegeheimnis geschützte Kommunikation von anderen Phänomenen abzugrenzen. Sie hat sich an dem Zweck des Fernmeldegeheimnisses zu orientieren: Es soll dem Grundrechtsträger genau diejenigen Vertraulichkeitseinbußen ausgleichen, die er spezifisch dadurch zu erleiden riskiert, daß er sich für seine Kommunikation eines technischen Mediums bedient.[5] Daran gemessen, darf das Fernmeldegeheimnis nicht so eng ausgelegt werden, daß es die spezifischen Gefährdungen der Telekommunikation nicht mehr erfaßt. Andererseits darf es nicht so weit gefaßt werden, daß die Teilnehmer an der Telekommunikation in den Genuß eines Schutzes kommen, den sie ohne Benutzung von Telekommunikationsmedien nicht hätten, oder daß sie selbst die Verfügung über ihre eigene Kommunikation – und damit die gerade im Internet besonders wichtige Selbstkontrolle – verlieren.

Als es mehr oder weniger nur das Telephon gab, war der Schutzbereich des Fernmeldegeheimnisses an eindeutigen technischen Kriterien abgrenzbar: Alle Kommunikation in den technischen Apparaturen war Telekommunikation und unterlag dem Fernmeldegeheimnis. Das elektrische Signal gehörte eindeutig dazu, die Gesprächsnotiz auf dem Notizblock eines Teilnehmers eindeutig nicht mehr. Im Internet hingegen verschwimmen die Grenzen des Schutzbereichs „Telekommunikation", weil die beteiligten technischen Apparate hier unter Umständen mehr leisten als Telekommunikation.

Deutlich wird das, wenn man beispielsweise den Weg einer Nachricht verfolgt, die jemand über eine „mailing list" verbreitet (s. Schaubild). Die „mailing list" bietet ein Diskussionsforum mit Hilfe eines E-Mail-Reflektor-Servers, der Nachrichten per SMTP von allen (oder allen eingeschriebenen) Absendern entgegennimmt und postwendend an alle eingeschriebenen Teilnehmer weiterleitet. Es schickt also der Absender (A) mit seinem SMTP-Client seine Nachricht etwa über das Telephonnetz (B) und den Einwählknoten seines Providers (C) in das Internet (D), wo sie eventuell über mehrere SMTP-Vermittlungsstationen (E) zum E-Mail-Reflektor-Server (F) weitergeleitet wird; dieser adressiert die Nachricht an alle Teilnehmer, die sich bei ihm in die Liste eingeschrieben haben, und schickt sie wiederum per SMTP an deren Mailserver (G). Dieser kann die Nachricht dem jeweiligen Empfänger (H) entweder so zugänglich machen, daß er sie direkt in einem Verzeichnis ablegt, das Teil eines dem Empfänger (H1) zur Verfügung stehenden Benutzerverzeichnisses ist (G1), oder so, daß er die Nachricht nur zum einmaligen Abruf für den Empfänger (H2) bereithält (G2). – Wenn man hier alles, was „in den Apparaturen" vorliegt (A–H), dem Fernmeldegeheimnis unterwirft, kommt man nicht mehr zu einer sinnvollen Ab-

---

[5] *BVerfGE* 85, 386 (396); *Georg Hermes*, in: Horst Dreier (Hg.), Grundgesetz-Kommentar, Bd. I, 1996, Art. 10, Rn. 47.

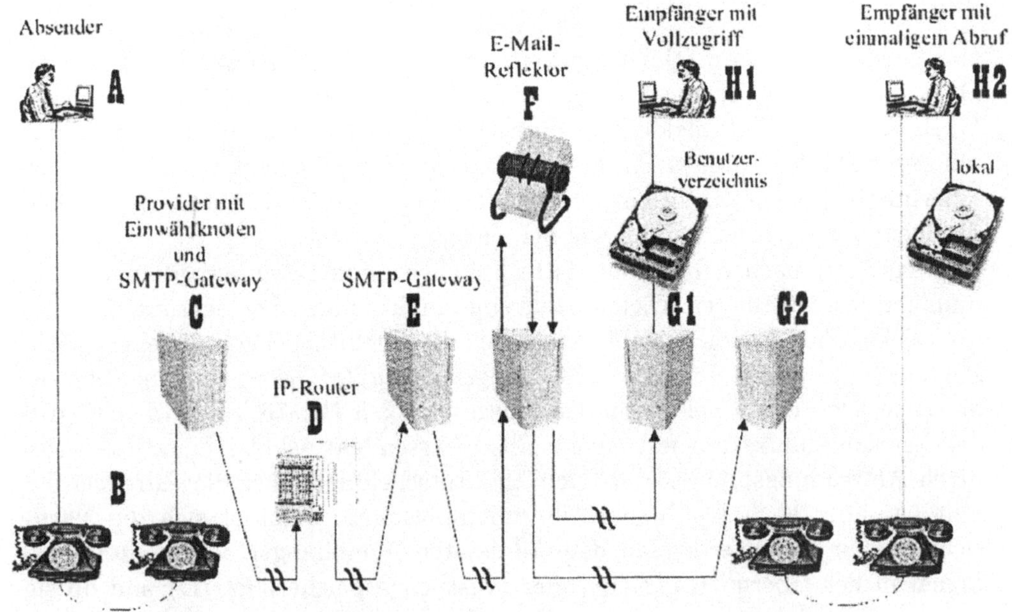

Schaubild: Schutzbereich des Fernmeldegeheimnisses –
z. B. bei E-Mail-Diskussionsforen

grenzung. Denn jedenfalls die elektronische Endspeicherung bei H2 bzw. (für H1) bei G1 unterscheidet sich nicht signifikant von der Speicherung sonstiger Dateien, dem funktionellen Äquivalent der herkömmlichen Papiernotizen, die ein sinnvoll definierter Schutzbereich des Fernmeldegeheimnisses eindeutig nicht mehr erfassen kann.

Die juristische Auslegungskunst ist also gefordert, ein neues Abgrenzungskriterium zu finden. Ein Vorschlag geht dahin, zwischen „gespeicherten" und „in Bewegung" befindlichen Daten zu unterscheiden: Nur solange die Daten „in Bewegung" sind, sollen sie dem Fernmeldegeheimnis unterfallen, aber nicht mehr, sobald sie gespeichert vorliegen.[6] Doch im Internet ist das schon zu eng: Die Zwischenspeicherung gehört hier untrennbar zum Übermittlungsvorgang nach der „store and forward"-Technik. Wenn die Internet-Kommunikation in jedem Internet-Router (D) und sonstigen vermittelnden Knoten (z. B. E) wegen der dort technisch notwendigen Zwischenspeicherung dem Fernmeldegeheimnis entzogen wäre, wäre das Fernmeldegeheimnis im Internet völlig unwirksam. Interessanter ist der Versuch, das Abgrenzungskriterium unmittelbar aus dem Schichtenmodell der Internet-Kommunikation abzuleiten: Zur Telekommunika-

---

[6]So *Franz Palm / Rudolf Roy*, Mailboxen: Staatliche Eingriffe und andere rechtliche Aspekte, NJW 1996, S. 1791-1797 (1793).

tion gehöre alle Informationsverarbeitung unterhalb der Anwendungsschicht.[7] Damit wären alle Vorgänge in der SMTP-Anwendungsschicht (im Beispiel: A, C, E, F, G) dem Fernmeldegeheimnis entzogen. Wenn man aber erkennt, daß auf den SMTP-Gateways (C, E, G2) funktionell nicht mehr geschieht als die Übermittlung einer Nachricht, erweist sich hier derselbe Schutz des Fernmeldegeheimnisses als notwendig wie bei einem IP-Router.

Man muß also noch weiter von den technischen Merkmalen der Internet-Kommunikation abstrahieren. Das führt zu einer funktionalen Betrachtung, die alles als Telekommunikation ansieht, was durch die technischen Vorgänge des „Aussendens", „Übermittelns" und „Empfangens" begrenzt ist – an denen passenderweise auch das Telekommunikationsgesetz (§ 3 Nr. 16 TKG) den Begriff der Telekommunikation festmacht. Das „Aussenden" ist die Funktion desjenigen Anwendungsprozesses, in dem die Entscheidung über die Adressierung fällt (A, aber auch F). In der Übermittlungsphase befindet sich die Nachricht bis zur Auslieferung an den Adressaten, unabhängig davon, ob sie als Signal in der Übermittlung (B) oder zwischengespeichert ist (D) und ob sie gerade in IP-Pakete verpackt ist (D) oder ausgepackt und in übergeordneten Kommunikationsschichten verarbeitet wird – sofern dies allein zum Zweck der weiteren Übermittlung geschieht (E, aber wiederum nicht F, da hier eine von A nicht gesteuerte, neue Entscheidung über die Adressierung fällt). Die Ankunft im Zielknoten (zunächst F, dann G bzw. H) markiert jeweils das Ende der Übermittlungsphase. Sie ist gekennzeichnet durch die Übergabe der Nachricht an einen Anwendungsprozeß, der mehr leistet als einen Beitrag zur Weiterübermittlung. Bei der Ankunft im adressierten Ziel-SMTP-Server ist deshalb zu unterscheiden: Wenn er dem Adressaten nichts weiter leistet als die nächstmögliche Auslieferung der E-Mail (im Beispiel: G2), ist die E-Mail mit Eingang im letzten Mailserver noch nicht im Verfügungsbereich des Adressaten (H2) angelangt; sie befindet sich noch in der Übermittlungsphase und unterliegt dem Fernmeldegeheimnis. Erlaubt es der vom Mailserver geleistete Dienst dem Adressaten stattdessen, mit den gespeicherten Nachrichten so zu verfahren wie mit sonstigen Daten, die er zur Speicherung an einen anderen übergibt, sie also beliebig oft abzurufen und ähnliches (so bei G1), hat der Adressat (H1) bereits mit Eingang im Mailserver die Verfügung über die Nachricht; die Übermittlung ist abgeschlossen, die Nachricht wird nunmehr ebensowenig durch das

---

[7]So *Stephan Bleisteiner*, Rechtliche Verantwortlichkeit im Internet – unter besonderer Berücksichtigung des Teledienstegesetzes und des Mediendienste-Staatsvertrags, 1999 (Ius informationis, Bd. 10), S. 81 f. – Zu den konkurrierenden Schichtenmodellen siehe *Wolfgang Peter Kowalk / Manfred Burke*, Rechnernetze, 1994, S. 22-27; *Andrew S. Tanenbaum*, Computer Networks, 3. ed. 1996, p. 28-44. Für die Bedürfnisse der juristischen Sachverhaltserfassung genügt das vierschichtige Modell, ungeachtet der Frage, ob es auch den wissenschaftlichen Ansprüchen der Informatik gerecht wird.

Fernmeldegeheimnis geschützt wie eine beliebige andere gespeicherte Datei. – Nach diesen Gesichtspunkten ist auch im Internet, in dem die Telekommunikation in viel mehr Stufen zergliedert ist als bei den meisten herkömmlichen Techniken, eine Bestimmung der Übermittlungsphase so scharfrandig möglich, wie es für eine eindeutige Zuordnung von Telekommunikationsvorgängen zum Schutzbereich des Fernmeldegeheimnisses nötig ist.

Das ist lediglich ein Beispiel für die Rechtsanwendungsprobleme, die durch das Internet aufgeworfen werden und nur nach genauer Analyse der technischen Gegebenheiten sinnvoll lösbar sind. Für die meisten Probleme läßt sich zeigen, daß das Recht seine Fähigkeit zur Anpassung an neue und komplexe technische Sachverhalte[8] wie das Internet nicht nur im Wege der Rechtsetzung, sondern auch durch das methodische Instrumentarium der Rechtsanwendung bewährt. Die Rechtswissenschaft trägt dazu bei, indem sie der Auslegung und Anwendung der einschlägigen Tatbestände eine eingehende Analyse und Differenzierung der jeweils zusammenwirkenden Handlungsbeiträge zur Internet-Kommunikation zugrundelegt.

3 Was Gefahrenabwehr und Strafverfolgung im Internet leisten können

Die Gefahrenabwehr und Strafverfolgung im Internet wird trotzdem immer an erheblichen Vollzugsdefiziten leiden. Daran sind – dank der eben angesprochenen Anpassungsfähigkeit des Rechts – nicht in erster Linie rechtliche Befugnislücken schuld, sondern die technischen Gegebenheiten. Dem versierten Täter bietet das Internet bisher ungekannte Möglichkeiten, sich der Durchsetzung des Rechts im Ergebnis zu entziehen. So werden die Befugnisse zur Überwachung der Telekommunikation immer häufiger leerlaufen, weil die Internet-Kommunikation durch die Verschlüsselungstechnik jedem Zugriff verborgen werden kann. Die Masse und die Unbeständigkeit der Internet-Kommunikation schließen es aus, sie auch nur annähernd vollständig auf ihre Rechtmäßigkeit zu überprüfen und gegebenenfalls zu unterbinden; die technischen Bedingungen einer „Internet-Patrouille" oder jeder Art eines „elektronischen Staubsaugers" zeigen das exemplarisch. Die Rollenverteilung im Internet zersplittert die Verantwortung für rechtswidrige Kommunikation in schwer auffindbare Partikel: Zwischen das rechtserhebliche Handeln des Einzelnen und seine kommunikative Wirkung schiebt sich ein „vernetztes" Handlungsgeflecht. Dazu kommt, daß

---

[8]Allgemein dazu *Klaus Vieweg*, Reaktionen des Rechts auf Entwicklungen der Technik, in: Martin Schulte (Hg.), Technische Innovation und Recht – Antrieb oder Hemmnis?, 1996, S. 35-54 (36, 40 f.).

die in Nationalstaaten organisierte öffentliche Verantwortung mit der Internationalität der Internet-Kommunikation nicht Schritt halten kann. Die Erfolgsaussichten der Gefahrenabwehr und Strafverfolgung im Internet gleichen nicht einmal dem berühmten „halbleeren Glas", sondern allenfalls einem fast ganz leeren Glas, bei dem gerade der Boden noch etwas benetzt ist.

3.1   Ziel: Rechtsgüterschutz

Diesen Befund muß die rechtliche Beurteilung illusionslos zur Kenntnis nehmen. Doch welchen Schluß sie daraus zieht, hängt von der Zieldefinition der Gefahrenabwehr und Strafverfolgung ab. Hier zeigt sich möglicherweise wiederum ein Unterschied zwischen der Perspektive eines Juristen und der eines Informatikers: Geht es um den technischen Schutz eines Internet-Servers vor Störungen oder Angriffen und um das Funktionieren der dabei eingesetzten Algorithmen, entwertet jede Lücke den ganzen Aufwand. Selbst das nur „fast volle Glas" ist nicht viel mehr wert als das leere. Aus der Sicht der Gefahrenabwehr und Strafverfolgung ist es anders. Jeder partielle Erfolg dient dem Ziel des Rechts unabhängig davon, daß dieses Ziel in vielen anderen Fällen unerreicht bleibt. Das Ziel des Rechts ist in diesem Zusammenhang der Schutz von Rechtsgütern vor Verletzungen durch Internet-Kommunikation. Man kann dieses Ziel selbst in Frage stellen, etwa wie *Gerd Roellecke*, ein Rechtsdenker, der für bissige Aphorismen wie diesen bekannt ist: „Niemand muß befürchten, aus seinem Computer oder Fernseher heraus erschossen zu werden."[9] Das ist ein Satz, der den gegenwärtigen Stand der Technik zweifellos korrekt wiedergibt, aber für die anderen Sorgen als dem Erschossen-Werden nicht weiterhilft. Mit gutem Grund schützt das geltende Recht nach dem Willen des hierfür Zuständigen, nämlich des demokratischen Gesetzgebers, alle Rechtgüter auch vor den scheinbar nur „virtuellen" Verletzungen durch Internet-Kommunikation. Der körperliche Mißbrauch von Kindern zum Beispiel ist im Internet selbst in der Tat nicht möglich; möglich ist im wesentlichen nur das Anschauen und Verbreiten von Bildern und ähnlichem. Aber diese Möglichkeit belebt den „Markt" und befreit ihn aus dem Untergrund, und zwar mit wirklichen Folgen für wirkliche Kinder. Daß ein rechtlicher Schutz hiervor notwendig ist, ist im wesentlichen unbestritten. An diesem Ziel gemessen, sind 99 Mißerfolge kein Grund, einen Einzelerfolg im hundersten Fall geringzuschätzen. Das „fast leere" Glas darf aus dieser Sicht als ein „zu einem Prozent volles" Glas betrachtet werden.
In Teilbereichen ist der Rechtsgüterschutz nicht in erster Linie beim Staat,

---

[9] *Gerd Roellecke*, Den Rechtsstaat für einen Störer! – Erziehung vs. Internet?, NJW 1996, S. 1801 f. (1801).

sondern bei den Internet-Teilnehmern selbst am besten aufgehoben. Selbstregulierung, Selbstschutz und Selbstkontrolle spielen im Internet eine wichtige Rolle. Ein gutes Beispiel ist der Schutz gegen Angriffe auf die Vertraulichkeit und Integrität von Daten, für den niemand besser sorgen kann als die Teilnehmer selbst durch Verschlüsselung und Authentifizierung. Doch bei aller Begeisterung über Selbstregulierung etc. kann der Rechtsgüterschutz insgesamt nicht auf die unmittelbare Entfaltung der staatlichen Hoheitsgewalt verzichten.[10] Die beiden klassischen Ansätze hierfür sind Strafverfolgung und Gefahrenabwehr.

3.2 Rechtsgüterschutz durch Strafverfolgung im Internet

Grundgedanke des Strafrechts ist es, jeweils *nach* einer Rechtsgutverletzung einem Einzelnen die individuelle Verantwortlichkeit zuzurechnen, um ihn zu bestrafen. Dem Rechtsgüterschutz dient das durch die abschreckende Vorwirkung der Strafdrohung. Für den Vollzug des Strafrechts im Internet ist die vieldiskutierte Rechtsfrage entscheidend, wer als Täter oder Gehilfe für rechtlich mißbilligte Internet-Kommunikation verantwortlich ist. Die genauen Merkmale der Verantwortlichkeit sind hier nicht nachzuzeichnen. Immerhin ist klar, daß in erster Linie der Urheber der betreffenden Kommunikation verantwortlich zu machen ist. Die relativ mühelose Einbeziehung der elektronischen Kommunikation in die allgemeinen Rechtsgrundlagen gewährleistet, daß jede Kommunikation, die „off line" strafbar ist, auch „on line" strafbar ist. Allerdings ist gerade der Urheber strafbarer Kommunikation im Internet technisch am schwierigsten dingfest zu machen. Dem Zugriff auf die Provider, die nicht Urheber der betreffenden Kommunikation sind, aber die zu ihrer Verbreitung notwendigen technischen Dienste leisten, stellen sich typischerweise nicht die gleichen technischen Hindernisse in den Weg. Jedoch fehlt es hier an der strafrechtlichen Verantwortlichkeit. Der strafrechtlich Verantwortliche wird also aus technischen Gründen oft nicht zu fassen sein; den, der technisch greifbar ist, wird man in aller Regel nicht verantwortlich machen können. Das liegt am erwähnten Grundgedanken des Strafrechts: Zurechnung individueller Schuld an einer Rechtsgutverletzung.

---

[10]Gegen alle Träume von einer „glücklichen Anarchie" im Internet besonders hervorgehoben von *Herbert Fiedler*, Der Staat im Cyberspace, Verw. & Management 2000, S. 4-6.

3.3 Rechtsgüterschutz durch Gefahrenabwehr im Internet

Einen ganz anderen Grundgedanken verfolgt die Gefahrenabwehr: Danach
greift der Staat im Einzelfall in den Geschehensablauf ein, um es möglichst
gar nicht erst zu einer Rechtsgutverletzung kommen zu lassen oder eine begon-
nene Rechtsgutverletzung zu unterbinden. Dieses Konzept kann die abstrakt-
generelle Abschreckungswirkung des Strafrechts nicht ersetzen, aber ergänzen.
Sein Einsatz für den Rechtsgüterschutz im Internet ist bisher rechtswissen-
schaftlich[11] und rechtspraktisch unterbelichtet geblieben. Er könnte aber in
vielen Fällen etwas leisten, in denen das Strafrecht erfolglos bleibt. Das Gefahrenabwehrrecht erlaubt keine allgemeinen, vorbeugenden Maßnahmen, sondern
nur das Eingreifen bei einer „konkreten Gefahr": einer im Einzelfall festgestell-
ten, drohenden oder bereits begonnenen Rechtsgutverletzung. Gefahrenabwehr
im Internet bedeutet, rechtswidrige Angebote zu ermitteln und für ihre Beseitigung oder Unterdrückung zu sorgen. Dazu kann die Gefahrenabwehrbehörde
zum Beispiel dem Betreiber des betreffenden Angebotsservers gebieten, das
rechtswidrige Angebot aus dem Angebotsbestand zu entfernen. Eine andere
denkbare Maßnahme ist das Gebot an die Betreiber von News-Servern, Ein-
sendungen eines bestimmten, für rechtswidrige Postings bekannten Absenders
vor der Übernahme in das Angebot zu überprüfen.

Da eine Gefahrenabwehrmaßnahme in die Rechte der in Anspruch Genomme-
nen eingreift, fragt auch das Gefahrenabwehrrecht nach dessen Verantwortlichkeit. Grundsätzlich soll in erster Linie derjenige die Lasten der Gefahrenabwehr tragen, der die Gefahr verursacht hat. Die gefahrenabwehrrechtliche
Verantwortlichkeit ist aber leichter zu begründen als die strafrechtliche Veran-
wortlichkeit, eben weil es nicht um die Zurechnung individueller Schuld geht.
Notfalls kann sogar ein Nichtverantwortlicher in Anspruch genommen werden,
wenn die Inanspruchnahme eines Verantwortlichen keine Aussicht auf Erfolg
bietet. In einem solchen „gefahrenabwehrrechtlichen Notstand" muß jeder bei
der Gefahrenabwehr helfen, dies allerdings gegen Entschädigung seiner finanziellen Belastungen.

Damit wird schon deutlich, daß die Gefahrenabwehr im Internet in mancher
Hinsicht flexibler ist als die Strafverfolgung: Nicht nur der Urheber eines rechts-
gutverletzenden Angebots, sondern alle Akteure zwischen Urheber und Nutzer,
die etwas zur Unterbindung des Angebots beitragen können, dürfen hierfür
rechtlich in Anspruch genommen werden. Wenn dies dem Betroffenen einen
Aufwand auferlegt, der für ihn unzumutbar ist, weil er mit dem rechtsverlet-

---

[11]Immerhin kann inzwischen auf den Aufsatz von *Andreas Zimmermann*, Polizeiliche Gefahrenabwehr und das Internet, NJW 1999, S. 3145-3152, hingewiesen werden.

zenden Angebot „nichts zu tun hat", kann ihn das Strafrecht zu nichts verpflichten – das Gefahrenabwehrrecht hingegen sieht für diesen Fall vor, daß der Staat ihn finanziell entschädigt, um die Belastung zumutbar zu machen und so eine effektive Gefahrenabwehr zu ermöglichen.

3.4 Gefahrenabwehr und Strafverfolgung im Internet: unvollkommen, aber notwendig

Weder Gefahrenabwehr noch Strafverfolgung können ein „sauberes Internet" schaffen. Was sie erreichen können, sind bescheidenere Ziele: Die Strafverfolgung kann dem Straftäter die Sicherheit nehmen, unter allen Umständen unentdeckt zu bleiben. Sie kann jedenfalls diejenigen unter ihnen belangen, deren kriminelle Energie und technische Gewandtheit hierfür nicht genügen. Solche Straftäter wird es immer geben, und es ist kein Grund ersichtlich, warum sie im Kielwasser der „größeren Fische" vom Netz der Strafverfolger verschont bleiben sollten. Die Gefahrenabwehr kann darüber hinaus punktuell Rechtsgutverletzungen unterbinden oder zumindest ihre Wirkungen mildern.

Dafür, daß diese Ziele trotz ihrer Bescheidenheit für den Staat nicht aufgebbar sind, gibt es verfassungsrechtliche Gründe. Grundrechte schützen nicht nur vor Eingriffen des Staates, sondern verpflichten den Staat auch zum Schutz vor Verletzungen durch andere. In der Spannung zwischen der Aufgabe des Staates, die Rechtsgüter seiner Bürger vor Verletzungen zu schützen, und den Grenzen seiner Macht, die ihm gerade um dieser Aufgabe willen zusteht, macht das Internet eine Paradoxie der Staatsgewalt deutlich. Trotz aller Unvollkommenheit handelt der Staat dadurch seiner Bestimmung gemäß, daß er die verbleibenden Mittel zur Rechtsdurchsetzung im Internet ausschöpft – auch wenn sie nur einem „zu einem Prozent vollen" Glas gleichen. Damit hält er zugleich auch gegenüber derjenigen Kommunikation im Internet, gegen die er sich nicht durchsetzt, den Anspruch der öffentlichen Verantwortung sichtbar aufrecht. Die Gefahrenabwehr und Strafverfolgung im Internet läßt sich insoweit als imperfekte, aber notwendige Auflehnung gegen den Mißbrauch des Fortschritts verstehen, im besonderen gegen den Mißbrauch der Früchte der Informatik.

Michael Germann: Geb. 1967. Studium der Rechtswissenschaft in Tübingen, Genf und Erlangen. Erstes Juristisches Staatsexamen 1992, Zweites Juristisches Staatsexamen 1994; seitdem Wissenschaftlicher Assistent am Hans-Liermann-Institut für Kirchenrecht / Lehrstuhl für Kirchenrecht, Staats- und Verwaltungsrecht unter Professor Dr. jur. Christoph Link, an der Juristischen Fakultät der Friedrich-Alexander-Universität Erlangen-Nürnberg. Die Dissertation ist 1999 mit dem Promotionspreis der Juristischen Fakultät und mit dem Förderpreis der Schmitz-Nüchterlein-Stiftung ausgezeichnet worden.

Comprehending Queries

Torsten Grust

University of Konstanz
Department of Computer and Information Science
Database Systems Research Group
Torsten.Grust@uni-konstanz.de

1   There are no compelling reasons why database-internal query representations have to be designated by *operators*. This thesis describes a world in which *datatypes* determine the comprehension of queries. In this world, a datatype is characterized by its algebra of value constructors. These algebras are principal. Query operators are secondary in the sense that they simply box (recursive) programs that describe how to form a query result by application of datatype constructors. Often, operators will be unboxed to inspect and possibly rewrite these programs. Query optimization then means to deal with the transformation of programs.

The predominant role of the constructor algebras suggests that this model understands queries as mappings between such algebras. The key observation that makes the whole approach viable is that (a) *homomorphic* mappings are expressive enough to cover declarative user query languages like OQL or recent SQL dialects, and, at the same time, (b) a single program form suffices to express homomorphisms between constructor algebras. Reliance on a single combining form, *catamorphisms*, renders the query programs susceptible to *Constructive Algorithmics*, an effective and extensive algebraic theory of program transformations.

The complete text of this thesis may be downloaded by following the reference [Gru99].

1   Database Queries and Homomorphisms

2   As sketched in the abstract, the consistent comprehension of queries as mapping between datatypes, *i. e.*, their algebras of value constructors, provides the guide rail throughout the entire text.

The thesis rediscovers well-known query optimization knowledge on sometimes unusual paths that are more practicable to follow for an optimizer, though. Solutions previously proposed by others can be simplified and generalized mainly due to the clear account of the structure of queries that the *monad comprehension calculus*—thanks to its density—provides. This query calculus effectively supports query optimization in the presence of grouping, various forms of nesting, aggregates, and quantifiers. Although built on top of abstract concepts like *homomorphisms* and *monads*, this query model is specific enough to grasp implementation issues, such as the generation of stream-based (pipelined) query execution plans, whose treatment has traditionally been delayed until query runtime.

It is the main objective of the thesis to show that catamorphisms and monad comprehensions enable a comprehension of queries that is *effective* and easily *exploitable* inside a query optimizer.

3   How would you go about and try to comprehend database queries?

Open the cover and start to dismantle a database system. Then unbox the query engine and disassemble its parts. You end up with a set of query operators that may be combined in various but well-defined ways, the engine's operator algebra. The algebra tells you how the operators fit together and you start to play and combine operators to form queries. But as you reach for a *join* operator you hear clatter. In fact, all operators clatter as you shake them. Apparently you cannot develop a complete comprehension of the query engine if you do not further unbox the inner workings of the operators—This thesis is an exploration of what you will discover as soon as you break an operator's case.

4   In the course of this exploration we will soon realize that there is a single principle action that is pervasive inside all operators: the *construction* of values, which we will represent by the function symbol *cons*. Once we unfold the operators and inspect their definitions, we will find these operators to merely provide structure—a program—that controls application(s) of *cons*.

We will encounter construction in various instantiations, *e. g.*, as insertion of an element into a collection or incremental computation of an aggregate value, but these instantiations share so many properties that we will often do without telling them apart. Unlike other query models, we do not let collection types play an exceptional role. This sets the scene for a comprehension of queries which acknowledges the presence of query constructs other than bulk operations.

The predominance of *cons* motivates the starting point of our exploration. From the start, we let the construction of values dominate our understanding of queries and then work our way bottom-up. To effectively reason about construction we will exploit algebras of value constructors. In fact, these are the primary algebras we will work with and it is the programs that build terms over these algebras that cause the clatter you have heard. As operators merely box such terms we can study the action of operators by actually examining how they construct values. The resulting operator algebra, however, is secondary in this text.

5   Unboxing the operators gives us a rather fine control over value construction and we will see how a query optimizer can benefit from this control. At the same time, unboxing also implies that we have to deal with what we find inside: programs. Query analysis and transformation in this model amounts to analyze and transform programs. Throughout the entire text we will make good use of techniques native to the program transformation domain and establish well-known as well as invent novel query transformations this way.

To base a query optimizer upon these techniques means that we have to be restrictive about the program forms we may admit. Only then we can assure that the optimizer can operate as a program transformation system free of the need for external guidance or *Eureka steps.*

Here, the algebras of value constructors provide a point of reference. The only program forms we will admit are those that mimic the structure (of the recursive type) of the values they analyze and construct, *i. e.*, those that perform structural recursion. This restrictive discipline will render programs as *homomorphic mappings* between algebras of value constructors. It is worthwhile to dwell on this thought a little longer.

If a query h is a mapping between types A and B, how can we go about and represent h inside a computer or, more specifically, a query engine? Under the proviso that A is finite we could exploit a lookup table to encode h. But what if A is infinite (as are the domains we define query languages over)? Then, the first thing we need is a finite (recursive) description F of the elements in A. (The algebra $\alpha : \mathsf{F}A \to A$ describes how the elements of A are actually constructed.) Internally, the query will thus be a mapping of type $\mathsf{F}A \to B$. Second, for the encoding of h to be finite, too, it has to track the description F of A, which is nothing else than the hand-waving way of stating that h is a homomorphism. This describes the basic understanding of queries in this text already fairly well. To get a bearing on this process, the overall picture of the involved mappings is

$$
\begin{array}{ccc}
FA & \xrightarrow{\ \alpha\ } & A \\
{\scriptstyle Fh}\downarrow & & \downarrow{\scriptstyle h} \\
FB & \xrightarrow[\ \beta\ ]{} & B
\end{array}
$$

Intuitively, h meets these restrictions, if both paths from FA to B denote the same function. The thesis trades this intuition for precise statements about query programs using the language of category theory. Basic categorical vocabulary suffices, however. We perceive category theory as the vehicle not the cargo of this work.

6   The restrictions we impose on query programs may seem rather rigid at first sight but actually they are not. The expressive power of these programs is sufficient to cover orthogonal query languages for complex value databases, like OQL or newer dialects of SQL. Everything can be reduced to a single recursive program form, the *catamorphism*, which provides all the control structure we need. At the same time, this restriction can lead to new insights into compositions of programs—and thus complex queries—due to the properties catamorphisms exhibit.

2   The Monad Comprehension Calculus

7   To narrow the gap between user level query syntax and catamorphisms, we will exploit a calculus, the *monad comprehension calculus*, as a mediator between the two worlds. In a nutshell, monads [Mog91] are algebras exhibiting exactly the right of measure structure that is needed to support the interpretation of a query calculus, the *monad comprehension calculus* [Wad90]. Built on top of the abstract monad notion, the calculus maps a variety of query constructs (*e. g.*, bulk operations, aggregates, and quantifiers) to few syntactic forms. The uniformity of the calculus facilitates the analysis and transformation, especially the normalization, of its expressions. Few but generic calculus rewriting rules suffice to implement query transformations that would otherwise require extensive rule sets. Monad comprehensions provide the query representation of choice throughout major portions of the text as they are accessible to the human eye as well as an effective way to manipulate queries inside an optimizer. Once we remove the calculus' syntactic sugar, however, we realize that we are still operating with catamorphisms.

8 In some sense, this text uses monads in the role that sets play in the relational calculus. We consider it a feature not a bug of the monad notion that it comes with just enough internal structure that is needed to interpret a query calculus. The resulting monad comprehension calculus is poor with respect to the variety of syntactic forms it offers but this ultimately leads to a discipline in query compilation that extracts the core structure inherent to a query. No obfuscation caused by syntactic sugar (of which approaches that rewrite user level syntax, *e. g.*, OQL or SQL, suffer) remains.

Being completely parametric in the monad an expression of the calculus is evaluated in, the number of different query forms we encounter is significantly reduced: the T-monad comprehension $J\,f\,x\,[\![\,x \leftarrow xs\,K^\mathsf{T}$ can describe parallel application of f to the elements of xs, duplicate elimination, aggregation, or a quantifier ranging over xs, dependent on the actual choice of monad T. This uniformity enables us to spot useful and sometimes unexpected dualities between query constructs, *e. g.*, the close connection of the class of flat join queries and the queries evaluated in the **exists** monad (*e. g.*, existential quantification).

The terseness of the calculus additionally has a positive impact on the size of the rule sets necessary to express complex query rewrites. Rewriting rules can be established by appealing to the abstract monad notion in general and then used in many instantiations.

9 At places, the thesis rediscovers well-known query optimization knowledge using unusual paths that are more practicable to follow for an optimizer, however. At places, we can generalize and at the same time simplify solutions that have been proposed by others. The query model is abstract enough to stress the common ground of a diversity of query constructs from bulk operations to quantifiers. This makes the model an ideal target for the translation of declarative OQL-like user query languages, including recent feature additions to these languages. The monad comprehension calculus effectively supports optimization in presence of, *e. g.*, grouping, nesting, quantifiers, and aggregates in queries. The query model is specific enough to provide the necessary hints and handles to serve as an effectively manipulable representation of query execution plans—this provides a static account (*i. e.*, at query optimization time) of query runtime issues that have been traditionally tackled on the implementation level only. Finally, the model has already shown its suitability as a platform on which the rapid prototypical development of a query engine for complex value databases is viable.

3   Comprehending Queries

10   Perhaps the most principle and influential decision in solving a problem is the choice of language in which we represent both the problem and its possible solutions. Choosing the "right" language can turn the concealed or difficult into the obvious or simple. The thesis revisits a series of problems in the advanced query processing domain. In all cases, it is the aim to show how a catamorphic and monadic query language can (a) simplify, if not automate, the derivation of proposed solutions to the problem, (b) help to assess the correctness of these solutions, (c) possibly generalize the class of queries described by the problem and thus clarify the applicability of its solution.

11   Space restrictions prohibit the display of the gory details here, but nevertheless let us revisit a small number of query processing issues to provide a flavor of what kind of problems the thesis tackles.

12   In [SAB94], Steenhagen, Apers and Blanken analyzed a class of SQL-like queries which exhibit correlated nesting in the **where**-clause, more specifically

$$
\begin{array}{l}
\textbf{select distinct } f\; x \\
\qquad \textbf{from } xs \textbf{ as } x \\
\quad \textbf{where } p\; x\; z \\
\qquad\qquad \textbf{with } z = \left(\begin{array}{l} \textbf{select } g\; x\; y \\ \quad \textbf{from } ys \textbf{ as } y \\ \textbf{where } q\; x\; y \end{array} \right).
\end{array}
$$

It is the question whether queries of this class may be rewritten into *flat join queries* of the form

$$
\begin{array}{l}
\textbf{select distinct } f\; x \\
\qquad \textbf{from } xs \textbf{ as } x,\; ys \textbf{ as } y \\
\quad \textbf{where } q\; x\; y \\
\qquad \textbf{and } p'\; x\; v \\
\qquad\quad \textbf{with } v = g\; x\; y\;.
\end{array}
$$

Queries for which such a replacement predicate p' cannot be found have to be processed either (a) using a nested loop strategy, or (b) by grouping, ideally via a *nestjoin*. Whether we can derive a flat join query is, naturally, dependent on the nature of the yet unspecified predicate p.

The thesis approaches the problem by a reformulation of the involved queries in terms of monad comprehensions. Once this has been done, the text can characterize a structural condition on p which enables query optimizers to efficiently detect *all* flat join scenarios.

13   Monad comprehensions can grasp queries outside the classical relational domain. The thesis gives a purely calculational proof for the correctness of a parallelizing optimization of *group queries* [CR97]

```
select f x, agg(g x)
    from xs as x
 group by f x .
```

As the idea behind the optimization of these queries relies on a mix of representations (SQL syntax, query graphs, relational algebra, explicit iteration), assessing its correctness bears subtleties. Reasoning in the monad comprehension calculus, however, removes this diversity and enables an almost mechanical proof of correctness.

14   In a compositional query language, there exist constellations of query clauses that lend themselves to more efficient—in terms of space and time complexity—evaluation algorithms than the complexity of the evaluation of its parts, *i. e.*, subqueries, leads on to assume. The SQL queries in the following class provide instances of this phenomenon:

```
select f x (agg z)
    from xs as x
                  ⎛ select y           ⎞
        with z =  ⎜    from ys as y    ⎟  .
                  ⎝  where y θ x        ⎠
```

In [CM95], Cluet and Moerkotte realized that an optimizer can reduce both the space and time needed to evaluate these queries by the use of so-called θ-*tables*. The problem remained of how to effectively detect these profitable situations (this depends on the nature of *agg* as well as θ) and, once detected, how to deduce the necessary input parameters for the underlying θ-table optimization.

This thesis can provide effective answers to both questions: the necessary properties of *agg* are naturally expressed in our query model and—as a bonus— we can clarify the applicability of the θ-table approach (which turns out to be more general than the original work envisioned).

15 We have found this comprehension of queries based on catamorphisms and monads to cover, simplify, and generalize many of the proposed views of database queries [GS99]. Even better, however, it enabled us to offer a terse and thus elegant account of issues in query optimization that were cumbersome or impossible to express in a way that is effectively accessible for a query optimizer.

4 Toolbox

16 This work draws ideas and methods on a variety of sources, some of which are somewhat alien to the query optimization domain. The text continuously walks the fine line—if there is any—between query optimization, category theory, program transformation, type theory, and functional programming.

(a) We let *category theory* play the role that set theory has in the world of relational databases. The categorical view provides a measure of abstraction that enables important generalizations and elegant reasoning at the same time. While set-theoretic accounts of query optimization dominate the field of research by far, others have paved the way for a categorical model of queries [BNTW95, Won94].

(b) There exists an extensive theory, the *Constructive Algorithmics* [Fok92, Gra90, Bir89], on the transformation of programs that are built from a small set of combining forms. This theory understands programs as objects that are subject to calculation just like numbers in arithmetic. Core query transformations are established through calculation with programs.

(c) Type theory, especially *parametric polymorphism* and the laws it justifies for free [Wad89, WB89], constitutes another field we benefit from.

(d) Last but not least, we perceive query transformation and optimization as a *functional programming activity*. Superficially, this concerns a number of notational conventions we adopted. More deeply, note that we generate query results solely through the side-effect free construction of values from simpler constituents. In fact, we find an approach to query optimization that does otherwise hard to imagine: referential transparency is the key to painless transformational programming and equational reasoning. Functional composition is the predominant way of forming complex queries from simpler ones. Finally, when it comes to the generation of query execution plans, we establish connections to implementation techniques for lazily evaluated functional programming languages [PJ87].

References

[Bir89]   Richard S. Bird. Algebraic Identities for Program Calculation. *The Computer Journal*, 32(2):122–126, 1989.

[BNTW95] Peter Buneman, Shamim Naqvi, Val Tannen, and Limsoon Wong. Principles of Programming with Complex Objects and Collection Types. *Theoretical Computer Science*, 149(1):3–48, 1995.

[CM95]   Sophie Cluet and Guido Moerkotte. Efficient Evaluation of Aggregates on Bulk Types. In *Proc. of the 5th Int'l Workshop on Database Programming Languages (DBPL)*, Gubbio, Italy, September 1995.

[CR97]   Damianos Chatziantoniou and Kenneth A. Ross. Groupwise Processing of Relational Queries. In *Proc. of the 23rd Int'l Conference on Very Large Data Bases (VLDB)*, pages 476–485, Athens, Greece, August 1997.

[Fok92]   Maarten M. Fokkinga. *Law and Order in Algorithmics*. PhD thesis, University of Twente, Enschede, 1992.

[Gra90]   Malcolm Grant. Data Structures and Program Transformation. *Science of Computer Programming*, 14:255–279, 1990.

[Gru99]   Torsten Grust. *Comprehending Queries*. PhD thesis, University of Konstanz, September 1999. Available for download at `http://www.ub.uni-konstanz.de/kops/volltexte/1999/312/`.

[GS99]   Torsten Grust and Marc H. Scholl. How to Comprehend Queries Functionally. *Journal of Intelligent Information Systems*, 12(2/3):191–218, March 1999. Special Issue on Functional Approach to Intelligent Information Systems.

[Mog91]   Eugenio Moggi. Notions of Computations and Monads. *Information and Computation*, 93(1):55–92, 1991.

[PJ87]   Simon L. Peyton Jones. *The Implementation of Functional Programming Languages*. Prentice Hall International Series in Computer Science. Prentice Hall International (UK) Ltd., 1987.

[SAB94]   Hennie J. Steenhagen, Peter M.G. Apers, and Henk M. Blanken. Optimization of Nested Queries in a Complex Object Model. In

                Proc. of the 4th Int'l Conference on Extending Database Technology (EDBT), pages 337–350, Cambridge, UK, March 1994.

[Wad89]   Philip Wadler. Theorems for Free! In *Proc. of the 4th Int'l Conference on Functional Programming and Computer Architecture (FPCA)*, London, England, September 1989.

[Wad90]   Philip Wadler. Comprehending Monads. In *Conference on Lisp and Functional Programming*, pages 61–78, June 1990.

[WB89]   Philip Wadler and Stephen Blott. How to make Ad-hoc Polymorphism less Ad hoc. In *16th ACM Symposium on Principles of Programming Languages (POPL)*, Austin, Texas, January 1989.

[Won94]   Limsoon Wong. *Querying Nested Collections*. PhD thesis, University of Pennsylvania, Philadelphia, August 1994.

Acknowledgements. My sincere thanks go to Marc Scholl, my advisor, who has somehow managed to step up onto the stage in just the right moment. I lost little time to accept his invitation to join his newly founded research group at the University of Konstanz. There have been periods where my work has led me away from the core database research field into the world of functional programming, but Marc never hesitated to encourage me to follow this alien path. Maybe that's what I value the most about him.

Throughout the five years I had many, often amazing, encounters with the members of our research community. During a visit at the University of Twente I got to know Peter Apers and his group and I'm particularly grateful that Peter accepted to review this thesis. Without the help of Maarten Fokkinga there would be more errors than you will find now. Sometimes even short exchanges of thoughts can change the way you see things. I had such experiences when I met Peter Buneman (and the participants of the FDM workshop in London, July 1997), Erik Meijer, Doaitse Swierstra, and Phil Wadler in person, and during e-mail conversation with Mitch Cherniack and Phil Trinder.

Torsten "Teggy" Grust, born in August 1968, enrolled to study Computing Science at the Technical University of Clausthal in 1989. In September 1994 he joined Marc H. Scholl's database research group at the University of Konstanz and completed his Ph.D. studies in September 1999. Since 1991, his primary research interest has been database query representation and optimization with a growing emphasis on related functional programming issues starting circa 1995. At the time of writing (Summer 2000), he has been a visiting researcher at IBM's Silicon Valley Labs—the former Santa Teresa Labs—to incorporate the ideas developed in this thesis into IBM's pervasive database system DB2$_e$ (*DB2 Everyplace*).

Online-Fehlerdiagnose in intelligenten mathematischen Lehr-Lern-Systemen

Dr. Martin Hennecke

Institut für Mathematik und Angewandte Informatik
Fachbereich IV: Mathematik, Informatik und Naturwissenschaften
Universität Hildesheim

Die Fähigkeit eines Lehrers, die individuellen Fehlvorstellungen seiner Schüler zu erkennen und seine Lehrmethoden daran anzupassen, ist notwendige Voraussetzung für gezielte Förder- oder Individualisierungsmaßnahmen. Aufgrund des hohen Zeitaufwandes ist dies in der Praxis jedoch kaum möglich. In computergestützten mathematischen Lernsystemen konnten diagnostische Methoden bis heute nur bedingt eingesetzt werden, da bisherige Diagnosesysteme nicht schnell oder flexibel genug sind.

In der hier zusammengefaßten Arbeit [Hen99] wird ein konzeptionell neuer Algorithmus zur Online-Diagnose in einem mathematischen Lernsystem vorgeschlagen, der auf Konzepten der Termersetzung und der dynamischen Programmierung basiert. Mit dem Diagnosesystem BugFix („bug" engl. für „Fehler", „fix" engl. für „reparieren") wird eine leistungsfähige Implementierung vorgestellt, die mehrere Milliarden verschiedener Schülerrechnungen als mögliche Diagnosen berücksichtigt, ohne dass für den Schüler eine subjektiv wahrnehmbare Wartezeit entsteht. Die verwendeten Datentypen ermöglichen durch maximale Strukturteilung eine effiziente Speicherverwaltung.

Damit stellt BugFix eine leistungsfähige und leicht integrierbare diagnostische Komponente für den Einsatz in intelligenten mathematischen Lehr-Lern-Systemen dar. Die gewonnenen diagnostischen Informationen können sowohl vom Lernsystem als auch vom menschlichen Lehrer über geeignete Software zur Vermeidung und Therapie von Fehlvorstellungen der Schüler verwendet werden.

1 Einführung

In den verschiedensten Bereichen der schulischen wie auch der betrieblichen Aus- und Weiterbildung gewinnt der Einsatz von Computern eine immer größere Bedeutung. Insbesondere werden multimediale Anwendungen verwendet. Die zahlreichen verschiedenen Ausprägungen dieser Programme werden üblicherweise als „Lernsysteme" zusammengefaßt (vgl. [Sch97]). Auf der anderen Seite existieren Anwendungen, sogenannte „Lehrsysteme", die Lehrer bei der Planung, Durchführung und Nachbereitung des Unterrichts unterstützen.

Von besonderem Interesse sind Systeme, in denen sowohl die Funktionen von Lehr- als auch von Lernsystemen integriert sind. Als angemessene Bezeichnung wird hierfür der Begriff „Lehr-Lern-Systeme" verwendet. Eine Sonderstellung unter den Lehr-Lern-Systemen nehmen die „diagnostischen Lehr-Lern-Systeme" ein. Diese ermöglichen dem Lehrer die Diagnose des Wissens und der Fehlvorstellungen seiner Schüler. Die diagnostischen Informationen können aber auch vom Lernsystem selbst genutzt werden – etwa indem gezielte Hilfen oder Gegenbeispiele gegeben werden. Das Lernsystem kann so bereits von Anfang an der Bildung von Fehlvorstellungen entgegenwirken.

Die Grundlagen für das erste diagnostische Lehrsystem stammen von Brown und Burton [BB78]. Ihr Programm BUGGY erlaubt die Simulation von korrekten und fehlerhaften Schülerrechnungen am Beispiel der Subtraktion natürlicher Zahlen. Die eigentliche Diagnose wird in der Erweiterung DEBUGGY [Bur82] realisiert. DEBUGGY generiert Hypothesen über die Vorstellungen eines Lernenden und testet sie mit Hilfe von BUGGY. DEBUGGY ist als Offline-Diagnose konstruiert, das heißt, dass die diagnostischen Informationen erst im Lehrsystem gewonnen werden. Der Versuch, die Diagnose bereits im Lernsystem durchzuführen (Online-Diagnose), konnte nicht zufriedenstellend realisiert werden. Zwar sind inzwischen Fortschritte in diese Richtung unternommen worden, die jedoch mit Einschränkungen der Aufgabenauswahl, der diagnostizierbaren Fehler oder der Rechenwege einhergehen.

Dies ist Ansatzpunkt der hier zusammengefaßten Dissertation [Hen99]. Sie hat die Entwicklung eines Diagnosealgorithmus zum Ziel, dessen Ergebnisse bereits vom Lernsystem genutzt werden können und so dem Schüler direkt helfen. Aus der Aufgabenstellung und der beobachtbaren Lösung des Schülers soll der Diagnosealgorithmus die nicht beobachtbaren Rechenstrategien bestimmen. So soll beispielweise aus der Aufgabenstellung $\frac{5}{4} + \frac{6}{2}$ und der Schülerantwort $\frac{15}{2}$ auf folgende fehlerhafte Rechnung geschlossen werden:

$$\underbrace{\frac{5}{4} + \frac{6}{2} \rightarrow \frac{5}{4:2} + \frac{6:2}{2} \rightarrow \frac{5}{2} + \frac{6:2}{2} \rightarrow}_{\text{Kürzen über Kreuz}} \underbrace{\frac{5}{2} + \frac{3}{2} \longrightarrow \frac{5 \cdot 3}{2}}_{\text{Addition durch Multiplikation}} \rightarrow \frac{15}{2}$$

Leider ist die Diagnose nicht immer eindeutig. In diesen Fällen soll der Algorithmus alle möglichen Diagnosen berechnen und unter Berücksichtigung statistischer wie persönlicher Fehlerwahrscheinlichkeiten bewerten. Zur Klärung der tatsächlich vorliegenden Fehlvorstellungen ist dann die Betrachtung mehrerer fehlerhafter Schülerrechnungen sinnvoll.

2   Modellierung von Rechenstrategien

Zur Repräsentation der Rechenstrategien der Schüler wurde ein formaler Beschreibungsrahmen geschaffen, der hier nur skizziert werden kann. Der Ansatz ist, die Rechenstrategien ähnlich wie Ersetzungsregeln bei der Termersetzung (vgl. [DJ90, Klo92]) zu modellieren. Im Unterschied zu diesen Modellierungen kommt jedoch eine überladbare Signatur $\Sigma = (S, \Omega)$ mit Sorten S und Operatoren $\Omega = \{\Omega_{w,s}\}_{w \in S^*, s \in S}$ zum Einsatz (vgl. [EGL89, LEW96]). Entsprechend wird die Menge der Terme der Sorte $s \in S$ über Σ als $T_{\Sigma,s}$ bzw. mit Variablen $X = \{X_s\}_{s \in S}$ als $T_{\Sigma(X),s}$ definiert und die Erweiterung des Konzeptes bei der Definition der Einsetzung $\sigma : \bigcup X \to T_{\Sigma(X),s}$ und der Substitution berücksichtigt. Wie üblich ist $dom(\sigma) := \{x \mid \forall x \in X : \sigma(x) \not\equiv x\}$.

Neu eingeführt wird die Definition der Anwendungskondition Ac, die eine Einsetzung σ auf eine Familie von Einsetzungen $Ac(\sigma)$ abbildet. Eine Diagnoseregel ist dann im Unterschied zur Termersetzung ein Tripel (l, r, Ac) mit

1. $l \in T_{\Sigma(X),s_l}, s_l \in S, l \notin \bigcup X$,

2. $r \in T_{\Sigma(X),s_r}, s_r \in S$ und

3. für alle Einsetzung σ deren Instanz $\sigma(l) \in T_{\Sigma(X),s}$ gültig ist, gilt entweder $Ac(\sigma) = \emptyset$ oder die Variablen aus $r \subseteq dom(\sigma_i)$ für alle $\sigma_i \in Ac(\sigma)$.

Die Anwendungskondition erlaubt der Diagnoseregel eine deutlich erweiterte Funktionalität gegenüber einer Termersetzungsregel. So kann die Anwendungskondition als Wächter fungieren ($Ac(\sigma) = \emptyset$), eine bestehende Einsetzung erweitern oder als Multiplikator der Ersetzungsregeln dienen.

Als ein Beispiel für die Erweiterung der Einsetzung sei die Diagnoseregel $add(a, b) \to c$ angewendet auf den Term $add(4, 5)$ gegeben: Hier wird zuerst die Einsetzung $\sigma = \{a \leftarrow 4, b \leftarrow 5\}$ bestimmt. Die Anwendungskondition erweitert die Einsetzung dann zu $Ac(\sigma) = \{\{a \leftarrow 4, b \leftarrow 5, c \leftarrow 9\}\}$ und ermöglicht so die direkte Ersetzung $add(4, 5) \to 9$, wie sie dem Wissensabruf des Schülers entspricht. Enthält $Ac(\sigma)$ mehrere Einsetzungen, dann agiert die Anwendungskondition als Multiplikator, d.h. eine Diagnoseregel beschreibt mehrere mögliche Ersetzungen. Diese Funktionalität wird z. B. beim Kürzen benötigt: $\frac{4}{8} \rightarrow \frac{2}{4}$ und $\frac{4}{8} \rightarrow \frac{1}{2}$.

In Verbindung mit einer Prioritätsfunktion (vgl. [Fri68, Sal73]) bilden die Diagnoseregeln R ein Diagnosesystem D, mit dem sich das Schülerverhalten gut modellieren läßt. Die Erweiterungen machen die Neufassung der Reduktionsrelation $\Rightarrow_r$ für eine Diagnoseregel r notwendig. Für eine Folge von Termen $w_0, w_1, \ldots, w_n \in T_{\Sigma(X)}$ und Diagnoseregeln $r_1, r_2, \ldots, r_n \in R$ mit $w_0 \Rightarrow_{r_1} w_1 \Rightarrow_{r_2} \ldots \Rightarrow_{r_n} w_n$ ist danach wie üblich $(w_0, w_1, \ldots, w_n)$ eine Ableitung und $(r_1, r_2, \ldots, r_n)$ eine Regelfolge. Eine Diagnose von w_0 nach w_n sei dann definiert als das Tupel $((r_1, r_2, \ldots, r_n), (w_0, w_1, \ldots, w_n))$. Die Menge aller Diagnosen w_0 nach w_n wird als $Diag(w_0, w_n)$ bezeichnet. Für die dem Schüler gestellte Aufgabe w_0 und die Schülerantwort w_n beschreibt $Diag(w_0, w_n)$ formal das gesuchte Ergebnis des Diagnosealgorithmus.

3 Diagnose von Rechenstrategien

Im Unterschied zur Offline-Diagnose stellen sich bei der Online-Diagnose an den eigentlichen Diagnosealgorithmus völlig andere Anforderungen. Anders als bei der Offline-Diagnose sind in einem Lernsystem Laufzeit und Speicherbedarf extrem kritische Größen — insbesondere da auf vielen Anwendungsrechnern in Schulen nur geringe Rechenleistung und wenig Speicher zur Verfügung stehen. Der Zeitablauf der Diagnose stellt einen weiteren Unterschied dar. So liegen bei der Offline-Diagnose zu Beginn der Diagnose bereits eine Menge von Aufgaben mit den zugehörigen Schülerlösungen vor. Im Unterschied dazu liegt bei der Online-Diagnose in einem Lernsystem die Aufgabenstellung w_0 zeitlich deutlich vor der Schülerantwort w_n vor. Messungen zeigten, dass Schüler für die Berechung und die Eingabe ihrer Lösung mehr als 10 Sekunden benötigen. Verfolgt man das Ziel, dass dem Lernsystem die diagnostischen Informationen ohne für den Schüler wahrnehmbare Wartezeiten zur Verfügung stehen, so kann man in dieser Zeit die Diagnose sinnvoll vorbereiten (Phase I), um nach Eintreffen der Schülerlösung die eigentlichen Diagnosen berechnen zu können (Phase II). Dazu ermittelt man in der ersten Phase die Menge aller Diagnosen von w_0, d.h. $\bigcup_{w \in T_{\Sigma(X)}} Diag(w_0, w)$ und wählt in der zweiten Phase lediglich $Diag(w_0, w_n)$ aus. In der Praxis wird man sich in der ersten Phase jedoch auf solche Diagnosen beschränken müssen, die eine gewisse Länge nicht überschreiten, zyklenfrei und aufgrund statistischer Beobachtungen als „wahrscheinlich" einzustufen sind. Diese Beschränkungen sind nicht nur zur Sicherstellung der Terminierung des Diagnosealgorithmus technisch nötig, sondern auch didaktisch motiviert.

Für die Berechnung der Menge aller Diagnosen in der ersten Phase wird $Follow(w) := \{(r,v) \mid \forall r \in R \; \forall v \in T_{\Sigma(X)} : w \Rightarrow_r v\}$ als Nachfolgermenge des Terms $w \in T_{\Sigma(X)}$ definiert. Die Nachfolgermenge eines Terms w der Form $f(t_1, t_2, \ldots, t_m)$ wird durch den Diagnosealgorithmus rekursiv berechnet, indem zuerst die Nachfolgermengen der Teilterme t_1, t_2 bis t_m bestimmt und dauerhaft gespeichert werden. Bei der eigentlichen Berechnung der Nachfolgermenge des Terms w wird dann nur nach Regelinstanzen der Form $w \to w'$ gesucht. Alle weiteren Elemente der Nachfolgermenge von w können durch geeignete Kombinationen der Elemente der gespeicherten Nachfolgermenge der Teilterme t_1, t_2 bis t_m bestimmt werden.

Bei der Berechnung der Nachfolgermenge werden alle neu entstehenden Teilterme in einer zentralen Hashtabelle registriert. Existiert ein Term bereits in der Hashtabelle wird lediglich eine Referenz auf den bereits bestehenden Term verwendet. Durch die so entstehende maximale Strukturteilung bei der Speicherung der Terme wird nicht nur erheblich Speicher gespart, sondern auch die Grundlage für die Wiederverwendung einer bereits bekannten Nachfolgermenge gelegt. Da aufgrund der psychologisch bedingten Struktur der Diagnoseregeln diese Wiederverwendung sehr häufig zum Tragen kommen kann, ist die dynamische Berechnung ausschlaggebend für die effiziente Abarbeitung in der ersten Phase.

Die Arbeitsweise der ersten Phase soll anhand eines stark vereinfachten Beispiels verdeutlich werden. Abbildung 1 zeigt die zugehörige Zeigerstruktur. Ausgehend von der Aufgabenstellung $\frac{1}{2} + \frac{3}{4}$ und den Diagnoseregeln

$$a0 : \quad \frac{z_1}{n_1} + \frac{z_2}{n_2} \to \frac{z_1 + z_2}{n_1 + n_2}$$

$$a1 : \quad \frac{z_1}{n_1} + \frac{z_2}{n_2} \to \frac{z_1 \cdot z_2}{n_1 \cdot n_2}$$

$$a2 : \quad \frac{z_1}{n_1} + \frac{z_2}{n_2} \to \frac{z_1 \cdot z_2}{n_1 + n_2}$$

wird zuerst mit Diagnoseregel (a0) der Term $\frac{1+3}{2+4}$ abgeleitet (links in Abb. 1). Die Verweise der ganzen Zahlen brauchen dabei noch nicht über die Hashtabelle bestimmt zu werden, sondern sind bereits durch die Einsetzung bekannt. Analog wird $\frac{1 \cdot 3}{2 \cdot 4}$ durch Diagnoseregel (a1) abgeleitet (vgl. Mitte der Abb. 1). Interessant wird es bei der Ableitung von $\frac{1 \cdot 3}{2+4}$ durch die Diagnoseregel (a2). Hier müssen die Teilterme über die Hashtabelle identifiziert werden (rechts in Abb. 1).

Die Nachfolgermenge $Follow(1 + 3) = \{(anok, 4), (anp, 5), (anm, 3)\}$ in Abbildung 1 verdeutlicht zudem, wie sich die Berechnung der Nachfolgermenge in

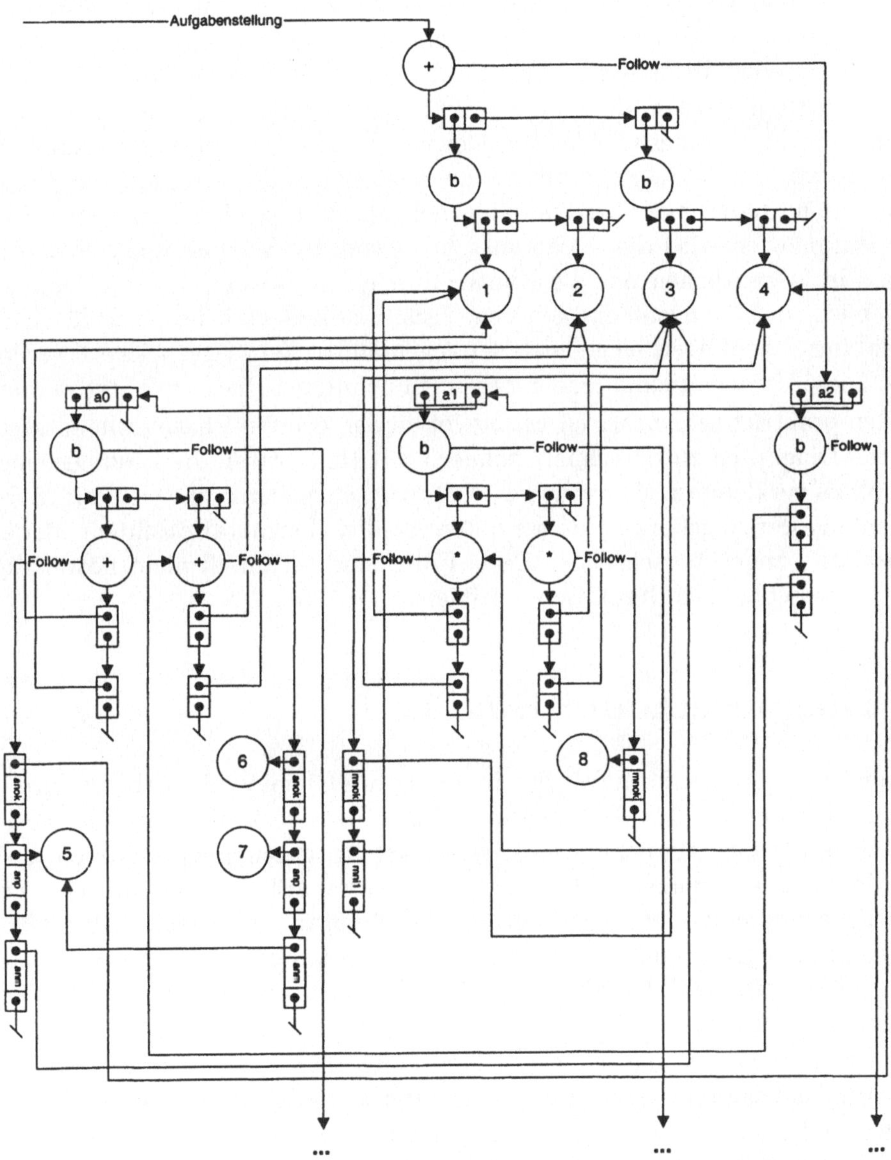

Abbildung 1: Beispiel für die Zeigerstruktur in der ersten Diagnosephase

dieses Schema integrieren läßt. Die Diagnoseregeln simulieren hier korrektes bzw. fehlerhaftes Rechnen in den natürlichen Zahlen (± 1 Fehler).

Das Ergebnis der ersten Phase kann als dichter Graph repräsentiert werden, dessen Knoten die Terme und dessen Kanten Nachfolgermengenzugehörigkeiten repäsentieren. In diesem Graphen müssen in der zweiten Phase alle Kantenzüge gesucht werden, die von der Aufgabenstellung zur Schülerlösung verlaufen. Würde man diese Suche Top-Down, d.h. von der Aufgabenstellung zur Schülerlösung durchführen, müßten alle Kantenzüge des Graphen betrachtet werden, d. h. die Menge aller bis dahin bekannten möglichen Schülerrechnungen. Statt dessen wird die Suche ausgehend von der Schülerlösung gestartet, so dass im wesentlichen nur die Kanten durchsucht werden müssen, die auch tatsächlich zur Lösungsmenge gehören. Technisch bedeutet dies, dass für jeden Zeiger einer Nachfolgermenge auch der gegenläufige Zeiger gespeichert werden muss. Diese Vorarbeit kann jedoch bereits in der ersten Phase geleistet werden.

Für den praktischen Einsatz ist es sinnvoll in der zweiten Phase nicht tatsächlich alle Diagnosen zu berechnen, sondern mit Heuristiken die Lösungsmenge sinnvoll zu verkleinern. So werden z. B. Diagnosen entfernt, die sich nur in der Reihenfolge der Regelanwendungen unterscheiden (Permutationsfilter) oder eine gewisse Länge überschreiten. Diese Filter sind technisch nicht notwendig, sondern ausschließlich didaktisch motiviert.

4   Diagnosemodul BugFix

Ausgehend von dieser formalen Beschreibung des Diagnosealgorithmus wird in der Dissertation mit dem Diagnosemodul BugFix eine konkrete Implementierung eines Moduls zur Fehlerdiagnose vorgestellt, deren Entwurf in der Unified Modeling Language (UML) hier leider keinen Platz finden konnte. Die eigentliche Implementierung erfolgte in der Programmiersprache ObjectPascal, die das Diagnosemodul anderen Programmiersprachen oder Autorensystemen (z. B. Macromedia Director) als dynamisch gelinkte Bibliothek (DLL) zur Verfügung stellt.

Um BugFix möglichst unabhängig von der mathematischen Domäne zu gestalten, wird das Diagnosesystem zur Laufzeit aus speziellen Beschreibungsdateien geladen und bis zu einem effizient ausführbaren Zwischencode compiliert. Die Beschreibung erfolgt in der BugFix Spezifikationssprache (BFS), deren Syntax an PROLOG orientiert ist. Die Spezifikationssprache ermöglicht nicht nur die Beschreibung der Diagnoseregeln mit ihren Anwendungskonditionen, sondern auch aller Filter der ersten und zweiten Diagnosephase. Somit bleiben auch die Filter leicht an unterschiedliche Anforderungen adaptierbar.

Die Originalarbeit entstand im Kontext eines Forschungsprojekts am Institut für Mathematik und Angewandte Informatik der Universität Hildesheim. Ziel des Projektes ist u. a. die Erstellung von Software, die im Unterricht zur Vermittlung der Bruchrechnung eingesetzt werden kann. Entsprechend wurde BugFix mit einem Diagnosesystem zur Bruchrechnung erprobt.

Das hierzu notwendige Diagnosesystem wurde aufbauend auf der fachbezogenen Literatur (u. a. [Har81, Lö82, GG83, Has85, Pad86, Pad]) in BFS modelliert. Diese Regelbasis wurde im Anschluss mit Hilfe einer eigenen Feldstudie mit 500 Schülern zu einem Diagnosesystem mit knapp 250 Diagnoseregeln erweitert. Hierzu wurden aus über 6000 fehlerhaften oder unvollständigen Schülerrechnungen zuerst automatisch häufige nicht diagnostizierbare Fehler ermittelt und dann manuell durch Diagnoseregeln erklärt. In der Literatur finden sich alternativ etwa bei [LO84, BM96] auch automatische Ansätze für diese Aufgabe.

5 Ergebnisse und Ausblick

Auf der Domäne Bruchrechnung konnte BugFix sein für den Einsatz in Lernsystemen geeignetes Laufzeitverhalten demonstrieren. So berücksichtigt BugFix — falls nötig — mehrere Milliarden verschiedener korrekter und fehlerhafter Rechnenwege als mögliche Diagnose der Schülerantwort, ohne dass der Schüler eine Wartezeit wahrnehmen kann. Diese Leistungsfähigkeit verdankt der Diagnosealgorithmus im wesentlichen der dynamischen Programmierung und der maximalen Strukturteilung der verwendeten Datentypen. Letztere ermöglicht eine äußerst kompakte Speicherung der Diagnosen und benötigt i. A. nur zwischen 0,0001 und 0,02 Byte pro gespeicherte Diagnose.

Bezüglich der Demonstrationsdomäne Bruchrechnung ist die Effizienz des Diagnosealgorithmus so hoch, dass es für den praktischen Einsatz in einem Lernsystem sinnvoll sein wird, die Berechnung in der ersten Phase frühzeitig zu stoppen, um auf Systemen mit knappen Speicherressourcen nicht unnötig Speicher zu belegen. Die umfangreichen Erfahrungen in dieser komplexen Demonstrationsdomäne sowie Testläufe auf dem Gebiet der Differentialrechnung stellen eine erfolgversprechende Perspektive für den Einsatz von BugFix in anderen mathematischen Bereichen dar. Die Verfügbarkeit von umfassenden Diagnosesystemen für verschiedene Domänen wird sicherlich ausschlaggebend für den Einsatz in kommerziellen Lernprogrammen sein — da aus wirtschaftlicher Sicht ansonsten die Investition in eine aufwendige multimediale Gestaltung der Lernprogramme sinnvoller erscheinen mag.

Durch die Berechnung der Fehlerdiagnosen zur Laufzeit des Programmes kann der Diagnosealgorithmus flexibel reagieren. Es ist weder ein Beschränkung der

Auswahl der Übungsaufgaben noch eine Einschränkung der Rechenwege der Schüler aus Sicht der Fehlerdiagnose notwendig. So kann der Lehrer z. B. zu seiner aktuellen Unterrichtseinheit passende Übungsaufgaben extern vorgeben. Die Diagnosegüte läßt sich auf der Basis der Feldstudie nicht beurteilen, da die realen Schülerrechnungen nicht bekannt sind. Die vom Diagnosealgorithmus gefundenen Diagnosen für die in der Feldstudie dokumentierten relevaten Fehler sind ebenso wie das Diagnosesystem im Anhang der Dissertation vollständig dokumentiert. Sie zeigen deutlich, dass BugFix i. A. sinnvolle Diagnosen liefert. Ferner werden in der Originalarbeit einige Verfahren zur Verbesserung der Diagnosegüte vorgestellt. Als ein nach Ansicht des Autors vielversprechender Ansatz zur weiteren Verbesserung der Diagnosegüte ist der Diskurs mit dem Schüler über seine Fehlvorstellungen einzuschätzen. Dies erfordert deutlich geringere metakognitive Fähigkeiten als die übliche Frage, was der Schüler meint gerechnet zu haben.

Literatur

[BB78] J.S. Brown and R.R. Burton. Diagnostic Models for Procedural Bugs in Basic Mathematical Skills. *Cognitive Science*, pages 155–192, 2 1978.

[BM96] P. Baffes and R. Mooney. Refinement-Based Student Modeling and Automated Bug Library Construction. *Journal of Artificial Intelligence in Education*, pages 75–117, 7 1996.

[Bur82] R.R. Burton. Diagnosing bugs in simple procedural skills. In D.H. Sleemann and J.S. Brown, editors, *Intelligent Tutoring Systems*, chapter 8. Academic Press, London, 1982.

[DJ90] N. Dershowitz and J.P. Jouannaud. Rewrite Systems. In J. van Leeuwen, editor, *Handbook of Theoretical Computer Science*, volume B, chapter 6, pages 244–320. Elsevier, Amsterdam, 1990.

[EGL89] H.D. Ehrich, M. Gogolla, and U.W. Lipeck. *Algebraische Spezifikation abstrakter Datentypen*. Teubner, Stuttgart, 1989.

[Fri68] J. Friš. Grammars with partial ordering of the rules. *Information Controll*, pages 415–425, 17 1968.

[GG83] H.D. Gerster and U. Grevsmühl. Diagnose individueller Schülerfehler beim Rechnen mit Brüchen. *Päd. Welt*, 11 1983.

[Har81] K.M. Hart. *Children's Understanding of Mathematics*, chapter 5: Fraction, pages 66–81. Athenaeum Press, New-Castle upon Tyne, 1981.

[Has85] K. Hasemann. Die Beschreibung von Schülerfehlern mit kognitionstheoretischen Modellen. *Der Mathematikunterricht*, 31, 6 1985.

[Hen99] M. Hennecke. *Online-Diagnose in intelligenten mathematischen Lehr-Lern-Systemen.* Fortschr.-Ber. VDI, Reihe 10, Nr. 605. VDI Verlag, Düsseldorf, 1999.

[Klo92] J.W. Klop. Term Rewriting Systems. In S. Abramsky, Dov. M. Gabbay, and S.E. Maibaum, editors, *Handbook of Logic in Computer Science*, volume 2, pages 1–116. Oxford University Press, Oxford, 1992.

[LEW96] J. Loeckx, H.D. Ehrich, and M. Wolf. *Specification of abstract data types.* Wiley-Teubner, Chichester, Stuttgart, Leipzig, 1996.

[Lö82] G.A. Lörcher. Diagnose von Schülerschwierigkeiten beim Bruchrechnen. *Päd. Welt*, 2 1982.

[LO84] P. Langley and S. Ohlsson. Automated cognitive modeling. In *Proceedings of the National Conference on Artificial Intelligence*, pages 193–197, Austin, Texas, 1984.

[Pad] F. Padberg. *Didaktik der Bruchrechnung, Gemeine Brüche, Dezimalbrüche.* 2. edition.

[Pad86] F. Padberg. Über typische Schülerschwierigkeiten in der Bruchrechnung – Bestandsaufnahme und Konsequenzen. *Der Mathematikunterricht*, 3 1986.

[Sal73] A.K. Salomaa. *Formal Languages.* Academic Press, New York, 1973.

[Sch97] R. Schulmeister. *Grundlagen hypermedialer Lernsysteme: Theorie, Didaktik, Design.* Oldenbourg, München, 2 edition, 1997.

Martin Hennecke, geboren am 2. August 1972 in Hameln, Abitur 1992, Software-Entwickler bei der Firma HYBRIMIN Computer + Programme 1992-95, Diplom in Informatik 1997, Wiss. Mitarbeiter 1997-1999, Projekt „Softwareentwicklung für den Mathematikunterricht", Promotion zum Dr. rer. nat. 1999, Seit 1999 Wiss. Assistent am Institut für Mathematik und Angewandte Informatik, Universität Hildesheim.

Definitions– und Beweisprinzipien für Daten und Prozesse

Ulrich Hensel

Institut für Theoretische Informatik
TU Dresden
ulrich.hensel@amd.com

Die Dissertation entwickelt einen mathematischen Formalismus, der es ermöglicht, sowohl mit Daten– als auch mit Verhaltensstrukturen zu programmieren, Eigenschaften der entstandenen Systeme zu formulieren und mit adäquaten Beweismitteln zu verifizieren. Induktion ist das zentrale Prinzip für Datenstrukturen, während Coinduktion, als Abstraktion vom Bisimulationsprinzip, eine entsprechende Rolle für Verhaltensstrukturen spielt. Mit der Formalisierung dieser Prinzipien sowie ihrer (iterativen) Vermischung auf abstrakter, logikunabhängiger Ebene liefert diese Arbeit eine theoretische Grundlage für die Spezifikation und Verifikation von Systemen mit komplexen Daten– und Verhaltenstypen.

Die Dissertation stellt überdies, als Implementierung der abstrakten Theorie, das Werkzeug LOOP vor, das den maschinell unterstützen Beweis von Eigenschaften solcher Systeme erlaubt. Dieses Werkzeug übersetzt Spezifikationen von Daten– und Verhaltensstrukturen in die Logik eines interaktiven Theorembeweisers (wie zum Beispiel PVS). Es generiert die speziellen Ausprägungen der abstrakten Induktions– und Coinduktionsprinzipien für den Zielbeweiser, dort kann ein Nutzer mit diesen Prinzipien und der allgemeinen Infrastruktur des Theorembeweisers Eigenschaften formulieren und beweisen.

Die Abschnitte 1, 2 und 3 dieser Kurzfassung geben eine Einführung in das Problemgebiet der Dissertation und erläutern Begriffe wie Algebren, Induktion. Coalgebren und Coinduktion. Abschnitt 4 faßt die wichtigsten Resultate informal und in ihrer kategorientheoretischen Ausprägung kurz zusammen. Schließlich skizziert Abschnitt 5 die Anwendung der theoretischen Resultate in dem Werkzeugensemble LOOP und PVS.

Die vollständige Dissertation steht unter `http://wwwtcs.inf.tu-dresden.de/~hensel/thesis.html` zur Verfügung.

Natürliche Zahlen
data $\mathbb{N} \to C$ =
    zero : $1 \to C$
  | succ : $C \to C$

Listen
data $\mathsf{List}(A) \to C$ =
    nil : $1 \to C$
  | cons : $A \times C \to C$

Binäre Bäume
data $\mathsf{BinTree}(A) \to C$ =
    leaf : $1 \to C$
  | node : $A \times C \times C \to C$

beliebig verzweigende Bäume
data $\mathsf{FTreeF}(A) \to C$ =
    branch : $\mathsf{List}(A \times C) \to C$

Abbildung 1: Datentypen (in CHARITY Syntax)

1   Datentypen – Algebren und Induktion

Abstrakte Datentypen [EM85, Wir90] sind durch wertegenerierende Operationen gekennzeichnet, die in einer *Signatur* zusammengefaßt werden. Eine Signatur beschreibt die Stelligkeit, oder allgemeiner, den Typ dieser Operationen. Werte in einem Datentyp sind endliche (wohlgeformte) Kombinationen seiner Operationssymbole. Einige Datentypen sind in Abbildung 1 aufgeführt. Zum Beispiel besitzt der abstrakte Datentyp der Listen $\mathsf{List}(A)$ über einem Parameter A eine Signatur mit den Operationssymbolen nil: $1 \to C$ und cons: $A \times C \to C$. Der Datentyp entspricht $\mathsf{List}(A)$ der Menge der wohlgeformten Terme[1] zur Listensignatur.

Eine *Algebra* ist eine Interpretation der Sorten und Operationssymbole durch Mengen und (wohlgetypte) Funktionen. Eine Listen–Algebra besteht aus einer Menge A für den Parameter und einer Menge C für den *Träger* der Algebra sowie aus Funktionen $f_{\mathsf{nil}}: 1 \to C$ und $f_{\mathsf{cons}}: A \times C \to C$. Eine Funktion h zwischen den Trägern zweier Algebren ist ein *Homomorphismus*, wenn sie mit den Operationen verträglich ist. Ein Listenhomomorphismus $h: C \to C'$ erfüllt die Gleichungen

$$h(f_{\mathsf{nil}}) = f'_{\mathsf{nil}}$$
$$h(f_{\mathsf{cons}}(a, c)) = f'_{\mathsf{cons}}(a, h(c))$$

Eine Algebra $\mathcal{A}$ ist *initial*, wenn es für jede Algebra $\mathcal{A}'$ genau einen Homomorphismus von $\mathcal{A}$ nach $\mathcal{A}'$ gibt. Die Algebrastruktur auf der Menge der Listenterme $(\mathsf{List}(A), \mathsf{nil} = \lambda(z\!:\!\{*\}).\mathsf{nil}, \mathsf{cons} = \lambda(a\!:\!A, l\!:\!\mathsf{List}(A)).\mathsf{cons}(a, l))$ ist initial.

---

[1]Diese Menge ist isomorph zu der Menge A^* der endlichen Wörter über A.

Initiale Algebren sind minimal: der Träger enthält nur Elemente, die aus endlichen Kombinationen der Operationen entstehen. Zusätzlich sind alle jene Elemente im Träger verschieden, die durch unterschiedliche Kombinationen der Operationen gebildet werden. Sie liefern deshalb die wohl gebräuchlichste Semantik eines (abstrakten) Datentypes. Das Definitionsprinzip der (primitiven) Rekursion und das Beweisprinzip der (strukturellen) Induktion beruhen auf dieser initialen Semantik.

Das Schema der primitiven Rekursion beschreibt eine Funktion durch Aktionen, die beim (rekursiven) Abbau von Termen ausgeführt werden. Zum Beispiel, wird die Funktion length: $\mathrm{List}(A) \to \mathbb{N}$ durch folgende rekursive Gleichungen definiert:

$$\begin{aligned} \mathrm{length}(\mathrm{nil}) &= 0 \\ \mathrm{length}(\mathrm{cons}(a, l)) &= 1 + \mathrm{length}(l) \end{aligned}$$

Die für den Termabbau relevanten Aktionen entsprechen einer Listen–Algebrastruktur $(\mathbb{N}, f_{\mathrm{nil}}\colon 1 \to \mathbb{N} = \lambda z\,.\,0, f_{\mathrm{cons}}\colon A \times \mathbb{N} \to \mathbb{N} = \lambda(a, n)\,.\,1 + n)$. Die Funktion length resultiert aus der Initialität als der eineindeutig bestimmte Homomorphismus zu dieser Algebra.

Um im Listenbeispiel nachzuweisen, daß ein Prädikat $P \subseteq \mathrm{List}(A)$ für alle Listen gilt, fordert die strukturelle Induktion, daß P sowohl für nil gilt, als auch, daß P gegenüber der Anwendung von cons abgeschlossen ist. Dies spiegelt sich in der folgenden Beweisregel wider.

$$\frac{P(\mathrm{nil}) \quad (\forall a \in A, l \in \mathrm{List}(A).P(l) \quad \text{impliziert} \quad P(\mathrm{cons}(a, l)))}{\forall l \in \mathrm{List}(A).P(l)}$$

Die Voraussetzung dieser Regel sagt aus, daß P eine Algebrastruktur nil, cons trägt und die Konklusion stellt fest, daß P das Wahrheitsprädikat $\mathbf{1}(\mathrm{List}(A))$ enthält. Somit liest sich die Regel wie folgt: wenn P eine (logische) Algebrastruktur trägt, dann existiert eine Inklusion des Wahrheitsprädikates in P. Die strukturelle Induktion identifiziert also das Wahrheitsprädikat auf der initialen Algebra als initiale Algebra in einem geeigneten Universum von Prädikaten.

Diese Analyse der strukturellen Induktion nutzt aus, daß Prädikate gleichzeitig als Teilmengen betrachtet werden können. Dies ist in der hier betrachteten Mengenlogik der Fall, im allgemeinen jedoch können Prädikate nicht automatisch als Typen verwendet werden. Dazu bedarf es *prädikativer Teiltypen* $\{P\} = \{a \in A \mid P(a)\}$ (in Mengenlogik). Die Dissertation identifiziert die Existenz prädikativer Teiltypen in einer Logik als Kriterium für die Gültigkeit der strukturellen Induktion für alle iterierten Datentypen.

Ein weniger bekanntes Beweisprinzip ist die binäre Induktion. Es sagt aus, daß Kongruenzen die Gleichheit enthalten. Kongruenzen sind hierbei Relationen,

Ströme
data $C \to \mathsf{Str}(A)$ =
     head : $C \to A$
  | tail : $C \to C$

Sequenzen
data $C \to \mathsf{Seq}(A)$ =
     next : $C \to A \times C + 1$

Unendliche binäre Bäume
data $C \to \mathsf{CoBinTree}(A)$ =
     bbranch : $C \to A \times C \times C + 1$

Beliebig verzweigende Bäume
data $C \to \mathsf{ITreeI}(A)$ =
     branch : $C \to \mathsf{Seq}(A \times C)$

Abbildung 2: Verhaltenstypen.

die gegenüber den Operationen zweier Algebren abgeschlossen sind. In der Arbeit wird unter (schwachen) zusätzlichen Bedingungen gezeigt, das unäre und binäre Induktion äquivalent sind.

2 Verhaltenstypen – Coalgebren und Coinduktion

Im Gegensatz zu Datentypen sind Verhaltenstypen durch Beobachtungsoperationen charakterisiert. Diese Operationen, auch *Destruktoren* genannt, arbeiten auf dem Zustand eines Systems oder einer Maschine. Sie liefern entweder direkte Beobachtungen in einer Markensorte oder entsprechen Zustandsübergängen. Eine Verhaltenssignatur enthält Symbole für den Systemzustandsraum sowie getypte Operationssymbole. Abbildung 2 zeigt Verhaltensignaturen und somit Deklarationen von Verhaltenstypen.
Ein einfaches Beispiel für eine Verhaltenssignatur ist der Typ der unendlichen Listen oder Ströme $\mathsf{Str}(A)$. Diese Signatur hat ein Parametersortensymbol für beobachtbare Marken A und ein Symbol für den Systemzustand C sowie die Operationssymbole head: $C \to A$ und tail: $C \to C$. Dual zu den Operationssymbolen algebraischer Signaturen im vorherigen Abschnitt, ist der Wertebereich von Beobachtungsoperationen strukturiert, während die Zustandssorte den Definitionsbereich bildet.
Eine *Coalgebra* oder ein System zu einer Verhaltenssignatur ist eine Interpretation der Sorten durch Mengen und der Destruktorsymbole durch Funktionen. Eine Coalgebra ist also ein Automat mit einer speziellen Schnittstelle; die Signatur bestimmt diese Schnittstelle. Eine Stromcoalgebra besitzt eine (deterministische) Zustandsübergangsfunktion $g_{\mathsf{tail}}\colon C \to C$ und eine Ausgabe-

funktion $g_{\mathsf{head}} \colon C \to A$ für Mengen C und A. Das Verhalten eines Zustandes $c \in C$ ist der Strom $a_1 a_2 a_3 \ldots$, der durch fortschreitende Beobachtung von c durch die Destruktoren entsteht.[2] Die Menge aller möglichen Verhalten solcher Automaten ist die Menge der unendlichen Ströme A^ω. Offensichtlich trägt auch diese Menge eine Stromcoalgebrastruktur: der Destruktor **head** liefert das erste Element eines Stromes, der Destruktor **tail** entfernt dieses Element und produziert den Reststrom.

Eine Funktion zwischen den Zustandsräumen zweier Coalgebren ist ein Homomorphismus, wenn sie mit den Operationen verträglich ist. Für einen Stromhomomorphismus $h \colon (C, g_{\mathsf{head}}, g_{\mathsf{tail}}) \to (C', g'_{\mathsf{head}}, g'_{\mathsf{tail}})$ bedeutet diese Forderung, daß folgende Gleichungen gelten:

$$
\begin{aligned}
g'_{\mathsf{head}}(h(c)) &= g_{\mathsf{head}}(c) \\
g'_{\mathsf{tail}}(h(c)) &= h(g_{\mathsf{tail}}(c))
\end{aligned}
$$

Die Homomorphismusbedingungen gewährleisten, daß ein Zustand c und dessen Bild $h(c)$ dasselbe Verhalten zeigen. Eine Coalgebra ist *final*, wenn es für jede Coalgebra genau einen Homomorphismus gibt, dessen Wertebereich sie ist. Finale Coalgebren sind maximal: für jede Coalgebra und jeden Zustand c enthalten sie einen Zustand, der das gleiche Verhalten wie c aufweist. Überdies kann die finale Coalgebra keine unterschiedlichen Zustände enthalten, die das gleiche Verhalten haben (denn dann gäbe es mehr als genau einen Homomorphismus). Finale Coalgebren sind somit eine passende Semantik für Verhaltenstypen: Werte in einem Verhaltenstyp entsprechen, Werten im Zustandsraum der finalen Coalgebra.

Tatsächlich ist die Coalgebrastruktur auf der Menge der Ströme final unter allen Stromcoalgebren. Der Homomorphismus unfold$\{g_{\mathsf{head}}, g_{\mathsf{tail}}\}$ bildet einen Wert in einem Zustandsraum auf dessen Verhalten ab.[3]

Die finale Semantik von Verhaltenstypen liefert sowohl Definitions– als auch Beweisprinzipien, die wegen ihrer Dualität zur Induktion *coinduktiv* genannt werden. Die Existenz des Homomorphismus erlaubt es, Funktionen zu definieren, deren Wertebereich der Verhaltenstyp ist. Solche Funktionen sind gewöhnlich größte Lösungen *corekursiver* Definitionsgleichungen. Ein einfaches Beispiel für eine solche Funktion ist nats: $\mathbb{N} \to \mathsf{Str}(\mathbb{N})$, die eine natürliche Zahl n auf einen unendlichen Strom ansteigender natürlicher Zahlen mit Startwert n abbildet. Diese Funktion ist eine (größte) Lösung des corekursiven Gleichungs-

---

[2] $a_0 = g_{\mathsf{head}}(c), a_1 = g_{\mathsf{head}}(g_{\mathsf{tail}}(c)), a_2 = g_{\mathsf{head}}(g_{\mathsf{tail}}(g_{\mathsf{tail}}(c))) \ldots$

[3] A^ω ist isomorph zum Funktionenraum $\mathbb{N} \Rightarrow A$, der Homomorphismus bildet einen Zustand c auf die Funktion $\lambda n . g_{\mathsf{head}}(g_{\mathsf{tail}}^n(c))$ ab, wobei $g_{\mathsf{tail}}^n(c)$ die n–fache Anwendung der tail–Operation auf c ist.

systems

$$\begin{aligned} \mathsf{head}(\mathsf{nats}(n)) &= n \\ \mathsf{tail}(\mathsf{nats}(n)) &= \mathsf{nats}(n+1) \end{aligned}$$

Offensichtlich charakterisieren diese Gleichungen nats als den eindeutig definierten Homomorphismus von der Coalgebra $(\mathbb{N}, \lambda n\,.\,n, \lambda n\,.\,n+1)$ in die finale Stromcoalgebra auf $\mathsf{Str}(\mathbb{N})$.

Zwei Zustände in zwei Automaten werden als verhaltensgleich betrachtet, wenn sie bisimilar sind, das heißt, wenn es eine *Bisimulationsrelation* [Acz88, RT94, Pit94] auf den Zustandsräumen der Automaten gibt, die beide Zustände verbindet. Eine Bisimulation ist hierbei eine Relation auf den Zustandräumen, die gegenüber den Operationen aus der Verhaltenssignatur abgeschlossen ist. Für eine Strombisimulation $R \subseteq C \times D$ auf Coalgebren $(C, g_{\mathsf{head}}, g_{\mathsf{tail}})$ und $(D, h_{\mathsf{head}}, h_{\mathsf{tail}})$ gilt: $R(c, d)$ impliziert $g_{\mathsf{head}}(c) = h_{\mathsf{head}}(d)$ und $R(g_{\mathsf{tail}}(c), h_{\mathsf{tail}}(d))$. Eine nähere Betrachtung ergibt, daß eine Bisimulation R eine relationale Coalgebrastruktur trägt. Die dazu benötigte relationale Signatur kann direkt aus der zugrundeliegenden Signatur abgeleitet werden. Diese Ableitung, *lifting* genannt [HJ95], spielt eine zentrale Rolle in der coalgebraischen Beschreibung von Bisimulationen. Die Dissertation stellt ein Verfahren zur Konstruktion solcher relationaler Signaturen für alle (iterierten) Datentypen vor.

Im Strombeispiel besteht die relationale Signatur aus zwei Operationssymbolpaaren[4] $(\mathsf{head}_1, \mathsf{head}_2)\colon R \to \mathrm{Eq}(A)$ und $(\mathsf{tail}_1, \mathsf{tail}_2)\colon R \to R$, wobei $\mathrm{Eq}(A)$ die Gleichheitsrelation auf dem Parameter A ist.

Das Bisimulationsprinzip identifiziert nun Verhalten in der finalen Coalgebra, die Bilder bisimilarer Zustände sind. Für Ströme liest sich die entsprechende Beweisregel wie folgt

$$\frac{\forall c, d.\, R(c, d) \quad \text{impliziert} \quad g_{\mathsf{head}}(c) = h_{\mathsf{head}}(d) \quad \text{und} \quad R(g_{\mathsf{tail}}(c), h_{\mathsf{tail}}(d))}{\forall c, d.\, R(c, d) \quad \text{impliziert} \quad \mathsf{unfold}\{g_{\mathsf{head}}, g_{\mathsf{tail}}\}(c) = \mathsf{unfold}\{h_{\mathsf{head}}, h_{\mathsf{tail}}\}(d)}$$

Das Coinduktionsprinzip sagt also aus, daß Bisimulationen (über die eineindeutig definierten Homomorpismen) in der Gleichheit auf der finalen Coalgebra enthalten sind. Die Gleichheit ist selbst eine Bisimulation und trägt somit eine relationale Coalgebrastruktur. Das Coinduktionsprinzip fordert also, daß die Gleichheit die finale relationale Coalgebra trägt.

Ein Schlüsselresultat in der Dissertation identifiziert die Existenz von Quotienten in einer Logik als hinreichende Bedingung für die Gültigkeit des Coinduktionsprinzips. Der Quotient C/R einer Relation $R \subseteq C \times C$ ist die Menge

---

[4]Morphismen zwischen Relationen $(f, g)\colon (R \subseteq X \times Y) \to (R' \subseteq X' \times Y')$ sind Funktionen $f\colon X \to X'$ und $g\colon Y \to Y'$, für die $R'(f(x), g(y))$ gilt, wenn $R(x, y)$ gilt.

aller Äquivalenzklassen[5] $[c]_R$. Als Beispiel demonstriert die Arbeit die Kodierung von Quotienten in der Logik höherer Stufe des Theorembeweisers PVS und liefert somit einen (abstrakten) Beweis, daß das Coinduktionsprinzip in PVS gültig ist.

3 Iterierte Datentypen

Iterierte Datentypen können in ihren Signaturen Typkonstruktoren enthalten, die aus vorhergehenden Daten– oder Verhaltenstypdefinitionen resultieren [Hag87, CS92, CS95]. Dies erlaubt insbesondere die Mischung von algebraischen und coalgebraischen Prinzipien und somit auch die Definition von geschachtelten Datentypen wie unendlich verzweigenden Bäumen endlicher Tiefe oder endlich (aber beliebig) verzweigenden Bäumen unendlicher Tiefe. Eine solche Kombination von Typdefinitionen erfordert geschachtelte induktive und coinduktive Beweisprinzipien, die Schachtelung folgt dabei der Signatur.
In Abbildung 1 auf Seite 95 tritt in der Definition des Datentypes der endlich verzweigenden Bäume endlicher Tiefe $\mathsf{FTreeF}(A)$ der Typkonstruktor für Listen auf. Die initiale Semantik dieses Datentypes sorgt dafür, das alle Bäume endlich tief sind, durch die initiale Semantik des Listentypes kann ein solcher Baum nur endlich (aber beliebig) verzweigen. Definitions– und Beweisprinzipien benutzen dementsprechend zunächst eine Induktion über die Tiefe des Baumes, deren Induktionsschritt eine Induktion über die Breite des Baumes verlangt. Dies spiegelt sich in der Beweisregel für die (unäre) Induktion wider

$$\frac{\forall l : \mathsf{List}(A \times \mathsf{FTreeF}(A)).(\mathsf{every}(\lambda(a,t)\,.\,P(t))(l) \quad \text{impliziert} \quad P(\mathsf{branch}(l))}{\forall t : \mathsf{FTreeF}(A).P(t)}$$

wobei $\mathsf{every}(Q)(l)$ dann wahr ist, wenn Q auf allen Elementen von l gilt. Die Operation every (ein *lifting*) entspricht dem Typkonstruktor List auf Prädikatenebene. Im Beispielfall kann $\mathsf{every}(Q)$ induktiv als Funktion $\mathsf{List}(A) \to \mathsf{Bool}$ definiert werden. In Logiken, in denen Prädikate nicht mit charakteristischen Funktionen zusammenfallen, werden kleinste Fixpunkte monotoner Operationen auf Prädikaten benötigt.
Eine Variation dieses Baumtypes

$$\begin{aligned} &\textbf{data} \quad \mathsf{ITreeF}(A) \to C \quad = \\ &\mathsf{branch} : \mathsf{Seq}(A \times C) \to C \end{aligned}$$

benutzt den Verhaltenstyp der Sequenzen, also der endlichen und unendlichen Listen, anstelle des Datentypes der endlichen Listen. Die entsprechende Beweisregel ähnelt der für endlich verzweigende Bäume, allerdings benötigen wir

---

[5]bezüglich der kleinsten Äquivalenzrelation die R enthält.

nun ein Prädikat every(Q) auf Sequenzen. Solche *liftings* von Verhaltenstypen auf die logische Ebene sind größte Fixpunkte von gewissen (monotonen) Operationen auf Prädikaten. Die Maximalität dieser Fixpunkte liefert zusätzliche coinduktive Beweisprinzipien für die Behandlung der Prämisse solcher Induktionsregeln.

Auch in Verhaltenstypen können vorher definierte Typkonstruktoren vorkommen. Ein typisches Beispiel ist der Verhaltenstyp der unendlich verzweigenden Bäume unendlicher Tiefe ITreeI(A) in Abbildung 2 auf Seite 97. Wiederum entsprechen Definitions– und Beweisprinzipien der Signatur: für die Tiefe und die Breite des Baumes verwenden wir Coinduktion. Werte in diesem Verhaltenstyp können in jeder Verzweigung und auch in der Tiefe sowohl endlich als auch unendlich sein. Um die Gleichheit zweier Bäume nachzuweisen, die Verhalten von Baumautomaten $g_{\mathsf{branch}}\colon C \to \mathsf{Seq}(A \times C)$ und $h_{\mathsf{branch}}\colon D \to \mathsf{Seq}(A \times D)$ sind, genügt es eine Relation $R \subseteq C \times D$ zu finden, die eine Baumbisimulation ist:

$$R(c, d) \quad \text{impliziert} \quad \mathsf{relevery}(S)(g_{\mathsf{branch}}(c), h_{\mathsf{branch}}(d))$$

Hier ist $S = (\lambda(a\colon A, c'\colon C, b\colon A, d'\colon D) \,.\, a = b \wedge R(c', d'))$ eine Relation auf $A \times C \times A \times D$ und $\mathsf{relevery}$ das Pendant zum Prädikatenlifting every: für Sequenzen $l \in \mathsf{Seq}(A \times C)$ und $k \in \mathsf{Seq}(A \times D)$ ist $\mathsf{relevery}(S)(l, k)$ dann wahr, wenn l und k die gleiche Länge haben und S auf allen Elementpaaren von l und k gilt. In unserem Fall ist R also dann eine Bisimulation, wenn alle (möglicherweise unendlich viele) direkten Beobachtungen in A gleich sind, und alle direkten Nachfolgezustände erneut miteinander in Beziehung stehen. Das Relationenlifting $\mathsf{relevery}$ kann durch einen größten Fixpunkt eines monotonen Operators auf Relationen definiert werden.

4 Die wichtigsten theoretischen Resultate auf einen Blick

Die Anwendung der Kategorientheorie in dieser Dissertation ermöglicht eine logikunabhängige Untersuchung von Induktion und Coinduktion. Die wichtigsten Resultate beschreiben abstrakte Bedingungen, die eine spezielle Logik erfüllen muß, damit Induktion und Coinduktion in ihr zur Verfügung stehen. Die Resultate bauen auf Ergebnissen in [HJ97] auf. Das kategorientheoretische Konzept der Fibration [Jac99] stellt dafür das Instrumentarium bereit: Typen, Terme, Aussagen mit freien Termvariablen und Substitution. Für die Formalisierung von Induktion und Coinduktion reichert die Arbeit solche Fibrationen schrittweise mit Struktur an, zum Beispiel um Quantoren. Dieses Vorgehen liefert eine detaillierte abstrakte Spezifikation für die Implementierung von

Induktions– und Coinduktionsprinzipien in genügend ausdruckstarken Logiken, wie zum Beispiel der Logik eines Theorembeweisers. Dieser Abschnitt faßt die wichtigsten theoretischen Resultate zusammen. Die Resultate werden informal mit den Begriffen der Prädikatenlogik dargestellt. Die exakten kategorientheoretischen Begriffe und Ergebnisse tauchen geklammert auf.

Resultat 1 (Logische Signaturen). Eine getypte Prädikatenlogik mit (sich wohlverhaltenden)

- getypten (aussagenlogischen) Konstanten $1(A)$ (Wahrheit auf Typ A) und $\mathrm{Eq}(A)$ (Gleichheit auf A),

- Konnektoren $\wedge$ (Konjunktion), $\vee$ (Disjunktion) und $\Rightarrow$ (Implikation),

- Substitution freier Termvariablen und Quantoren erster Ordnung $\forall$ und $\exists$ und

- größten und kleinsten Fixpunkten für monotone Operatoren über Prädikate und Relationen

besitzt für Signaturen iterierter Datentypen entsprechende logische Signaturen auf Prädikaten– und Relationenebene.

(Eine bikartesisch abgeschlossene Fibration $\begin{smallmatrix}\mathbb{E}\\\downarrow p\\\mathbb{B}\end{smallmatrix}$ besitzt für polynomiale Signaturfunktoren $T:\mathbb{B}^n \to \mathbb{B}$ entsprechende *liftings* $\mathrm{Pred}(T):\mathbb{E}^n \to \mathbb{E}$ und $\mathrm{Rel}(T):\mathrm{Rel}(\mathbb{E})^n \to \mathbb{E}$. Wenn zusätzlich initiale Algebren und finale Coalgebren für Endofunktoren auf den Fasern existieren, dann gibt es *liftings* für alle Datenfunktoren).

Mit diesen Ausdrucksmitteln reduzieren sich Induktions– und Coinduktionsprinzipien auf spezielle Eigenschaften des Wahrheitsprädikates und der Gleichheitsrelation in Bezug auf logische Algebren (induktive Prädikate und Kongruenzen) und logische Coalgebren (Bisimulationen).

Resultat 2 (Formalisierung von Induktion und Coinduktion).

Unäre Induktion: Das Wahrheitsprädikat auf der initialen Algebra trägt die initiale Algebrastruktur auf Prädikatenebene. $(\mathrm{Alg}(1^n, 1):\mathrm{Alg}(T) \to \mathrm{Alg}(\mathrm{Pred}(T))$ erhält initiale Objekte.)

Binäre Induktion: Die Gleichheitsrelation auf der initialen Algebra trägt die initiale Algebrastruktur auf Relationenebene. $(\mathrm{Alg}(\mathrm{Eq}^n, \mathrm{Eq}):\mathrm{Alg}(T) \to \mathrm{Alg}(\mathrm{Rel}(T))$ erhält initiale Objekte)

Coinduktion: Die Gleichheitsrelation auf der finalen Coalgebra trägt die finale Coalgebra auf Relationenebene.
($\mathrm{CoAlg}(\mathrm{Eq}^n, \mathrm{Eq})\colon \mathrm{CoAlg}(T) \to \mathrm{CoAlg}(\mathrm{Rel}(T))$ erhält finale Objekte)

Resultat 3. Unäre und binäre Induktion sind unter milden zusätzlichen Bedingungen äquivalent.

Diese Formalisierung erlaubt es, hinreichende Bedingungen für die Gültigkeit von Induktion und Coinduktion für alle (iterierten) Daten– und Verhaltenstypen in solchen Logiken zu identifizieren, die ausdrucksstark genug nach Resultat 1 sind.

Resultat 4 (Gültigkeit von Induktion und Coinduktion).

Induktion: In einer Logik mit prädikativen Teiltypen gilt das Induktionsprinzip. (Wenn eine rechte Adjunkte zum Wahrheitsfunktor $\mathbf{1} \dashv \{-\}$ existiert, dann erhalten $\mathrm{Alg}(\mathbf{1}^n, \mathbf{1})$ und $\mathrm{Alg}(\mathrm{Eq}^n, \mathrm{Eq})$ initiale Objekte.)

Coinduktion: In einer Logik mit Quotienten gilt das Coinduktionsprinzip. (Wenn eine linke Adjunkte zum Gleichheitsfunktor $\mathcal{Q} \dashv \mathrm{Eq}$ existiert, dann erhält $\mathrm{CoAlg}(\mathrm{Eq}^n, \mathrm{Eq})$ finale Objekte.)

Größte Invarianten und Bisimulationen sind zusätzliche Ausdrucksmittel für die Spezifikation von Sicherheitseigenschaften auf Verhaltenstypen. Sie entstehen aus finalen Coalgebren spezieller monotoner Operationen über Prädikaten und Relationen.

Resultat 5 (Größte Invarianten und Bisimulationen). Wenn Prädikate (Relationen) über einem Typ einen vollständigen Verband bilden, dann existieren größte Invarianten und Bisimulationen.

5 Induktion und Coinduktion in PVS

Das Prototypverifikationssystem PVS ist eine Spezifikations– und Verifikationsumgebung, die eine ausdrucksstarken Sprache, einen (interaktiven) Theorembeweiser mit mächtigen Entscheidungsprozeduren und eine ergonomische Nutzerschnittstelle zur Verfügung stellt. Die Sprache von PVS basiert auf einer Logik höherer Stufe mit prädikativen Teiltypen und abhängigen Typen. Diese Logik erfüllt die abstrakten Kriterien für die Gültigkeit von Induktion und Coinduktion.

Resultat 6. In der Logik von PVS gelten Induktions– und Coinduktionsprinzipien.

Wir können also den interaktiven Theorembeweiser als maschinelle Unterstützung für induktive und coinduktive Beweise verwenden. Allerdings besitzt PVS lediglich Ausdrucksmittel für eine eingeschränkte Klasse von (abstrakten) Datentypen. Das in der Dissertation vorgestellte Werkzeug LOOP (*logic of object-oriented programming*) automatisiert die Kodierung von Induktions- und Coinduktionsprinzipien in hinreichend ausdrucksstarken Theorembeweisern wie PVS. Es instantiiert dabei die abstrakten Kodierungsvorschriften, die aus der kategorientheoretischen Formalisierung von Induktion und Coinduktion resultieren. Zusätzlich generiert das Werkzeug Programmier– und Beweishilfen, die es erlauben, Programme und Eigenschaften (wie zum Beispiel Sicherheitseigenschaften) zu formulieren und (co)induktive Beweise halbautomatisch durchzuführen.

Dieses Werkzeugensemble kann vielfältige Anwendungen finden, wie bei der Entwicklung von Standardbibliotheken für Theorembeweiser oder der Verifikation von objektorientierten Programmen [HJ99, Hen99, HHJT98, JvdBH+98].

Literatur

[Acz88]   P. Aczel. *Non-well-founded sets.* CSLI Lecture Notes 14, Stanford, 1988.

[CS92]   J.R.B. Cockett and D. Spencer. Strong categorical datatypes I. In R.A.G. Seely, editor, *Category Theory 1991*, number 13 in CMS Conference Proceedings, pages 141–169, 1992.

[CS95]   J.R.B. Cockett and D. Spencer. Strong categorical datatypes ii: A term logic for categorical programming. *Theoretical Computer Science*, 139:69–113, 1995.

[EM85]   Hartmut Ehrig and Bernd Mahr. *Fundamentals of Algebraic Specification 1: Equations and Initial Semantics*, volume 6 of *EATCS Monographs on Theoretical Computer Science*. Springer-Verlag, New York, N.Y., 1985.

[Hag87]   T. Hagino. *A categorical programming language.* PhD thesis, Univ. Edinburgh, 1987. Techn. Rep. 87/38.

[Hen99]   Ulrich Hensel. *Definition and Proof Principles for Data and Processes.* PhD thesis, Univeristy of Technology Dresden, 1999.

[HHJT98] U. Hensel, M. Huisman, B. Jacobs, and H. Tews. Reasoning about classes in object-oriented languages: Logical models and tools. *Lecture Notes in Computer Science*, 1381:105–121, 1998.

[HJ95] C. Hermida and B. Jacobs. An algebraic view of structural induction. In L. Pacholski and J. Tiuryn, editors, *Computer Science Logic 1994*, number 933 in Lect. Notes Comp. Sci., pages 412–426. Springer, Berlin, 1995.

[HJ97] Ulrich Hensel and Bart Jacobs. Proof principles for datatypes with iterated recursion. In Eugenio Moggi and Giuseppe Rosolini, editors, *Category Theory and Computer Science*, volume 1290 of *Lecture Notes in Computer Science*, pages 220–241, Santa Margherita Ligure, Italy, September 1997. Springer-Verlag.

[HJ99] U. Hensel and B Jacobs. Coalgebraic theories of sequences in pvs. *Journal of Logic and Computation*, 9(4):463–500, 1999.

[Jac99] B. Jacobs. *Categorical Logic and Type Theory*. Elsevier Science, 1999.

[JvdBH$^+$98] Bart Jacobs, Joachim van den Berg, Marieke Huisman, Martijn van Berkum, Ulrich Hensel, and Hendrik Tews. Reasoning about Java classes. In *Proceedings of the 13th Conference on Object-Oriented Programming, Systems, Languages, and Applications (OOPSLA-98)*, volume 33, 10 of *ACM SIGPLAN Notices*, pages 329–340, New York, October 18–22 1998. ACM Press.

[Pit94] A.M. Pitts. A co-induction principle for recursively defined domains. *Theor. Comp. Sci.*, 124(2):195–219, 1994.

[RT94] J. Rutten and D. Turi. Initial algebra and final coalgebra semantics for concurrency. In J.W. de Bakker, W.P. de Roever, and G. Rozenberg, editors, *A Decade of Concurrency*, number 803 in Lect. Notes Comp. Sci., pages 530–582. Springer, Berlin, 1994.

[Wir90] Martin Wirsing. Algebraic specification. In J. van Leewen, editor, *Handbook of Theoretical Computer Science*, volume B: Formal Models and Semantics, chapter 13, pages 675–788. The MIT Press, New York, N.Y., 1990.

Eine Methodik für die Entwicklung und Anwendung von objektorientierten Frameworks

Dr.-Ing. Evgeni Ivanov

OWiS Software GmbH
Waldstraße 18, 98693 Ilmenau
ei@otw.de

Die Wiederverwendung ist eines der wichtigsten Ziele in der Softwareentwicklung. Frameworks gelten als die höchste Stufe der Wiederverwendung, weil nicht nur Programmcode sondern auch Entwurfsergebnisse wiederverwendet werden können.

Die Entwicklung und Anwendung von Frameworks erweist sich in der Praxis als durchaus schwierig. Die hohen Entwicklungskosten und lange Einarbeitung in bestehende Frameworks sind nur ein Teil der Probleme, welche den massiven Einsatz von Frameworks in der Praxis erschweren. Viele der Hauptprobleme bei der Entwicklung und Anwendung von Frameworks resultieren aus mangelhaften Beschreibungsmitteln. Weiterhin fehlt es an einer passenden Methodik und Werkzeugunterstützung für Entwicklung und Anwendung von Frameworks.

In der Dissertation [Iva99] wurde eine neue, einheitliche und universelle Beschreibung für den Entwurf, Dokumentation und Möglichkeiten der Anwendung objektorientierter Frameworks erarbeitet. Basierend auf den Beschreibungsmitteln werden aus einzelnen Aktivitäten zusammengefaßte Vorgehensweisen für die Framework-Entwicklung, -Dokumentation und -Anwendung zusammengestellt. Die theoretischen Arbeiten wurden in einer Werkzeugunterstützung umgesetzt.

Die Dissertation entstand im Rahmen einer Kooperation zwischen der Technischen Universität Ilmenau[1] und der Zentralabteilung Technik der Siemens AG München[2] innerhalb einer Tätigkeit als wissenschaftlicher Mitarbeiter[1].

---

[1] Fachgebiet Prozeßinformatik in der Fakultät für Informatik und Automatisierung
[2] Abteilung ZT SE 1

1 Methodische Framework-Entwicklung

Die Framework-Entwicklung ist ein Software-Entwicklungsprozeß, bei dem das Fachwissen, wie Aufgaben in einer Domäne gelöst werden können, extrahiert und als eine wiederverwendbare, generische Einheit implementiert wird.

Die Framework-Entwicklung ist ein komplexer Vorgang, der sich wesentlich von der üblichen Anwendungsentwicklung unterscheidet. Die Entwickler müssen großes, softwaretechnisches Wissen mitbringen und sich gut in der Domäne auskennen, damit sie bestimmen können, welche Aspekte allgemeingültig sind und welche anwenderspezifisch gestaltet werden müssen.

Framework-Metamodell

Das Framework-Metamodell (Abbildung 1) basiert auf der UML [UML] und erlaubt die durchgehende Modellierung von festen und flexiblen, statischen und dynamischen Eigenschaften von Frameworks und Beschreibung der die Möglichkeiten der Framework-Anwendung. Kern des Framework-Metamodell sind erweiterte Kollaborationen[3] und Rezepte. Pakete stellen die Architekturkomponenten des Frameworks dar, die Wechselwirkungen innerhalb einer sowie zwischen den Komponenten wird durch erweiterte Kollaborationen beschrieben.

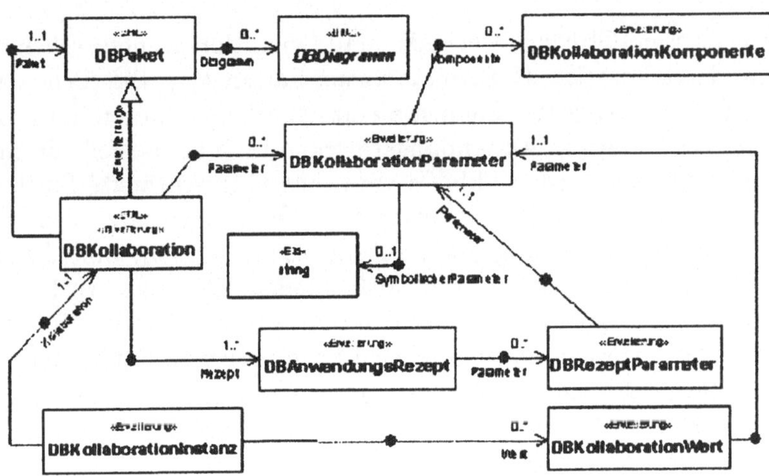

Abbildung 1: *Ausschnitt des Framework-Metamodells als Klassenstrukturdiagramm*

---

[3]Die Elemente des Framework-Metamodelles haben Präfix "DB", um logische (z.B. Paket) und aus der Sicht der Werkzeugunterstützung konkrete Metaklassen (z.B. DBPaket) unterscheiden zu können.

In den Paketen werden relativ abgeschlossene Teilbereiche des Frameworks modelliert. Klassen und Schnittstellenklassen beschreiben die Schnittstellen der Framework-Pakete und definieren die Struktur des Paketes. Mechanismen beschreiben das Zusammenspiel von Elementen und die Möglichkeiten zur Erweiterung des Frameworks.

Die Mechanismen eines Paketes können durch Kollaborationen modelliert werden. Kollaborationen wurden als Beschreibungselement in der UML eingeführt, um das Zusammenspiel einerseits zwischen Objekten und andererseits zwischen Klassen zu spezifizieren. Eine Kollaboration beschreibt die statischen Aspekte (Struktur) und die dynamischen Aspekte (Interaktionen) eines Mechanismus. In Kollaborationen können Elemente als austauschbare Parameter definiert werden, d.h. man beschreibt einen Mechanismus mit abstrakten Elementen, die durch konkrete ersetzt werden können.

Kollaborationen wurden in [Iva99] dahingehend erweitert, daß sie nicht nur Architektur- [Bus96] und Entwurfsmuster [Gam95] beschreiben, sondern auch die Hot Spots nach [Pre95] eines Frameworks abbilden und zur Modellierung von Metamustern [Pre95] und Idiomen [Cop92] dienen können. Über die Parametrisierbarkeit von Kollaborationen können White- und Black-Box-Wiederverwendung auf unterschiedlichen Abstraktionsniveaus modelliert werden.

Anwendungsklassen, Objekte, Methoden und Operationen entsprechen den Parameter der Kollaboration (DBKollaborationParameter). Sie dienen nur als Platzhalter für die konkreten Elemente einer speziellen Anwendung. Die Anwendungsmuster können in Anwendungsrezepten für eine spezielle Framework-Anwendung angepaßt werden, d.h. es wird eine eingeschränkte Sicht auf die Kollaboration beschrieben. Durch geeigneten Werkzeugeinsatz (siehe [OTW]) kann die Musterinstanziierung auch automatisiert werden, d.h. die nötigen Änderungen und Erweiterungen der vorhandenen Elemente wird durch ein Werkzeug erledigt. Ergebnis der Instanziierung von erweiterten Kollaborationen sind konkrete Anwendungsmodell und dazu passender Quellcode.

Mittels erweiterten Kollaborationen wird Framework-Anwendung ohne Kenntnisse der Struktur und Funktionsweise eines Frameworks ermöglicht und dadurch zeitlich verkürzt.

2   Framework-Dokumentation

Das Metamodell der Framework-Dokumentation wurde für die unterschiedlichen Typen von Anwendern konzipiert. Mit Johnson [Joh92] unterscheidet der Autor drei Gruppen von Nutzern eines Frameworks:

- Die erste Zielgruppe sind die Leser, die vor der Entscheidung stehen, welches Framework sie benutzen sollen.

- Die zweite Zielgruppe hat sich bereits entschieden, das Framework einzusetzen.

- Die dritte Zielgruppe sind erfahrene Programmierer, die dem Framework neue Funktionalität hinzufügen, seine Eigenschaften verändern oder ergänzen möchten.

Aus der Dreiteilung der Nutzer eines Frameworks resultieren drei Ebenen einer Framework-Dokumentation: Frameworkspezifikation, Anwendungssystem und Entwurfssystem. Basierend auf der Arbeit von Johnson [Joh92] wurde folgendes Metamodell für die Benutzerdokumentation eines Frameworks entworfen (Abbildung 2).

Die **Frameworkspezifikation** ist an die erste Zielgruppe der Framework-Dokumentation gerichtet. Die Domäne und die zu lösenden Probleme werden mittels einer strukturierten Textdarstellung beschrieben.

Das **Anwendungssystem** ist an die zweite Zielgruppe der Framework-Dokumentati gerichtet. Ein Anwendungssystem besteht aus den Anwendungsmustern des Frameworks. Diese haben aber zusätzlich zu der textuellen Darstellung eine werkzeugunterstützende Anbindung zu Anwendungsrezepten (Kapitel 1). Die einzelnen Schritte der Anwendungsrezepte (in Abbildung 2 Muster genannt) können werkzeugtechnisch relativ einfach unterstützt werden. Der Framework-Anwender wird also nicht nur textuell unterstützt, sondern auch aktiv im Prozeß der Anwendungserstellung geführt. Anwendungsmuster können mit einzelnen Knoten des Entwurfssystems direkt verbunden werden, um zugrunde liegende Mechanismen für die Anwendungsmuster zu erläutern.

Das **Entwurfssystem** ist an die dritte Zielgruppe der Framework-Dokumentation gerichtet. Durch die Kenntnis des detaillierten Entwurfs kann das Framework weiterentwickelt und auch in solchen Situationen genutzt werden, an die der Entwickler ursprünglich nicht gedacht hat und deswegen keine Rezepte zu diesen geschrieben hat.

Für die Darstellung der Framework-Dokumentation wird Hypertext benutzt, weil dadurch die erforderlichen Verweise (Links) gut manipuliert werden können und die notwendige Navigation in der Dokumentation unterstützt wird.

3 Methodische Framework-Anwendung

Die Framework-Anwendung ist ein Software-Entwicklungsprozeß, bei dem auf der Basis eines Frameworks eine spezielle Anwendung erstellt wird. Das Erler-

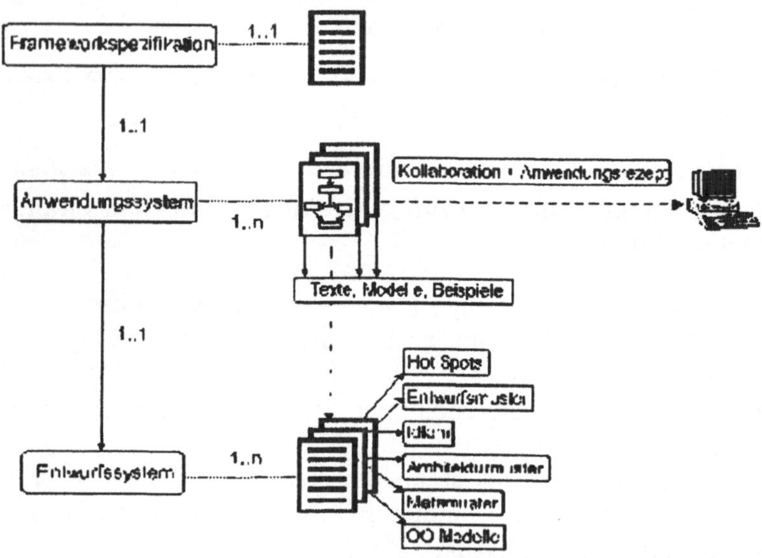

Abbildung 2: *Metamodell der Framework-Dokumentation*

nen eines Frameworks ist ein zeit- und dadurch ein kostenintensiver Prozeß. Heutzutage müssen Framework-Anwender das Framework "verstanden" haben, bevor sie in der Lage sind, spezifische Applikationen zu erstellen. Durch die methodische Framework-Anwendung kann die Erstellung von Anwendungen auf der Basis von Frameworks, vor allem für unerfahrene Framework-Nutzer, erheblich vereinfacht bzw. beschleunigt werden.

Wichtiger Bestandteil der Framework-Anwendung ist die werkzeugunterstützte Instanziierung von Kollaborationen (siehe Kapitel 1).

Grundprinzip

Ein Anwender braucht nicht unbedingt alle Implementierungsdetails (z.B. Programmsteuerfluß, Methodenimplementierung) des Frameworks zu kennen, um dieses anwenden zu können. "Vorschriften" oder Rezepte für die Erstellung spezieller Anwendungen sollen in der Framework-Dokumentation enthalten sein. Der Framework-Anwender wendet diese schrittweise an und fügt dadurch die für die Erstellung spezifischer Anwendungen notwendige Information (Klassen, Methoden, Parameter etc.) zum Framework hinzu. Die neue, spezielle Funktionalität wird dann vom Framework aufgerufen.

Die aktive methodische Framework-Anwendung kann in zwei Phasen unterteilt werden: automatisierte Erstellung einer Default-Anwendung des Frameworks und schrittweise Spezialisierung der Default-Anwendung.

Erstellung einer Default-Anwendung

In jedem Framework ist die Infrastruktur (Struktur und Interaktionsmodell) für mögliche Anwendungen bereits vordefiniert. Damit ist also eine Menge von Klassen und Objekte vorgegeben, die entweder direkt oder durch Anpassung genutzt werden können. Sowohl der Programmsteuerfluß und als auch die Hauptelemente einer Anwendung können somit, eventuell durch die Angabe zusätzlicher Informationen mit einem Assistenten, von einem Werkzeug generiert werden. Es ist möglich Klassendeklaration und -definition, Implementierung von Methoden, Instanziierung der relevanten Framework- und anwendungsspezifischen Klassen, "Zusammenstecken" (Kombinieren) der für die Interaktion notwendigen Objekte und Projektstruktur (Module der Anwendung) als Programmcode zu generieren und automatisch mit dem Frameworkcode zu einer Default-Anwendung einzubinden. Die Default-Anwendung instanziiert bereits in einem Framework vorhandene und neue anwendungsspezifische Klassen.

Schrittweise Spezialisierung der Default-Anwendung

Die Basis für die schrittweise Spezialisierung ist das Vorhandensein einer Default-Anwendung. Dann können die einzelnen Elemente der Anwendung derart verfeinert werden, daß problemspezifische Funktionalität zum Framework hinzugefügt wird. Folgende Elemente können automatisch von entsprechenden Tools in eine frameworkbasierte Anwendung hineingeneriert werden: Ableiten anwendungsspezifischer Klassen von den Framework-Klassen, Überschreiben von vordefinierten Methoden, Deklaration und Definition von zusätzlichen Klassen, Objekten, Methoden und Beziehungen, Instanziieren der relevanten Klassen, Kombinieren und Konfigurieren der vordefinierten und anwendungsspezifischen Objekte, Auswahl aus einer Menge vordefinierter Übergabeparameter. Die methodische Framework-Anwendung kann Kosten und Dauer der Anwendungsentwicklung mittels Frameworks deutlich reduzieren. Dafür sind auch erweiterten Kollaborationen für die schrittweise Spezialisierung in der Framework-Dokumentation notwendig.

4 Vorgehensweisen bei der Framework-Entwicklung

Die methodische Framework-Entwicklung ist eine neue Vorgehensweise, welche Erkennen, Spezifizieren und Verfeinern von Hot bzw. Frozen Spots unterschiedlicher Granularität bei der Neuentwicklung von Frameworks nach dem Framework-Metamodell unterstützt. Charakteristisch ist eine iterative, inkrementelle, Use Case getriebene, architekturzentrierte und ereignisorientierte Arbeitsweise.

Ausgangspunkt ist ein Anfangs-Domänen-Modell, welches durch Analyse der festen und flexiblen Aspekte der Domäne entstanden ist. Erweiterte Kollaborationen dienen hier für die Abbildung der Anwendungsmöglichkeiten des Frameworks.

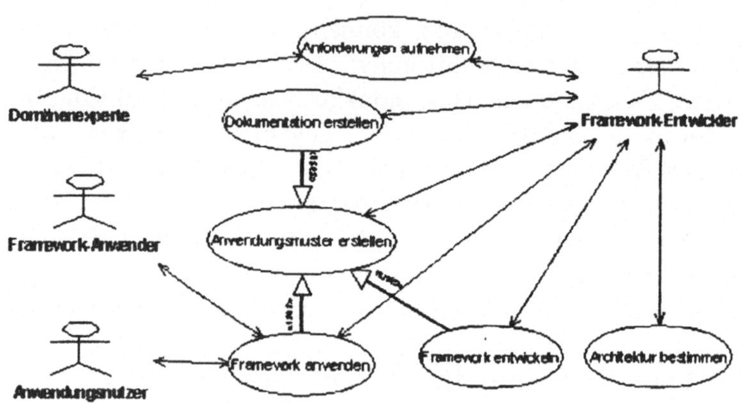

Abbildung 3: *Use-Case-Diagramm zum Vorgehen Framework-Entwicklung*

In Abbildung 3 werden die Use Case und Aktoren des Vorgehens für die Framework-Entwicklung definiert. Dieses Diagramm zeigt nur die wichtigsten Anwendungsfälle und Aktoren. Es ist zu beachten, daß eine Person die Rolle von mehreren Aktoren spielen kann, d.h. es ist auch möglich, daß der Domänenexperte auch das Framework entwickelt.

Ausführliche Beschreibungen der neuen Vorgehensweisen sind in [Iva99] enthalten.

5   Modell der Werkzeugunterstützung

Wenn man die einzelnen Etappen des Umganges mit einem Framework zusammenfaßt, von der Analyse der festen und flexiblen Teile der betrachteten Domäne bis zur Erstellung spezifischer Anwendungen auf der Basis eines Frameworks (Kapitel 3), kann folgendes Modell für eine Werkzeugunterstützung der Entwicklung und Anwendung von Frameworks spezifiziert werden (Abbildung 4). Darauf basierend wurde ein Werkzeug für die Entwicklung und Anwendung von Frameworks als Prototyp realisiert. Kern der Werkzeugunterstützung ist das zentrale Repository.

Framework-Entwicklung und Dokumentation

Mit Hilfe eines CASE Tools für Frameworks werden die objektorientierten und frameworkspezifischen Eigenschaften modelliert und dokumentiert. Dabei

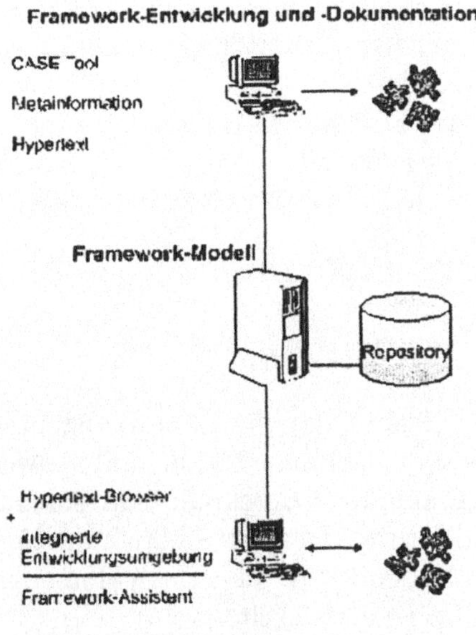

Abbildung 4: *Modell für Werkzeugunterstützung der Entwicklung und Anwendung von Frameworks*

wird die für die aktive Nutzung von Frameworks notwendige Metainformation (über Platzhalter-Klassen, zu überschreibende Methode, anwendungsspezifische Klassen, Verknüpfung von Objekten etc.) abgeleitet bzw. konstruiert. Hauptaktivitäten sind die Modellierung von Kollaboration und die Instanziierung von Mustern. Die relevanten Informationen werden in einem zentralen Repository abgelegt. Mit dem Repository arbeiten weitere Werkzeuge zusammen: grafische Editoren für die Manipulation der Framework-Modelle und der Framework-Dokumentation, Dokumentations- und Code-Generatoren, Code-Scanner, Modellüberprüfungskomponenten. Das CASE Tool sorgt weiterhin für die Konsistenz zwischen Modell, Framework-Programmcode und Dokumentation.

Die integrierten Werkzeuge für die Framework-Anwendung (unter dem Namen Framework-Assistent zusammengefaßt) operieren mit dem Modell im Repository und mit dem Framework. Damit werden schrittweise spezifische Applikationen erstellt. Dabei unterstützt der Framework-Assistent die Prinzipien der methodischen Framework-Anwendung (Kapitel 3). Dieser Framework-Assistent stellt einzelne Entwicklungs- und Generierungstools zu Verfügung, welche für die schrittweise Spezialisierung des Frameworks durch Instanziierung von Kollaboration bei der Anwendungserstellung notwendig sind. Der Framework-Assistent nutzt diese Generierungs- und Entwicklungstools auf der Basis der Informationen der Framework-Dokumentation.

Ein großer Teil der in dieser Arbeit beschriebenen Konzepte und Lösungen bezüglich Kollaborationen sind als Bestandteil der OTW 2.3 [OTW] realisiert worden

6   Zusammenfassung

Das Ziel der Dissertation [Iva99] war die Beseitigung bzw. Reduzierung von Hürden bei der Entwicklung, Dokumentation und Anwendung von Frameworks: die mangelhafte Framework-Beschreibung, fehlende Vorgehensweisen und die geringe Automatisierung typischer Abläufe durch Werkzeuge. Zu diesem Zweck wurde eine Methodik für die Entwicklung und Anwendung von objektorientierten Frameworks entwickelt.

Die erweiterten Kollaborationen, die im Rahmen dieser Arbeit entwickelt wurden, bieten eine neue, einheitliche und universelle Beschreibung für den Entwurf, Dokumentation und Möglichkeiten der Anwendung objektorientierter Frameworks, besonders unter Berücksichtigung der werkzeuggestützten Automatisierung der einzelnen Prozesse und Aktivitäten. Basierend auf bereits vorhandenen und insbesondere auf den neu entwickelten Beschreibungsmitteln, das Framework-Metamodell und das Metamodell der Framework-Dokumentation, wurden Vorgehensweisen für die Framework-Entwicklung, -Dokumentation und -Anwendung zusammengestellt.

Die relevanten Konzepte und Komponenten für eine Werkzeugunterstützung zur Framework-Entwicklung und -Anwendung wurden beschrieben und in die Modellierungssoftware OTW 2.3 integriert. Kern der Werkzeugunterstützung ist ein Repository, welches zur Ablage von Framework- und Anwendungsmodellen dient. Werkzeuge zum Modellieren und Instanziieren von erweiterten Kollaborationen, zur Codegenerierung, zur Konsistenzsicherung von Modell und Quellcode und weitere Hilfsmittel komplettieren die Werkzeugunterstützung. Im Rahmen einer unabhängigen Prüfung der Leistungen dieses CASE-Tools wurde über die erweiterten Kollaborationen im Gutachten folgendes festgehalten:

Alleinstellungsmerkmale, die sogar Exzellenz erreichen, werden aber im Umgang mit vorgefertigten Sprach- und Designelementen-Idiomen (Idioms), Mustern (Patterns) und Rahmen (Frameworks) - deutlich sichtbar. [And98]

Die Werkzeugunterstützung und die Vorgehensweise "Nachdokumentieren von

Frameworks" wurden auch für die Beschreibung eines Frameworks aus der Industrie[4] verwendet, ein weiteres Nachdokumentieren ist in Bearbeitung[5] . Die Überführung der wissenschaftlichen Arbeit in die Industrie wurde mit dem Transferpreises zum Forschungspreis 1999 der Thüringer Ministerin für Wissenschaft, Forschung und Kunst ausgezeichnet.

Literatur

[And98] **Kuhn D., Grund M.:** Prüfung des Leistungskataloges von OO-CASE-Werkzeugen: OTW 2, Rational Rose, Select Enterprise und Innovator, durchgeführt durch Andrena Objects GmbH Karlsruhe im Auftrag der BWT mbH Frankfurt am Main, Oktober 1998

[Bus96] **Buschmann F., Meunier R., Rohnert H., Sommerlad P., Stal M.** A System of Patterns, Wiley 1996

[Cop92] **Coplien J. O.:** Advanced C++ programming styles and idioms, AT&T Bell Laboratories, Incorporated; 1992

[Gam95] **Gamma E., Helm R., Johnson P., Vlissides, J.:** Elements of Reusable Object-Oriented Software, Addison-Wesley 1995

[Iva99] **Ivanov E.:** Eine Methodik für die Entwicklung und Anwendung von objektorientierten Frameworks, Dissertation, Verlag ISLE, ISBN 3-932633-41-5, 1999

[Joh92] **Johnson R. E.:** Documenting Frameworks using Patterns; Proc. of OOPSLA '92 Vancouver, BC, Canada; ACM SIG-PLAN NOTICES, Vol. 27, No. 10, October 1992, pages 63-76

[OTW] **OTW:** Modellierungssoftware Objekttechnologie Werkbank, www.otw.de

[Pre95] **Pree W.** Design Patterns for Object-Oriented Development, Addison-Wesley 1995

[UML] **Unified Modelling Language 1.1** www.omg.org

---

[4]Framework REFORM, Siemens AG Erlangen ATD MP TM ST
[5]Framework ClassworkX, MATERNA GmbH Dortmund

Neue Konzepte für die Parallele Objekt-Relationale Anfrageverarbeitung

Michael Jaedicke

Universität Stuttgart
Fakultät für Informatik
Institut für parallele und verteilte Höchstleistungsrechner
Abteilung Anwendersoftware

In dieser Arbeit werden neue Konzepte vorgestellt, die dazu beitragen sollen, die Erweiterungsinfrastruktur paralleler objekt-relationaler Datenbankverwaltungssysteme (PORDBVS) zu verbessern.
Dabei wird insbesondere auf die Berücksichtigung von benutzerdefinierten Prädikaten und Funktionen bei der parallelen mengenorientierten Anfrageverarbeitung abgezielt. Neben Konzepten zur parallelen Ausführung von Funktionen (Intra-Operator- und Intra-Funktionsparallelität) werden vor allem Konzepte für benutzerdefinierte mengenorientierte Algorithmen, das heißt für benutzerdefinierte Datenbankoperatoren, eingeführt.
Das wesentliche Konzept dafür sind die sogennanten benutzerdefinierten Tabellenoperatoren. Mit ihrer Hilfe lassen sich einerseits benutzerdefinierte Transformationsregeln implementieren, die die Evaluation eines benutzerdefinierten Prädikats auf einen (parallelisierbaren) Ausführungsplan bestehend aus bereits definierten Operatoren abbilden. Andererseits bieten die sogenannten prozeduralen Tabellenoperatoren die Möglichkeit durch die Programmierung eines neuen Algorithmus zur Mengenverarbeitung aus einem neu eingeführten generischen (parallelen) Datenbankoperator einen neuen spezialisierten Datenbankoperator zu erzeugen. Damit läßt sich die Anfragefunktionalität von PORDBVS prinzipiell beliebig erweitern.

1 Einführung

Während der letzten Jahre wurde deutlich, daß objekt-relationale Datenbankverwaltungssysteme (ORDBVS) der nächste große Entwicklungsschritt in der Datenbanktechnologie sind [Cha96, Sar98, Sto96]. ORDBVS wurden für alle datenintensiven Anwendungen vorgeschlagen, die sowohl komplexe Anfragen als auch komplexe Datenstrukturen benötigen [Sto96]. Typische Anwendungsbereiche sind beispielsweise Multimedia-Anwendungen und Bildverarbeitung, WWW Datenbanken, Geographische Informationssysteme sowie die Verwaltung von Zeitreihen und Dokumenten. Viele dieser Anwendungen sind durch große Datenmengen und komplexe Anfragen gekennzeichnet und stellen daher hohe Leistungsanforderungen an die Datenbankverarbeitung. Folglich wurden in den letzten Jahren bedeutende Anstrengungen zur Entwicklung paralleler ORDBVS (PORDBVS) unternommen [Dav96, Nor97, OCo96, Ols96]. Obwohl erste Implementierungen mittlerweile am Markt verfügbar sind und mit der baldigen Verabschiedung von SQL3 als Standard zu rechnen ist, besteht in diesem Bereich bei vielen Fragen noch Forschungsbedarf [Car97, DeW96, DeW97, Ols96, Ses97].

Eines der gegenwärtigen Ziele für ORDBVS besteht darin, eine Erweiterungsinfrastruktur für die Entwicklung paralleler ADTs mit einer technisch ausgereiften Anfrageoptimierung und -ausführung bereitzustellen [Car97, Ses97]. Dabei besteht eine grundlegende Aufgabenstellung darin, die ADT-Semantik stärker in die Datenbankverarbeitung zu integrieren und dadurch deren Effizienz zu erhöhen. In dieser Arbeit werden im Hinblick auf diese Zielsetzung neue Konzepte in den drei im folgenden beschriebenen Bereichen der Anfrageverarbeitung von PORDBVS beschrieben.

Erstens werden Techniken vorgeschlagen, die die parallele Ausführung einer breiten Klasse benutzerdefinierter Funktionen ermöglichen. Dazu gehört neben einer Methode zur Unterstützung der traditionellen Parallelverarbeitung auf der Basis von Datenparallelität (die sogenannte Intra-Operatorparallelität) auch eine Methode zur Unterstützung von Intra-Funktionsparallelität. Diese ist für die Parallelverarbeitung von einzelnen Funktionsaufrufen sinnvoll, wenn es sich um kostenintensive Funktionen handelt, die auf großen Datenbankobjekten (den sogenannten Large Objects, kurz LOBs) arbeiten.

Zweitens werden zwei Ansätze vorgeschlagen, um Ausführungspläne von Anfragen mit benutzerdefinierten Funktionen mit Hilfe semantischer Information effizienter zu machen. Der erste Ansatz erlaubt Anwendungsentwicklern Anfrageausführungspläne direkt zu manipulieren und kann auch ganz generell zur (semi-)manuellen Anfrageoptimierung verwendet werden. Der zweite Ansatz erlaubt es Entwicklern von Datenbankerweiterungen den Anfrageoptimierer um neue Optimierungsregeln zu erweitern, so daß mehr Alternativen zur Ausführung von benutzerdefinierten Funktionen in Betracht gezogen werden. Somit kann ein effizienterer Ausführungsplan gefunden werden.

Drittens wird eine Methode entworfen und prototypisch implementiert, die es erlaubt, den Anfrageübersetzer, -optimierer und das Ausführungssystem um neue anwendungsspezifische Datenbankoperatoren zu erweitern. Als zentrales neues Konzept dient hier ein erweiterbarer Datenbankoperator, dessen Funktionalität von Entwicklern von Datenbankerweiterungen programmiert werden kann.

Das folgende Kapitel stellt die vorgeschlagenen Konzepte detaillierter vor. Kapitel 3 schließt die Kurzfassung ab.

2 Neue Konzepte zur Anfrageverarbeitung

In diesem Kapitel werden die von uns vorgeschlagenen Konzepte zur parallelen objekt-relationalen Anfrageverarbeitung beschrieben und ausgewählte Beispiele zu deren Anwendung präsentiert. Dabei steht die Verarbeitung benutzerdefinierter Funktionen (BDF) im Mittelpunkt, so daß diese zunächst kurz eingeführt wird.

2.1 Benutzerdefinierte Funktionen in ORDBVS

Relationale Datenbankverwaltungssysteme (RDBVS) haben eine feste Menge vom Hersteller eingebauter Funktionen. Solche Funktionen können entweder einzelne Attributwerte als Eingabeparameter haben (skalare Funktionen) oder auf einer Spalte einer Datenbanktabelle arbeiten (Aggregatsfunktionen). Beispiele für skalare Funktionen sind etwa die Addition oder die Konkatenation von Zeichenketten. Die bekannten Aggregatsfunktionen des SQL Standards von 1992 sind MAX, MIN, SUM, AVG und COUNT.

In ORDBVS können Entwickler von Datenbankerweiterungen benutzerdefinierte skalare Funktionen (BDSF) und benutzerdefinierte Aggregatsfunktionen (BDAF) definieren. Einige DBVS bieten darüberhinaus die Möglichkeit an, benutzerdefinierte Tabellenfunktionen (BDTF) zu definieren. BDTF können einige skalare Parameter haben und liefern eine Tabelle zurück. Sie werden in der FROM Klausel von SQL-Anfragen verwendet.

Bevor eine benutzerdefinierte Funktion in SQL verwendet werden kann, muß sie zunächst implementiert werden (in einer prozeduralen Programmiersprache wie C, C++ oder Java) und dann dem ORDBVS bekanntgemacht werden (Registrierung). Bei der Registrierung werden typischerweise wichtige Metadaten zur Charakterisierung der Funktion angegeben. Diese Metadaten werden bei der Anfrageoptimierung und -verarbeitung benötigt.

2.2   Parallelverarbeitung benutzerdefinierter Funktionen

Im folgenden werden Konzepte für die Parallelverarbeitung benutzerdefinierter Funktionen beschrieben. Zunächst wird der klassische Ansatz der Datenparallelität betrachtet, dann wird das durch BDF relevant gewordene Konzept der Intra-Funktionsparallelität behandelt.

2.2.1   Datenparallelität für benutzerdefinierte Funktionen

Ein erster Beitrag unserer Arbeit besteht darin, Konzepte zur Verfügung zu stellen, um die Anwendung von Datenparallelität für benutzerdefinierte Funktionen zu ermöglichen [Jae98]. Dies ist sowohl für BDSF als auch für BDAF möglich. Für dieses Ziel werden zwei Konzepte zur Verfügung gestellt: benutzerdefinierte Partitionierungsfunktionen zur Erweiterung des Anfrageausführungssytems und eine Taxonomie für Partitionierungsfunktionen, die es ermöglicht Klassen zulässiger Partitionierungsfunktionen bei der Registrierung von BDF zu spezifizieren. Durch die Spezifikation einer Klasse zulässiger Partitionierungsfunktionen können Repartitionierungen der Daten vermieden werden und damit Effizienzgewinne realisiert werden. Die Definition der Taxonomie ist in der Langfassung der Dissertation beschrieben.

In relationalen Systemen wird Datenparallelität ganz allgemein durch die Aufteilung der zu verarbeitenden Daten in Partitionen, die parallele Verarbeitung der so entstandenen Partitionen und die Vereinigung der resultierenden Partitionen zum Ergebnis erreicht. Dabei werden vom System bestimmte Strategien zur Datenpartitionierung bereitgestellt, aus denen dann automatisch eine Strategie für einen bestimmten Verarbeitungsschritt ausgewählt wird. Beispielsweise könnte für eine Selektionsoperation eine Partitionierung über eine Hash-Funktion erfolgen.

In ORDBVS besteht der Unterschied nun darin, daß das System die Semantik der Funktionen nicht mehr kennt, da diese ja als Erweiterungen im Nachhinein hinzugefügt werden. Der entscheidende Punkt ist nun, daß es BDF gibt, für die nicht jede beliebige Datenpartitionierung eine Parallelverarbeitung zuläßt. Folglich muß es dem Entwickler entsprechender BDF ermöglicht werden, eine zulässige Datenpartitionierungsstrategie zu definieren, falls dies überhaupt möglich ist. Zur Definition einer Datenpartitionierungsstrategie kann dann eine benutzerdefinierte Partitionierungsfunktion verwendet werden.

2.2.2 Intra-Funktionsparallelität

Während Datenparallelität sich primär zur Parallelverarbeitung eignet, wenn
für alle Elemente einer großen Menge von Daten eine Funktion berechnet werden muß, eignet sich Intra-Funktionsparallelität [Ols96] vor allem dann, wenn
eine teure Funktion auf einem großen Datenobjekt berechnet werden muß.
Solche großen Datenobjekte (LOBs) werden in ORDBVS unterstützt (bis zu
einem Terabyte) und dienen vor allem zur Speicherung von Texten und benutzerdefinierten Datentypen.
Bei dem von uns zur Implementierung von Intra-Funktionsparallelität vorgeschlagenen Konzept, wird ein LOB zunächst durch einen neu eingeführten
Decompose-Operator logisch (also auf der Ebene seines Deskriptors) zerlegt.
Dann kann die Funktion auf den einzelnen Teilen des LOBs berechnet werden
und schließlich wird ein ebenfalls neu eingeführter Compose-Operator verwendet, um das Funktionsergebnis aus den Teilresultaten zu berechnen. Eine prototypische Implementierung dieses Vorgehens als Anwendung auf DB2 UDB
hat gezeigt, daß sich diese Methode gewinnbringend nutzen läßt.

2.3 Die Multi-Operatormethode

Das zweite Ergebnis dieser Arbeit besteht darin Konzepte zu entwickeln, die
es erlauben, die Semantik von BDF zur Optimierung des Anfrageevaluierungs-
plans zu verwenden. Dabei wird auf die Erhaltung beziehungsweise Erweiterung der Parallelisierungsmöglichkeiten Wert gelegt.
Die erste hierzu vorgeschlagene Methode beruht darauf, einen Verarbeitungsschritt, d.h. einen Operator des Operatorgraphen, der dem Ausführungsplan
entspricht, so in mehrere Verarbeitungsschritte zu zerlegen, daß dadurch ein
effizienterer Plan möglich wird. Dabei muß im allgemeinen auch der Algorithmus des ursprünglichen Verarbeitungsschritts geändert werden, um eine
günstige Zerlegung bzw. Transformation zu ermöglichen. Der Name Multi-
Operatormethode rührt daher, daß ein Datenbankoperator durch mehrere ersetzt wird.
Die Multi-Operatormethode kann erst in ORDBVS genutzt werden, weil nur
hier die Möglichkeit besteht durch den Einsatz geeigneter BDF die genaue
Funktion der Datenbankoperatoren zu definieren. Der grundlegende Vorteil
dieser Methode liegt darin, daß mit ihr Verarbeitungsstrategien implementier-
bar sind, die die Komplexität drastisch reduzieren können. So wurde etwa am
Beispiel von Verbundoperationen mit benutzerdefiniertem Prädikat gezeigt,
daß die Komplexität der Operation von $O(N^2)$ auf O(N*logN) reduziert werden kann. Die erwartete Leistungsverbesserung um ganze Größenordnungen
wurde durch experimentelle Leistungsuntersuchungen validiert, die mit Hilfe

einer prototypischen Implementierung [Boz96] durchgeführt wurden.

Wie kann die Multi-Operatormethode angewendet werden? Unser Vorschlag basiert darauf, Anwendern die Möglichkeit zu geben, die vom Anfrageoptimierer generierten Pläne manuell anzupassen, wobei natürlich zuvor geeignete BDF für die Transformation zu definieren sind. Die hierfür vorgesehene Schnittstelle kann dann natürlich auch ganz allgemein von Anwendern bzw. Datenbankadministratoren zur Verbesserung von Anfrageevaluierungsplänen verwendet werden, die vom Optimierer nur unzureichend optimiert wurden. Um dabei den Anwender nicht im Hinblick auf die Optimierungskomplexität zu überfordern, wurde außerdem vorgeschlagen, eine automatische Optimierung einiger vom Anwender bestimmter Aspekte des Plans (wie der Verbundreihenfolge) zu ermöglichen.

2.4 Benutzerdefinierte Tabellenoperatoren

Benutzerdefinierte Tabellenoperatoren (BDTO) erlauben Entwicklern von Datenbankerweiterungen neue Optimierungsregeln und neue Datenbankoperatoren zu implementieren [Jae99]. BDTO unterscheiden sich von anderen benutzerdefinierten Routinen dadurch, daß für sie Tabellen als Eingabeparameter zugelassen sind. Durch diese konzeptuelle Erweiterung wird es möglich Datenbankoperationen zu beschreiben. Zwei Klassen von BDTO, prozedurale BDTO und SQL Makros, werden im folgenden an Hand von Beispielen eingeführt.

2.4.1 SQL Makros

SQL Makros können als eine Möglichkeit zur Definition neuer Optimierungsregeln angesehen werden. Dies wird an Hand der folgenden räumlichen Anfrage verdeutlicht, die alle Unternehmen finden soll, die dem Bereich Informationstechnologie zugeordnet werden und die weniger als 50 km von einer Universität entfernt sind.

```
SELECT B.name
FROM universities U, businesses B
WHERE B.type = 'IT'
        AND distance_less_than(U.location,B.location,50)
```

In dieser Anfrage wird das Prädikat distance_less_than als ein Verbundprädikat verwendet. Die folgenden SQL Makros können definiert werden, um für die Verbundoperation mit diesem Prädikat einen räumlichen Index einsetzen zu können, der einen wesentlich effizienteren Algorithmus ermöglicht als die sonst für diesen Verbund verwendete Schleifeniteration. Dabei wird angenommen, daß ein solcher Index von dem benutzerdefinierten Prädikat contains genutzt werden kann. Die beiden folgenden SQL Makros sind symmetrisch hinsichtlich der Eingabetabellen. Dies ermöglicht die Nutzung eines Index unabhängig davon, auf welcher Eingabetabelle dieser definiert ist:

```
CREATE FUNCTION distance_less_than (POINT, POINT, DOUBLE)
RETURNS BOOLEAN
ALLOW distance_join_1, distance_join_2 AS JOIN OPERATOR


CREATE TABLE_OPERATOR distance_join_1
(TABLE Input1 (p1 POINT), TABLE Input2 (p2 POINT), maxdist DOUBLE)
RETURNS
TABLE Output (p1 POINT, Input1.+, p2 POINT, Input2.+)
AS
INSERT INTO Output
SELECT p1, I1.+, p2, I2.+
FROM Input1 AS I1, Input2 AS I2
WHERE internal_distance_less_than(p1, p2, maxdist)
        AND contains(buffer(p2, maxdist), p1)


CREATE TABLE_OPERATOR distance_join_2
(TABLE Input1 (p1 POINT), TABLE Input2 (p2 POINT), maxdist DOUBLE)
RETURNS
TABLE Output (p1 POINT, Input1.+, p2 POINT, Input2.+)
AS
INSERT INTO Output
SELECT p1, I1.+, p2, I2.+
FROM Input1 AS I1, Input2 AS I2
WHERE internal_distance_less_than(p1, p2, maxdist)
        AND contains(buffer(p1, maxdist), p2)
```

In der Langfassung dieser Arbeit wird auch die Implementierung alternativer räumlicher Verbundverfahren mit Hilfe von SQL Makros diskutiert. Weiterhin wird dort gezeigt, daß sich auch für die Verwendung eines benutzerdefinierten Prädikats bei einer Restriktion entsprechende SQL Makros definieren lassen. Der Anfrageoptimierer kann nun die SQL Makros verwenden, um alternative Ausführungspläne zu generieren.

2.4.2   Prozedurale BDTO

Mit Hilfe prozeduraler BDTO lassen sich neue Datenbankoperatoren definieren. Diese sind insbesondere zur effizienten Implementierung von solchen mengenorientierten Operationen sinnvoll, die wegen der Einbeziehung von BDF eine benutzerdefinierte Semantik haben (vgl. Abschnitt 2.4.1). Der wesentliche Unterschied zu SQL Makros besteht darin, daß der Rumpf von prozeduralen BDTO aus einem Programm mit eingebetteten SQL-Befehlen besteht, wobei die SQL-Befehle die Eingabetabellen lesen und in die Ausgabetabelle einfügen können.

Das folgende Beispiel zeigt die Definition eines einfachen prozeduralen BDTO, der einen Aggregationsoperator für die Berechnung des Medians bereitstellt, sowie die Definition der zugehörigen BDAF, die durch diesen Operator implementiert werden kann:

```
CREATE TABLE_OPERATOR median (TABLE Input1(value INTEGER))
RETURNS INTEGER
AS
{
        DECLARE count, cardinality, median_pos, result INTEGER;
        SET count = 1;
        SELECT COUNT(*) FROM Input1 INTO cardinality;
        SET median_pos = ceiling ((cardinality + 1) / 2);
F1:     FOR result AS SELECT * FROM Input1 ORDER BY value ASC
        DO
        IF (count = median_pos) THEN
        LEAVE F1;
        SET count = count + 1;
        END FOR;
        RETURN result;
};

CREATE AGGREGATE Median (INTEGER) RETURNS INTEGER
ALLOW median AS AGGREGATION OPERATOR ...
```

Sowohl durch prozedurale BDTO als auch durch SQL Makros lassen sich große Leistungssteigerungen erzielen, weil es möglich wird, im Ausführungsplan effizientere Algorithmen zu implementieren. Kann dabei die Komplexität des Algorithmus deutlich verringert werden, z.B. von $O(N^2)$ auf O(N*logN), so sind bei der Verarbeitung hinreichend großer Datenmengen Leistungssteigerungen um mehrere Größenordnungen möglich. Ein Konzept zur Implementierung von

BDTO und eine erste prototypische Implementierung werden ausführlich in der Langfassung beschrieben.

3 Zusammenfassung

In dieser Arbeit wurden neue Konzepte vorgeschlagen, um die Erweiterungsinfrastruktur von ORDBVS zu verbessern. Dazu gehören Konzepte zur Unterstützung von Datenparallelität und Intra-Funktionsparallelität für benutzerdefinierte Funktionen sowie Konzepte zur effizienteren Implementierung mengenorientierter Operationen unter Einbeziehung benutzerdefinierter Funktionen. Diese Konzepte und Methoden erhöhen die Effizienz und Skalierbarkeit der Anfrageverarbeitung in ORDBVS drastisch. Außerdem wurde gezeigt, daß sich diese neuen Konzepte ohne grundlegende Änderungen der Architektur in bestehende ORDBVS integrieren lassen.

Literatur

[Boz96] Bozas, G., Jaedicke, M., Listl, A., Mitschang, B., Reiser, A., Zimmermann, S.: On Transforming a Sequential SQL-DBMS into a Parallel One: First Results and Experiences of the MIDAS Project. Euro-Par Conference, Vol. II 1996: 881-886.

[Car97] Carey, M. J., Mattos, N., Nori, A.: Object-Relational Database Systems: Principles, Products, and Challenges (Tutorial). SIGMOD Conference 1997: 502.

[Cha96] Chamberlin, D.: Using the New DB2, Morgan Kaufman Publishers, San Francisco, 1996.

[Dav96] Davis, J. R.: Creating an extensible Object-Relational Data Management Environment: IBM's Universal Database, Database Associates International, 1996.

[DeW96] DeWitt, D.: Parallel Object-Relational Database Systems: Challenges & Opportunities, eingeladener Vortrag, PDIS Conference 1996.

[DeW97] DeWitt, D. J., Carey, M., Naughton, J., Asgarian, M., Gehrke, J., Shah, D.: The BUCKY Object-Relational Benchmark, SIGMOD Conference 1997: 135-146.

[Jae98] Jaedicke, M., Mitschang, B.: On Parallel Processing of Aggregate and Scalar Functions in Object-Relational DBMS, SIGMOD Conference 1998: 379-389.

[Jae99] Jaedicke, M., Mitschang, B.: User-Defined Table Operators: Enhancing Extensibility for ORDBMS, 25th International Conference on Very Large Databases, Edinburgh, Scotland, UK, 1999.

[Nor97] Nori, A., Kumar, S.: Bringing Objects to the Mainstream, COMPCON Conference 1997: 136-142.

[OCo96] O'Connell, W., Ieong, I.T., Schrader, D., Watson, C., Au, G., Biliris, A., Choo, S., Colin, P., Linderman, G., Panagos, E., Wang, J., Walters, T.: Prospector: A Content-Based Multimedia Server for Massively Parallel Architectures. SIGMOD Conference 1996: 68-78.

[Ols96] Olson, M. A., Hong, W. M., Ubell, M., Stonebraker, M.: Query Processing in a Parallel Object-Relational Database System, Data Engineering Bulletin 19(4): 3-10 (1996).

[Sar98] Saracco, C. M.: Universal Database Management. A Guide to Object/Relational Technology, Morgan Kaufmann Publishers, 1998.

[Ses97] Seshadri, P., Livny, M., Ramakrishnan, R.: The Case for Enhanced Abstract Data Types. VLDB Conference 1997: 66-75.

[Sto96] Stonebraker, M., Moore, D.: Object-Relational DBMSs - The Next Great Wave, Morgan Kaufman Publishers, 1996.

Michael Jaedicke, geboren am 14. Februar 1970 in Uelzen, Abitur 1989, Diplom in Informatik 1995 (Universität Kaiserslautern); gefördert von der Studienstiftung des deutschen Volkes. 1996-1999 wissenschaftlicher Mitarbeiter an der Technischen Universitat München unter anderem im SFB 314 (Werkzeuge und Methoden für die Nutzung paralleler Rechnerarchitekturen). 1999 Promotion bei Prof. Mitschang an der Universität Stuttgart. Ab 2000 Patentprüfer (Europäisches Patentamt, München).

Ein automatisches Indexierungssystem für Fernsehnachrichtensendungen

Thomas Kemp

Universität Karlsruhe
Interactive Systems Labs
ILKD, Fakultät für Informatik

Video-Archivierung und das Suchen in großen Beständen von Videodaten sind in den letzten Jahren immer mehr in das Zentrum des Interesses gerückt. Die Erstellung eines suchbaren Index für Videodaten erfordert jedoch sehr viel Handarbeit und ist für große Bestände prohibitiv zeitaufwendig.

In diesem Beitrag wird der Prototyp des View4You-Systems vorgestellt, eines vollautomatischen Systems zur Erstellung einer Video-Datenbank. Das System nimmt täglich eine Fernsehnachrichtensendung (die 'tagesschau') auf, segmentiert sie in die verschiedenen thematischen Beiträge, indexiert die Beiträge (durch Anwendung von maschineller Spracherkennung) und legt sie in der Datenbank ab. Auf die Videodaten in der so entstandenen Datenbank kann mit Hilfe eines *information-retrieval*-Systems zugegriffen werden, das ebenfalls im Rahmen dieser Arbeit entwickelt wurde.

Der vorliegende Beitrag beschreibt die drei Hauptkomponenten des Systems, den Segmentierer, den Spracherkenner und die Information-Retrieval-Datenbank. Besonderes Augenmerk wird auf neue Algorithmen zur Segmentierung und zum unüberwachten Training des Spracherkenners gerichtet.

1 Einleitung

Die Speicherung von Informationen hat in den letzten Jahrzehnten eine stürmische Entwicklung durchgemacht. Bis in die siebziger Jahre des zwanzigsten Jahrhunderts dominierten die Printmedien die Repräsentation von Wissen; im Wesentlichen als Buch, für Publikationen, die ein größeres Maß an Aktualität erforderten, als Zeitschrift oder Zeitung. Der Löwenanteil des neu entdeckten und publizierten Wissens wird auch nach wie vor über Printmedien abgedeckt. Durch den stetigen Preisverfall der magnetischen und optischen Speichermedien nimmt jedoch die Bedeutung von Video und Audio als Medium zum Transfer von Wissen zu. Videodaten sind im Gegensatz zu Büchern bimodal; sie bestehen aus Bild und Ton.

Bewegte Bilder mit den dazugehörenden Tönen entsprechen der normalen kognitiven Wahrnehmung des Menschen. Auch relativ lange und ausführliche verbale Beschreibungen sind daher in der Regel nicht in der Lage, dieselbe Plastizität und Authentizität wie ein Film zu liefern.

Daß Videodaten nicht früher und in stärkerem Maße Eingang in die Alltagswelt gefunden haben, läßt sich auf drei Ursachen zurückführen. Zum einen sind zu ihrer Wiedergabe aufwendige, oft sperrige und meist recht teure Wiedergabegeräte (z.B. Fernseher/Videorecorder, Computer) nötig. Zweitens sind die zu speichernden Datenmengen bei Videodaten sehr groß, was ebenfalls Kostennachteile nach sich zieht. Drittens ist das Nachschlagen und gezielte Suchen nach Informationen in Videodaten viel schwieriger als in gedruckten Medien. Das Problem der teuren und sperrigen Wiedergabegeräte und des hohen Speicheraufwandes verliert durch den technischen Fortschritt zunehmend an Bedeutung. Schon heute (2000) sind Laptops im Format eines Buches erhältlich. Daher muß das Augenmerk auf das Problem der Suche in Videodaten gerichtet werden.

In dieser Arbeit wird ein System vorgestellt, das genau dieses Problem adressiert, indem es eine schnelle und gezielte Suche in Videodaten ermöglicht. Ziel ist, einem Benutzer zu ermöglichen, in der Art eines Nachschlagewerkes zu einem gewünschten Thema passende Videosequenzen aufzufinden.

2 Übersicht

Eine schematische Übersicht über das realisierte System zeigt Abbildung 1. Am Beginn der Verarbeitungskette steht die Aufnahme der Fernsehnachrichtensendungen. Das von einer Parabolantenne aufgenommene Signal wird von einem handelsüblichen Satelliten-Receiver decodiert und steht an dessen Aus-

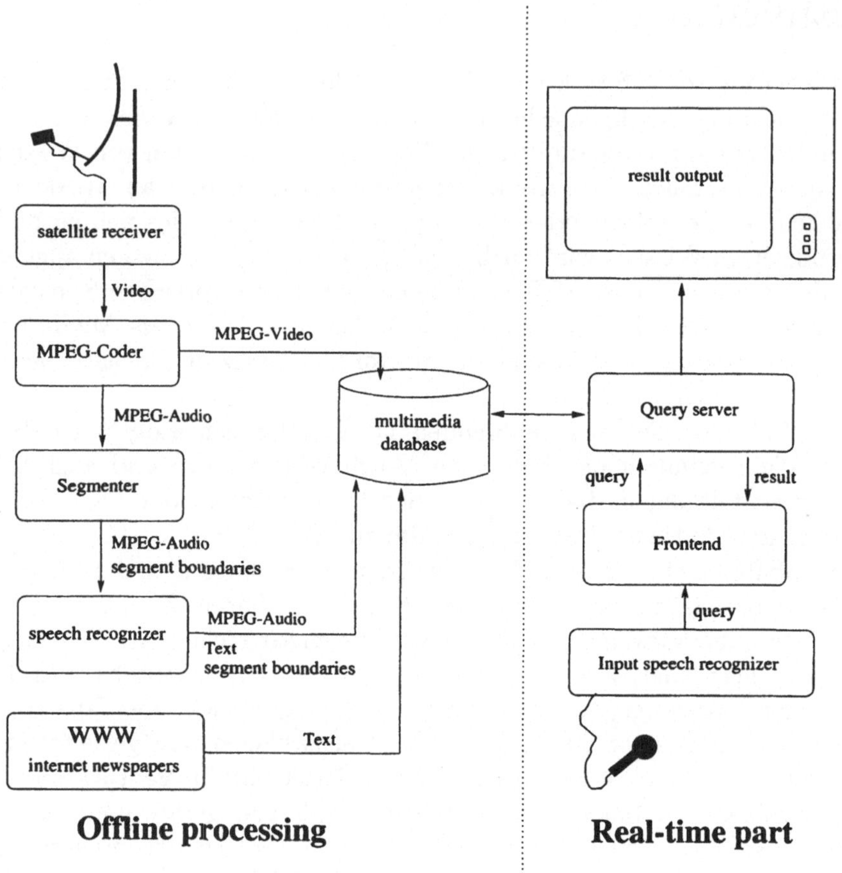

Abbildung 1: Aufbau des View4You-Systems

gang als Videosignal zur Verfügung. Um die Bandbreite und die Datenmenge zu reduzieren, wird das Signal durch eine dedizierte Hardware nach dem MPEG-Verfahren komprimiert.

Die Weiterverarbeitung der komprimierten Nachrichtensendung erfolgt in zwei separaten Datenströmen: einem Videostrom und einem Audiostrom. Ersterer umfaßt etwa 80% der Gesamtdatenmenge. Der Videostrom wird - mit dem Aufnahmedatum der Sendung versehen - ohne weitere Verarbeitung in der Datenbank abgelegt. Die eigentliche Indizierung der Aufnahmen basiert ausschließlich auf dem Audiostrom.

Die Audiodaten werden vom Segmentierer eingelesen, dessen Aufgabe es ist, die

Grenzen der einzelnen Berichte innerhalb einer Nachrichtensendung zu identifizieren. Es ist natürlich möglich, daß der Segmentierer Berichtgrenzen übersieht, oder daß an einer Stelle eine Berichtgrenze hypothetisiert wird, wo in Wirklichkeit keine vorliegt. Die Performanz des Segmentierers ist für das System kritisch. Werden zum Beispiel zu wenige Segmentgrenzen gefunden, enthält jedes gefundene Segment mehrere Berichte. Für den Benutzer bedeutet das einen ärgerlichen überflüssigen Zeitaufwand, weil für seine Anfrage irrelevante Daten gefunden und dargestellt werden. Wenn hingegen zu viele Segmentgrenzen gefunden werden, sind die Segmente kurz und der Benutzer wird mit abgeschnittenen Teil-Berichten konfrontiert.

Die nächste Systemkomponente stellt der Spracherkenner dar. Dieser erhält den Audiostrom vom MPEG-Coder und die Segmentgrenzenliste vom Segmentierer. Für jedes vom Segmentierer gefundene Segment (d.h. für jeden Bericht getrennt), wird eine separate Spracherkennung durchgeführt. Es entstehen also genauso viele Hypothesen des Spracherkenners wie Segmente vom Segmentierer gefunden wurden; insbesondere entsteht bei idealer Segmentierung genau eine Hypothese pro Bericht. Die Ausgabe des Spracherkenners wird, zusammen mit der Segmentierung und dem Audiostrom selbst, an die Datenbank weitergeleitet.

Die Schnittstelle der Datenbank zum Benutzer stellt der Anfrageserver dar. Als Eingabe in den Anfrageserver können beliebige Texte ohne jede syntaktische Einschränkung verwendet werden. Der Server bestimmt dann mit Techniken des *information retrieval* für alle Datensätze der Datenbank die Relevanz des Datensatzes in Bezug auf die Anfrage. Das Ergebnis einer Anfrage ist damit eine - nach absteigender Relevanz geordnete - Liste von Datensätzen der Datenbank.

Der Benutzer des Systems sitzt vor einem Computerterminal, auf dem eine grafische Benutzeroberfläche implementiert ist. Die Benutzeroberfläche nimmt die Anfragen des Benutzers entgegen, leitet sie an den Anfrageserver weiter und stellt die Antwort des Anfrageservers in grafischer Form dar. Selektiert der Benutzer einen gefunden Datensatz, fragt die Benutzeroberfläche die entsprechenden Daten beim Anfrageserver an und stellt sie als Video bzw. als Text dar. Die Eingaben für die Benutzeroberfläche können dabei entweder über eine Tastatur oder über ein Spracherkennungssystem durch Spracheingabe erfolgen.

3   Der Segmentierer

Wenn ein Benutzer das View4You-System nach einem bestimmten Thema befragt (z.B. 'was gibt es über den Nahen Osten?'), dann ist es nicht sehr hilfreich, als Antwort eine komplette Sendung zurückzuliefern. Diese müsste sich der Benutzer dann komplett ansehen, um den darin enthaltenen Beitrag über den Nahen Osten zu finden. Besser ist es, wenn jede Sendung bereits in Beiträge zerlegt ist und auf die Anfrage hin nur noch der passende ausgeschnittene Beitrag präsentiert wird.

Es ist die Aufgabe des Segmentierers, diese Zerlegung einer kompletten Sendung in ihre einzelnen Beiträge durchzuführen.

'Beitrag' ist ein semantisches Konzept. Ein Beitrag kann einfach darin bestehen, dass der Ansagesprecher eine Nachricht verliest; er kann auch aus dem Verlesen einer Nachricht, einem nachfolgenden Korrespondentenbericht vom Ort des Geschehens und einem darauffolgenden Interview zusammengesetzt sein. Um die Grenzen korrekt zu ziehen, ist eine *semantische* Analyse (im Hinblick auf das gerade behandelte Thema) der Sendung erforderlich. Sobald ein Themenwechsel stattfindet, muss eine Segmentgrenze eingefügt werden.

Die Realisierung der Segmentierung in Beiträge wird im View4You-System zweistufig durchgeführt:

1. Segmentierung der Sendung in akustisch homogene Segmente (Schnitte)

2. Zusammenfügen thematisch zusammengehörender, aneinandergrenzender Schnitte zu Beitrags-Segmenten

Im ersten Schritt werden Segmentgrenzen dort gesetzt, wo sich die akustischen Charakteristika der Sendung ändern, d.h. bei einem Sprecherwechsel oder beim Wechsel vom Ansagesprecher zu einem Korrespondenten.

Da häufig mehrere Nachrichten (zu unterschiedlichen Themen) hintereinander vom Ansagesprecher verlesen werden, wird eine Segmentgrenze auch gesetzt, wenn eine längere Pause innerhalb des Sprachbeitrags eines Sprechers stattfindet.

Die akustische Segmentierung führt systematisch zu einer Übersegmentierung: Ein Beitrag, der beispielsweise aus einem Ansagesprechertext gefolgt von einem Korrespondentenbericht besteht, wird durch sie in zwei Segmente zerlegt.

Ausgehend von den Hypothesen für die akustischen Segmentgrenzen werden die Segmente im zweiten Schritt inhaltlich analysiert und benachbarte Segmente gleichen Inhalts miteinander verschmolzen. Dies geschieht, indem mit Hilfe der information-retrieval-Komponente des View4You-Systems Ähnlichkeiten von benachbarten Segmenten berechnet, und bei Unterschreiten einer vorher festgelegten Schranke die Segmente verschmolzen werden. Im Prototyp des View4You-Systems ist dieser Schritt jedoch noch nicht implementiert, der Fokus der Entwicklung lag auf dem ersten Schritt, der akustischen Segmentierung.

Aus der Literatur sind bereits zahlreiche Algorithmen zur akustischen Segmentierung bekannt, die sich in drei Gruppen klassifizieren lassen: abstandbasierte, stillebasierte und modellbasierte Segmentierer. In der Arbeit wurden alle drei Ansätze in verschiedenen Varianten implementiert und auf der 'tagesschau' evaluiert. Die mit diesen bekannten Algorithmen erzielbare Performanz erschien jedoch nicht ausreichend, so daß ein neuer, hybrider Algorithmus entwickelt wurde. Dieser läßt sich als eine Variante der modellbasierten Segmentierung auffassen, wobei einer der fundamentalen Nachteile dieses Verfahrens durch die Anwendung einer vorausgehenden abstandbasierten Segmentierung vermieden wird.

Die Ergebnisse sind in Bild 2 und Tabelle 1 zusammengefasst. Der neu entwickelte Algorithmus erzielt deutlich bessere Ergebnisse als sämtliche evaluierten Parametrisierungen der bisher bekannten Verfahren.

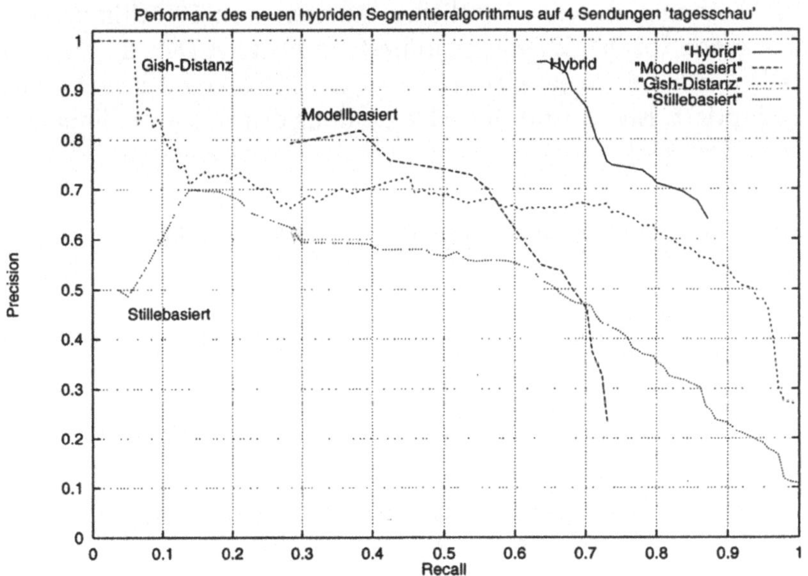

Abbildung 2: ROC-Kurven für verschiedene Segmentierungsansätze

Methode	F-Maß
stillebasiert	0.579
modellbasiert	0.623
Gish-Distanz	0.702
hybrid (6 Cluster)	0.782

Tabelle 1: Maxima des F-Maßes

4 Der Spracherkenner

Das Herzstück der Indexerstellung im View4You-System ist der Spracherkenner. Seine Aufgabe ist es, für jedes vom Segmentierer gelieferte Stück einer Sendung eine Verschriftung zu erzeugen. Der Spracherkenner des View4You-Systems baut auf dem JRTk-Spracherkennungs-Toolkit auf. Es handelt sich um einen HMM-basierten Spracherkenner mit einem statistischen Trigramm-Sprachmodell und einem phonembasierten Vokabular von 60000 Worten. Die akustische Modellierung basiert auf phonetisch geballten Subtriphonzuständen, die jeweils als eine Mixtur von multivariaten Gaußverteilungen modelliert werden. Die Vorverarbeitung berechnet mel-cepstrale Merkmalsvektoren sowie deren zeitliche Ableitungen in einem zeitlichen Abstand von 10 Millisekunden. Die Merkmale werden vokaltraktlängennormiert, und bei der Dekodierung werden die Modelle durch eine lineare Transformation (MLLR) auf den aktuellen Sprecher hin adaptiert. Eine ausführliche Darstellung des Erkenners findet sich in [?].

Die Performanz des Erkenners ist in Tabelle 2 zusammengefaßt.

Kategorie	Wortfehlerrate
Ansagesprecher	11,9%
Musik	20,1%
Straßenlärm	23,0%
Konferenzlärm	27,9%
zweiter Sprecher im Hintergrund	30,5%
alle anderen	29,5%
Mittelwert	18,5%

Tabelle 2: Spracherkennungsergebnisse nach Geräuschkategorien

4.1   Unüberwachtes Lernen

Einer der größten Kostenfaktoren bei der Erstellung eines Spracherkennungssystems ist die Bereitstellung der Trainingsstichprobe in Form einer Sammlung von Sprachaufnahmen mit den dazugehörenden Transkriptionen. Eine Möglichkeit, diese Kosten drastisch zu reduzieren, stellt das unüberwachte Lernen dar. Dabei wird ein initiales System verwendet, das auf einer kleinen Trainingsstichprobe erstellt wurde. Diesem initialen System werden eine große Menge von untranskribierten Sprachaufnahmen zur Verfügung gestellt. In der Fernsehnachrichtendomäne fallen solche Daten täglich nahezu kosten- und aufwandfrei an. Die Aufgabe ist es nun, einen Algorithmus anzugeben, der vollautomatisch die Performanz des initialen Spracherkenners verbessert und sich dabei nur auf nicht transkribierte Daten beziehen kann.

Ein solcher Algorithmus wurde gefunden und auf die Fernsehnachrichtendomäne angewendet. Er basiert im Prinzip auf der Erstellung von Transkriptionen durch den Spracherkenner selbst mit darauffolgender Anwendung eines neuen Konfidenzmaßes, das die Beurteilung der (wahrscheinlichen) Qualität der Ausgabe des Erkenners ermöglicht. Die wahrscheinlichen Erkennungsfehler werden verworfen und die korrekt erkannten Teile der Aufnahmen werden zum Training des neuen, verbesserten Erkenners herangezogen. Eine detaillierte Darstellung des Algorithmus findet sich in [?].
Das Ergebnis der Anwendung des unüberwachten Lernens ist in Bild 3 dargestellt.
Durch das unüberwachte Lernen konnte eine Gesamtfehlerrate von 21,4% erzielt werden. Der beste Spracherkenner, der unter Verwendung aller zur Verfügung stehender Transkriptionen (ca. 16 Stunden) trainiert wurde, hat demgegenüber eine Fehlerrate von 19,5%.

5   Das Informationssystem

Die Aufgabe des Informationssystems ist es, die aufgenommenen und vom Spracherkenner transkribierten 'tagesschau'-Sendungen segmentweise zu archivieren und eine Abfragemöglichkeit zur Verfügung zu stellen.
Um das View4You-System einem möglichst breiten Personenkreis zur Verfügung stellen zu können, wurde eine natürlichsprachliche Eingabe bei der Entwicklung favorisiert. Ziel ist es, auf Benutzerangaben der Art

- 'Ich will alles über Prinzessin Diana wissen'

- 'Gibt es Informationen über den Nahost-Friedensprozeß?'

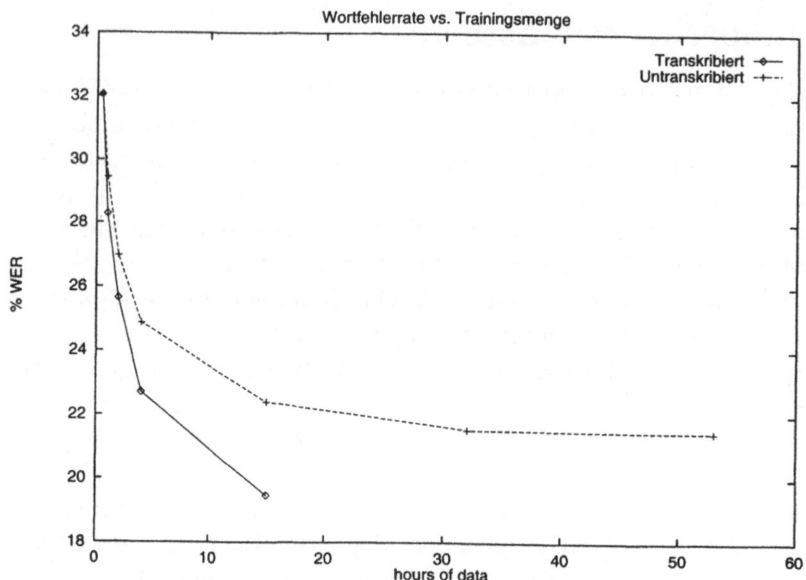

Abbildung 3: Wortfehlerrate über Menge des Trainingsmaterials

adäquat zu reagieren.

Liegt eine solche Anfrage vor, so müssen aus den archivierten Segmenten diejenigen bestimmt werden, die in Bezug auf die Anfrage relevant sind. Dieses Problem - aus einer Kollektion von Texten solche zu extrahieren, die in Bezug auf eine Anfrage semantisch relevant sind - bezeichnet man als *information retrieval*. Die bekannteste Klasse von Information-Retrieval-Systemen sind die Internet-Suchmaschinen. Diese Programme durchsuchen weite Bereiche des World Wide Web (WWW) und nehmen die gefundenen Internetseiten in ihre Datenbank auf. Stellt ein Benutzer - in der Regel über ein Browserinterface - eine Anfrage, so wird eine nach Relevanz sortierte Liste von Internetseiten ausgegeben, die zu dieser Anfrage passen. Abgesehen von Implementierungsdetails, die vor allem der Abwehr unerwünschter Relevanz-Steigerungsmaßnahmen von Seiten der Internetseiten-Ersteller dienen, entsprechen die eingesetzten Algorithmen der Suchmaschinen dem im View4You-System eingesetzten Okapi-Algorithmus [?].

6 Evaluierung des Gesamtsystems

Einer der Hauptvorteile eines funktionsfähigen Gesamtsystems ist die Möglichkeit, den Einfluß der einzelnen Komponenten auf die Gesamtperformanz zu studieren. Eine solche Evaluation wurde nach dem folgenden Schema durchgeführt:

1. Naive Benutzer werden gebeten, einen Satz von Fragen an das System zu formulieren.

2. in der Datenbank des Systems wird manuell bestimmt, welche Zeitausschnitte welcher Sendungen relevant in Bezug auf die einzelnen Fragen sind.

3. die Fragen werden dem System zur Beantwortung vorgelegt.

4. durch Vergleich der Systemantwort mit der (in Schritt 2 ermittelten) erwünschten Systemantwort werden Kennzahlen ermittelt, die über die Systemleistung Aufschluß geben.

Als Kennzahlen wurden die Standardmaße Precision (PRC) und Recall (RCL), sowie das harmonische Mittel dieser beiden, der sogenannte F-Score, verwendet. Die Anfragen an das System finden sich in [?]; typische Anfragen sind z.B.

1. Gibt es Berichte über Jerusalem?

2. Ich möchte die Berichte über den Besuch des Bundespräsidenten Herzog in Japan sehen!

Bei der Gesamtevaluation erzielte das View4You-System (bei einer Wortfehlerrate von 22,7% des Spracherkenners) einen maximalen Wert von F=0,55.

6.1 Einfluß der Komponenten auf die Gesamtperformanz

In einer Serie von Experimenten wurde - ausgehend von der manuell erstellten, perfekten Systemantwort - eine Komponente nach der anderen auf ihren Einfluß auf die Gesamtleistung des Systems hin untersucht. Das Ergebnis ist in Tabelle 3 zusammengefaßt.
Die größte Fehlerquelle ist das Informationssystem, gefolgt von der Segmentierungsstrategie. Um das Informationssystem signifikant zu verbessern, wäre eine Analyse der Semantik sowohl der Anfrage als auch des untersuchten Segments erforderlich. Bei der Segmentierungsstrategie liegt der Fall ähnlich. Auch hier müsste durch eine semantische Analyse versucht werden, akustische Segmente, die zu ein und demselben Thema gehören, miteinander zu verschmelzen.

Grund	ΔF	F-Maß
perfektes System	-	1.00
Informationssystem anstelle menschlicher Auswertung	-0.25	0.75
Segmentierung in akustische Segmente anstelle von themenbasierten Segmenten	-0.15	0.60
Spracherkenner statt Transkripten	-0.04	0.56
hybrider Segmentierer statt Handsegmentierung	-0.01	0.55
reales System	-	0.55

Tabelle 3: Gründe für die nicht perfekte Systemleistung

Knapp 90% der Fehler, die das System macht, lassen sich auf eine dieser beiden Ursachen zurückführen. Demgegenüber spielen Fehler des Spracherkenners und des Segmentierers keine große Rolle mehr.

Thomas Kemp, geboren 1964, 1983 Abitur, 1981-1995 Geschäftsführer der OMIKRON.Softwar 1985-1993 Studium der Physik Diplom in Physik über eine neue Methode zur Bestimmung der Querwärmeleitfähigkeit dünnster freitragender Schichten. -Physiker. Wohnhaft in Stuttgart.geboren am 1. April 1970 in Irgendwo, Abitur 1970, Diplom in Informatik 1970. Wohnhaft in Saarbrücken.

Vermeidung von Generationseffekten in der Audiocodierung

Frank Kurth

Rheinische Friedrich-Wilhelms-Universität Bonn
Institut für Informatik V

Wir stellen ein Verfahren vor, das für psychoakustische Audiokompressionsalgorithmen eine beliebige Kaskadierung von Kompression und Dekompression zuläßt (Generationenbildung) und dabei die perzeptuelle Qualität der ersten Generation erhält. Das Verfahren kommt ohne zusätzliche Datenformate aus. Daher können die vom Decoder erzeugten (PCM-) Audiodaten sowohl auf jedem herkömmlichen digitalen Medium gespeichert und davon sowohl mit Standardmedien wiedergegeben werden, als auch mit einem dem vorgeschlagenen Verfahren konformen Encoder ohne neuerliche Verluste komprimiert werden. Das Verfahren wurde exemplarisch unter dem MPEG-1 Standard in einem Layer-II Codec implementiert.

1   Einleitung

Wer kennt sie nicht, die Audiocassettenaufnahme der Tonbandkopie der Lang-spielplatte, die zwar schon einige deutliche Qualitätseinbußen gegenüber dem Original aufzuweisen hat, aber dennoch ein recht zufriedenstellendes Hörer-lebnis liefert – zumindest bis die Cassettenrecorderanlage im Pkw mit der Zeit physikalische Abnutzungen bemerkbar macht oder sogar selbst produ-ziert. Man sollte vermuten, daß solche „analogen" Probleme spätestens seit dem Beginn des digitalen Zeitalters der Vergangenheit angehören.

Daß dem nicht so ist, zeigen den oben beschriebenen Abnutzungserscheinungen ähnliche *Generationseffekte*, die im Zusammenhang mit digitalen audiovisuel-len Aufnahmen auftreten. Die Verarbeitung und Übermittlung solcher digitaler Datensätze erfordert heutzutage sehr häufig eine signifikante Datenreduktion, z.B. bei Mobilkommunikation mit geringer Bandbreite oder Internetanwendun-gen. Zur Datenreduktion werden verschiedenste Codiermechanismen verwen-det. Die Hintereinanderschaltung (Tandeming) mehrerer verschiedener Codier-Decodier-Stufen (Codecs) kann hierbei zu einer signifikanten Verschlechterung der Qualität des zu übertragenden Signals führen. Ein weiteres Anwendungs-szenario aus dem Audiobereich ist die verteile Musikproduktion, wo zwischen verschiedenen Verarbeitungsschritten eine Kompression, Netzwerkübertragung und die anschließende Dekompression der Audiodaten steht.

Die für die genannten Anwendungen benötigte Datenreduktion leisten mo-derne psychoakustische Audiocodierer mit Kompressionsraten von 1 : 12 und mehr. Da die Originaldaten bei solch hohen Kompressionsraten nicht mehr aus dem Code reproduzierbar sind – die dekomprimierten Daten stimmen nur noch *perzeptuell* mit dem Original überein – handelt es sich hier um *verlustbehaf-tete* Verfahren. Eine wiederholte Anwendung des Kompressionsverfahrens auf die dekomprimierten Daten arbeitet somit auf „verfälschten" Originaldaten. Versuche zeigen, daß die erzeugten Audiodaten bei hohen Kompressionsraten schon nach sehr wenigen Wiederholungen der Komprimierung und Dekom-primierung eine im Vergleich zum Original perzeptuell unzumutbare Qualität aufweisen.

Der nächste Abschnitt enthält eine genauere Untersuchung der gerade beschrie-benen Generationseffekte. Im nachfolgenden dritten Abschnitt werden Ideen zur Vermeidung der Generationseffekte entwickelt und ein Modell für einen entsprechenden Audiocodec vorgestellt. Anhand des MPEG-1 Layer II Stan-dards läßt sich eine konkrete Realisierung solch eines Codecs skizzieren. Der vierten Abschnitt gibt anhand von Hörtestergebnissen einen Einblick in die Evaluation des vorgestellten Codecs. Abschließend werden weitere potentielle Anwendungsgebiete für die neu entwickelten Techniken vorgestellt.

2   Generationseffekte in der Audiocodierung

Zur Analyse der Generationseffekte betrachten wir einen konventionellen Audiocodec. Der linke Teil von Abb. 1 zeigt im oberen Teil das Schema eines typischen psychoakustischen Audio-*Encoders E*. Das Eingangssignal, modelliert durch eine Folge $x \in \ell^2(\mathbb{Z}) := \{(x_i)_{i \in \mathbb{Z}} | \sum_{i \in \mathbb{Z}} |x_i|^2 < \infty\}$, wird in endlichen, aufeinanderfolgenden Blöcken verarbeitet. Hierzu wird auf jedem Block x' einerseits eine (quasi-) invertierbare Subbandtransformation T ausgeführt, andererseits wird mit Hilfe einer Spektraltransformation S eine Frequenzanalyse des Blocks durchgeführt. S kann z.B. eine gefensterte Fourier- oder Cosinustransformation sein. Der rechte Teil von Abb. 1 zeigt das Ergeb-

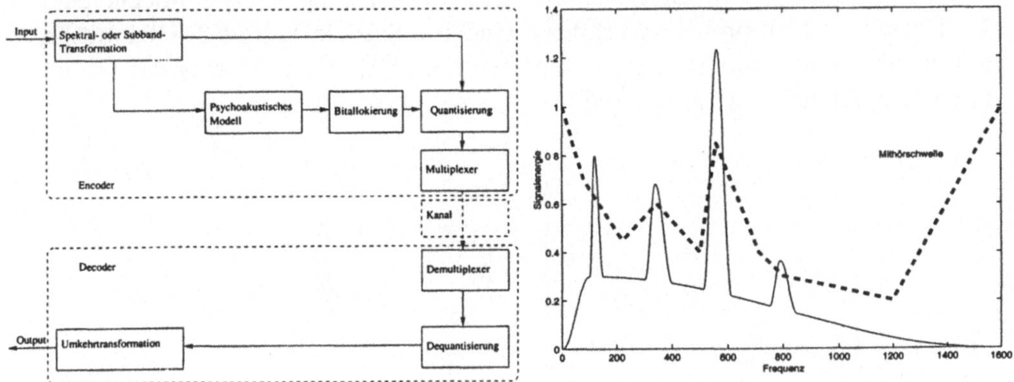

Abbildung 1: Links: Psychoakustischer Audiocodec. Rechts: Energiefrequenzspektrum eines Signals. Gestrichelt ist die Mithörschwelle eingezeichnet.

nis $|Sx'|$ einer typischen Frequenzanalyse. Die durchgezogene Linie zeigt die im Signalblock x' enthaltenen Frequenzen. Die vier lokalen Maxima zeigen besonders energiereiche Signalkomponenten. Die psychoakustische Audiokompression beruht auf der Ausnutzung sogenannter *Maskierungseffekte*. Diese besagen, daß besonders laute Töne andere, nicht so laute Töne in Abhängigkeit von deren Frequenz so verdecken (*maskieren*) können, daß diese unhörbar sind. Das psychoakustische Modell berechnet nun basierend auf Sx' die sogenannte *Maskierungs*- oder *Mithörschwelle*. Wird ein zweites Signal x'' gleichzeitig zu x' wiedergegeben, so ist dieses unhörbar, falls $|Sx''|$ unterhalb der Mithörschwelle liegt. In Abb. 1 (rechts) ist die Mithörschwelle gestrichelt dargestellt. Diesen Effekt nutzen die Kompressionsverfahren nun aus, indem sie die Quantisierungsauflösung (Darstellungsgenauigkeit der digitalen Signalwerte in Bits) des Subbandsignals Tx' gezielt vergröbern. Dies reduziert die benötigte Datenrate, induziert jedoch andererseits ein Störsignal, das *Quantisierungsrauschen*.

Innerhalb einer *Bitallokierung* wird die Quantisierungsänderung und somit das Quantisierungsrauschen so gewählt, daß es, unter Einhaltung der gewünschten Kompressionsrate, möglichst unterhalb der Mithörschwelle liegt. Im Quantisierungsschritt werden die Subbandwerte Tx' in Codeworte umgewandelt. Die Codeworte sowie die zur Decodierung benötigten Quantisierungsstufen werden in einer Multiplexerstufe zum codierten Datenstrom Ex kombiniert.

Im *Decoder D* werden die Codeworte und die Decodierinformationen aus dem Datenstrom extrahiert und mittels Dequantisierung Subbandsignale rekonstruiert. Abschließend wird mittels einer Umkehrtransformation ein decodierter Signalblock erzeugt. Die Kombination aller solcher Signalblöcke ergibt das decodierte Audiosignal DEx. DEx heißt Signal 1. Generation. Entsprechend heißt $(DE)^n x$ Signal n. Generation. Unter Verwendung herkömmlicher psychoakustischer Kompressionsverfahren sind i.a. Signale 1. und 2. Generation perzeptuell nicht vom Original unterscheidbar. Für höhere Generationen ist dies allerdings meist nicht der Fall.

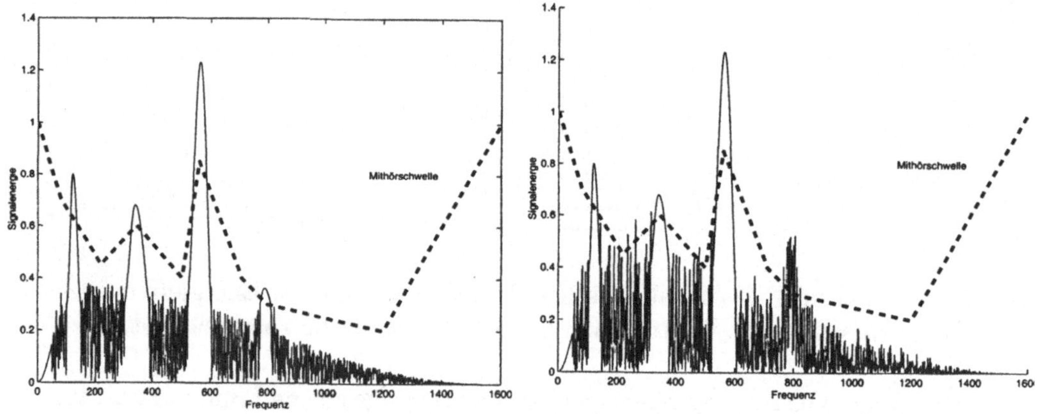

Abbildung 2: Links: Energiefrequenzspektrum des Signals aus Abb. 1 nach einmaliger Codierung und Decodierung. Rechts: Energiefrequenzspektrum nach zweimaliger Codierung und Decodierung.

Eine wesentliche Quelle für die perzeptuelle Verschlechterung der Signalqualität, die sog. *Generationseffekte*, ist der verlustbehaftete Quantisierungsschritt. Anhand eines Beispiels soll genauer erläutert werden, wie die Generationseffekte entstehen. Der linke Teil der Abb. 2 zeigt $|S(DEx')|$, die Frequenzanalyse für die erste Generation des Signalblocks x'. Das Signal ist erkennbar durch Quantisierungsrauschen verändert. Da der Rauschpegel jedoch unterhalb der Mithörschwelle liegt, ist keine Klangbeeinträchtigung für das Signal zu erwarten. Eine erneute Encodierung bringt hier das Problem mit sich, eine *neue* Mithörschwelle aus den Daten $S(DEx')$ zu berechnen. Nun ist allerdings das im ersten Codierschritt induzierte Quantisierungsrauschen nicht mehr von den originären Signalkomponenten unterscheidbar. Die so errechnete neue Mithörschwelle kann daher über der ursprünglichen Mithörschwelle liegen. Dies kann wiederum dazu führen, daß das Quantisierungsrauschen bei der zweiten Codierung über der ursprünglichen Mithörschwelle liegt. Abb. 2 zeigt $|S(DE)^2x'|$ und die ursprüngliche Mithörschwelle des Blocks x'. Der Rauschpegel liegt teilweise oberhalb der Mithörschwelle und ist somit potentiell wahrnehmbar. Hörtests zeigen [Kur99], daß im Falle des hier betrachteten MPEG-1 Codierers bereits die Signale dritter Generation deutliche Qualitätsverluste aufweisen.

3 Vermeidung von Generationseffekten

Ein prinzipielles Problem bei der wiederholten Encodierung ist der mit der Datenreduktion einhergehende Informationsverlust der Signale höherer Generation im Vergleich zum Original. Eine Vermeidung der Generationseffekte ist z.B. erreicht, wenn der vom Encoder generierte Code $E(DE)^nx$ für alle $n \in N_0$ übereinstimmt. Eine Untersuchung zeigt, daß dies im Falle zahlreicher gängiger Codecs erreichbar ist, wenn alle Encoder dieselbe Codierinformation, insbesondere dieselbe Quantisierungsinformation, verwenden. Eine weitere wichtige Erkenntnis ist, daß sich diese Codierinformation meist *decoderseitig* bestimmen läßt. Beispielsweise steht dort zur Requantisierung dieselbe Quantisierungsinformation zur Verfügung, die auch vom Encoder benötigt wird. Aus diesem Grund ist es *nicht* notwendig, diese Information für unser Verfahren zusätzlich vom Encoder zum Decoder zu übertragen und so die Kompressionsrate zu verschlechtern. Die Aufgabe der hier entwickelten Verfahren reduziert sich somit darauf, die Codierinformation vom Decoder zum nächsten Encoder zu übermitteln.

Ein wesentliches daraus entstehendes Problem ist die potentielle Erzeugung eines weiteren Datenstroms (Audiodaten plus Codierinformation). Das Problem hierbei besteht nicht primär in der resultierenden Erhöhung der Datenrate gegenüber dem Original im decodierten Bereich, sondern im *Transport* der Codierinformationen. Sollen die Audiodaten z.B. auf einer Audio-CD oder als reine PCM-Datei transportiert werden, so steht standardmäßig kein weiterer Platz für Sekundärdaten zur Verfügung. Eine eventuelle Verwendung von Subcode-Bits auf der Audio-CD erfordert bei einer Formatwechslung einen speziellen Auslese- und Konvertierungsmechanismus für die Codierinformation. Sollen die Audiodaten auf spezieller (Studio-) Hardware verarbeitet werden, ist die Situation u.U. noch schlimmer, da in diesem Fall eine Änderung der

Hardware erforderlich sein kann.

Der hier verfolgte grundlegende Ansatz zur Lösung dieses Problems besteht in der Verwendung steganographischer Techniken. Die Codierinformationen sollen unter Beibehaltung der Datenrate *in* die *decodierten* Audiodaten integriert werden. Eine wesentliche Nebenbedingung ist hierbei, daß sich durch diesen Vorgang die perzeptuelle Qualität der Audiodaten nicht ändert. Es entsteht ein kombiniertes Audiosignal, das auf herkömmlichen Medien transportiert werden kann. Ein entsprechend modifizierter Encoder kann nun die in das Signal integrierten Coderinformationen wieder extrahieren und somit eine Codierung ohne Generationseffekte durchführen.

3.1 Steganographische Verfahren zur Dateneinbettung

Ein wesentliches in dieser Arbeit gelöstes Problem ist die perzeptuell unbemerkbare Integration (*Einbettung*) von Sekundärdaten in ein gegebenes Audiosignal. Eine naive Methode, Sekundärdaten in gegebene Daten einzubetten, arbeitet auf der Binärdarstellung des digitalen Signals. Für ein Datenwort $b = \sum_{j=0}^{n-1} b_j 2^j$ mit Binärdarstellung $(b_{n-1} \ldots b_0)$, wird die *k-Bit Direkteinbettung* der Zusatzinformation $z = (z_{k-1} \ldots z_0)$ definiert als

$$E_k : (b_{n-1} \ldots b_k b_{k-1} \ldots b_0), (z_{k-1} \ldots z_0) \;\mapsto\; (b_{n-1} \ldots b_k z_{k-1} \ldots z_0).$$

Diese Art der Einbettung zerstört die untersten k Bits des Datenworts b. Am problematischsten ist hierbei, daß im Falle von Audiosignalen bereits bei sehr kleinem k ein deutlich hörbares Rauschen auftreten kann.

Eine Verfeinerung dieser Einbettungsart ist die *Transformations-Direkteinbettung*. Hier ist der Direkteinbettung eine (invertierbare) Transformation F vorgeschaltet. Die Einbettung ist dann eine Abbildung $x \mapsto F^{-1}E_k(Fx, z)$. Für unsere Anwendungen kann man sich die Einbettung auf vektorwertige x fortgesetzt vorstellen. Bei Verwendung dieser Einbettungsart ist es wichtig, die Einbettungsstellen innerhalb der digitalen Daten so zu wählen, daß diese nach erfolgter Transformation immer noch im Darstellungsbereich der digitalen Zahldarstellung liegen. So rechnen Codecs nach dem MPEG-1 Standard im Subbandbereich mit 4- oder 8-Byte Fließkommazahlen, im ursprünglichen Signalbereich jedoch nur mit 2-Byte Ganzzahlen.

Das Problem des möglicherweise hörbaren Einbettungsrauschens bleibt jedoch auch bei der Transformations-Direkteinbettung bestehen. Zur Lösung dieses Problems bietet es sich an, die Kenntnisse über die Mithörschwelle auszunutzen. Die Transformation F wird zunächst so gewählt, daß die Werte Fx als Spektraldarstellung des Signals x interpretiert werden können und eine Beziehung zwischen der Mithörschwelle und $|Fx|$ herstellbar ist. Im Kontext der betrachteten Audiocodierer bietet es sich an, speziell obige Subbandtransformation $T =: F$ zu verwenden. Das Spektrum $|Fx| = |Tx|$ wird nun entsprechend der Mithörschwelle zerlegt. In die resultierenden Teile des Spektrums kann nun so eingebettet werden, daß das entstehende Rauschen die Mithörschwelle in keinem Teil der Zerlegung übersteigt.

Das beschriebene Vorgehen soll anhand des MPEG-1 Layers II Verfahrens illustriert werden. Tx besteht hier aus 32 Subbandsignalen, die nochmals in jeweils 3 zeitliche Blöcke aufgeteilt werden. Die Aufgabe besteht im wesentlichen in der Bestimmung der Einbettungsbitbreite $V_{\ell,i}$ (oben mit k bezeichnet) für jeden der Einbettungsblöcke $(\ell, i), 1 \leq \ell \leq 32, 1 \leq i \leq 3$. Die Berücksichtigung der Mithörschwelle geschieht nun implizit. Die Idee dabei ist, den Rekonstruktionsfehler der Subbandwerte nach erfolgter Einbettung gegenüber dem bei normaler Kompression entstehenden Quantisierungsfehler nicht zu erhöhen. Im Falle des MPEG-1 Layer II Verfahrens sind dazu die vom Codierer bestimmten Quantisierungsstufen A_ℓ für jedes Subband sowie die vorab zur Redundanzminderung verwendeten Skalenfaktoren $s_{i,\ell}$ zu berücksichtigen. Es gilt $s_{\ell,i} = s_n = \sqrt[3]{2}^{(3-n)}$ für $n \in [3 : 62]$. Man setzt dann

$$V_{\ell,i} := 16 - \min(16, \lceil - \log_2 s_{\ell,i} \rceil + A_\ell) = 16 - \min(16, \left\lceil \frac{n}{3} \right\rceil - 1 + A_\ell),$$

da $\lceil - \log_2 s_{\ell,i} \rceil = \lceil - \log_2 \sqrt[3]{2}^{(3-n)} \rceil = \lceil \frac{n}{3} \rceil - 1$. Für $n \in [0 : 2]$ kostet die Skalierung maximal ein Bit Genauigkeit. Daher wählt man in diesem Fall $V_{\ell,i} := 16 - \min(16, A_\ell - 1)$.

3.2   Codec zur Vermeidung von Generationseffekten

Nun wird beschrieben, wie sich mit Hilfe der psychoakustischen Einbettungsstrategie aus einem gegebenen psychoakustischen Audiocodierer ein Codec zur Vermeidung von Generationseffekten konstruieren läßt. Der linke Teil von Abb. 3 zeigt das Schema des neuen Codecs.

Die Verarbeitung wird wieder blockweise betrachtet. Der *Decoder* berechnet zunächst den Platzbedarf für die einzubettende Decodierinformation. Nachfolgend wird der zur Einbettung zu Verfügung stehende Platz ermittelt. Im obigen MPEG-Beispiel geht dieser aus den $V_{\ell,i}$ hervor. Die einzubettenden Daten werden in einer geeignete Datenstruktur (z.B. FIFO Bit-Buffer) abgelegt. Ein *Bitallokierungsalgorithmus* legt fest, *wieviele* Daten in *welche* Subbänder eingebettet werden müssen. Wird mehr Platz benötigt als nach psychoakustischen Gesichtspunkten zulässig ist, muß der Allokierungsalgorithmus einen geeigneten Trade-off zwischen der Anzahl übertragbarer Daten und der resultierenden Audioqualität schaffen. Nachfolgend findet die eigentliche Dateneinbettung statt. Hierbei ist zu beachten, daß die einzubettenden Daten

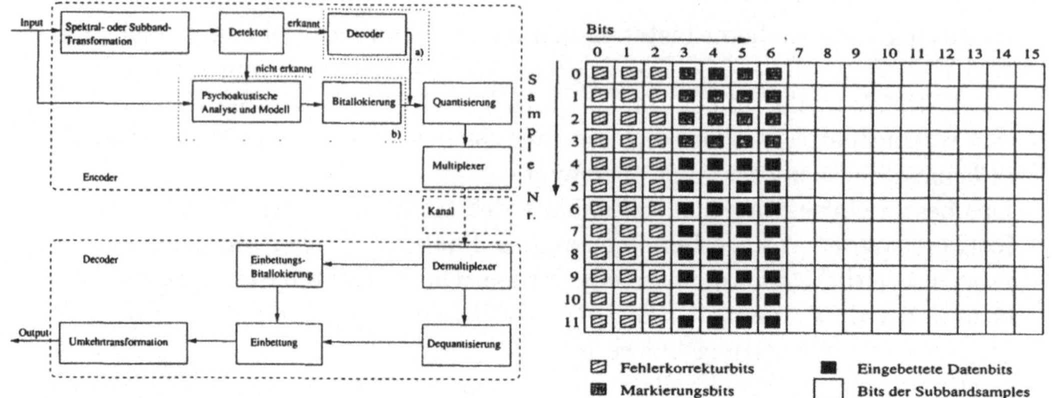

Abbildung 3: Links: Codec zur Vermeidung von Generationseffekten. Rechts: Bitaufteilung innerhalb eines Einbettungsblocks.

zur Vorbeugung gegen Arithmetik- und Übertragungsfehler mit einem fehlerkorrigierenden Code versehen werden sollten. Weiterhin sind die Daten so zu markieren, daß sie später wieder lokalisiert und extrahiert werden können. Der rechte Teil der Abb. 3 zeigt eine mögliche daraus resultierende Bitaufteilung innerhalb eines Skalierungsblocks nach erfolgter Einbettung. Eingezeichnet sind Markierungs- und Fehlerkorrekturbits.

Dem modifizierten *Encoder* fällt zunächst die Aufgabe zu, zu entscheiden, ob Codierinformation in einem gegebenen Signal eingebettet ist. Hierzu muß zunächst eine Synchronisation auf die Blockgrenzen eines vorherigen Codiervorgangs erfolgen. Nach Ausführung der Subbandtransformation werden die Markierungen der Einbettungsblöcke gesucht und eventuell die eingebetteten Daten extrahiert. Kann keine Einbettung festgestellt werden, oder sind die eingebetteten Daten irreparabel beschädigt, wird eine konventionelle Codierung durchgeführt. Wurden alle Codierdaten erfolgreich extrahiert, kann die Codierung unter Verwendung dieser durchgeführt werden (für Details, siehe [Kur99]).

4   Qualitätsevaluation

Mit der im letzten Kapitel vorgestellten psychoakustischen Direkteinbettung wird das ursprüngliche Ziel, $\forall n \in \mathbb{N} : Ex = E(DE)^n x$, i.a. noch nicht erreicht. Dies liegt daran, daß die Direkteinbettung nach wie vor die untersten Bits des Datenworts zerstört. Mit Hilfe einer anderen Einbettungsart, der *Fehlerregioneneinbettung*, die zusätzlich Eigenschaften der verwendeten Quantisierer berücksichtigt, kann obiges Ziel jedoch erreicht werden [Kur99].

Trotz dieses kleinen Mangels ist die bis hierhin beschriebene Methode in vielen

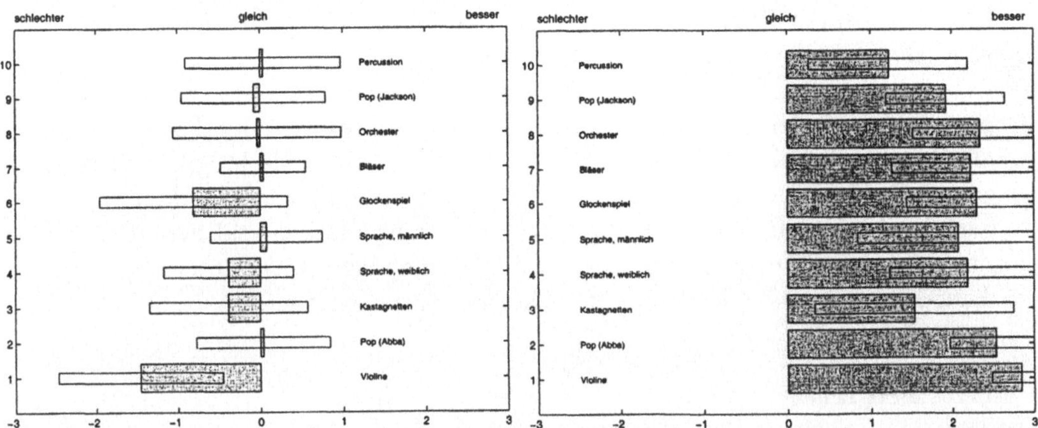

Abbildung 4: Links: Relativer Vergleich 1. Generation Standardverfahren und 25. Generation Direkteinbettungscodec. Rechts: Relativer Vergleich 10. Generation Standardverfahren und 25. Generation Direkteinbettungscodec.

Fällen ausreichend. Dies wird anhand einiger Ergebnisse eines Hörtests mit 26 Testpersonen dokumentiert. Abb. 4 zeigt links einen relativen Vergleich der 1. Generation des Standardverfahrens und der 25. Generation des Direkteinbettungscodecs. Bei negativen Werten wurde die erste Generation als besser bewertet. Rechts zeigt die Abbildung einen relativen Vergleich der 10. Generation des Standardverfahrens und der 25. Generation des Direkteinbettungscodecs. Bei positiven Werten wurde die 25. Generation als besser bewertet.

5   Weitere Anwendungen und Ausblick

Der in dieser Arbeit vorgestellte Codec erlaubt eine perzeptuelle Rekonstruktion des codierten Audiosignals erster Generation in allen höheren Generationen. Ein Nebeneffekt der Wiederverwendung der Codierinformation ist weiterhin eine beschleunigte Encodierung in höheren Generationen. Die in das decodierte Audiosignal eingebetteten Codierdaten beeinträchtigen durch Ausnutzung psychoakustischer Phänomene nicht die perzeptuelle Qualiät des Signals. Dies ist ein wesentlicher Fortschritt gegenüber vergleichbaren Ansätzen, z.B. [Fle98]. Neben der universellen Anwendbarkeit der Verfahren auf Audiocodierer ist auch deren Umsetzbarkeit auf Videocodierer erwähnenswert.

Zusätzlich zu dem hier vorgestellten MPEG-1 Layer II-basierten Codec wurden inzwischen ein Transformations-Codec sowie eine bezüglich der Einbettungspositionen dynamische Codec-Variante realisiert. Letztere vermeidet mögliche

Engpässe bei der Einbettungskapazität [KH00]. Ein Codec zur Unterstützung von MPEG-1, Layer III ist in Vorbereitung.

Eine interessante Anwendung ist die Verwendung der Einbettung zum Transport kontextbasierter Informationen wie z.B. Liedtexten oder Partiturinformationen innerhalb der Audiodaten. Wichtig hierbei ist die Möglichkeit einer *zeitsynchronen* Einbettung. Ein System zu Einbettung und synchroner Wiedergabe von Audio und Textinformation wurde inzwischen realisiert [PK00]. Zu den vorgestellten Einbettungsverfahren wurden inzwischen unter Förderung der DFG internationale Patenteinreichungen vorgenommen.

Literatur

[Fle98]   John Fletcher. ISO/MPEG Layer 2 - Optimum Re-Encoding of Decoded Audio using a MOLE Signal. In *Proc. 104th AES Convention, Amsterdam*, 1998.

[KH00]   Frank Kurth and Viktor Hassenrik. A Dynamic Embedding Codec for Multiple Generations Compression. In *Proc. 109th AES Convention, Los Angeles, USA*, 2000.

[Kur99]   Frank Kurth. *Vermeidung von Generationseffekten in der Audiocodierung*. PhD thesis, Institut für Informatik V, Universität Bonn, 1999.

[PK00]   Natalie Packham and Frank Kurth. A system for Synchronous Embedding and Playback of Content Related Information with Digital Audio Data. In *Proc. 109th AES Convention, Los Angeles, USA*, 2000.

Frank Kurth, geboren am 2. Juli 1970 in Bad Honnef/Rhein, Abitur 1989, Diplom in Informatik 1997, Promotion an der Math.-Nat.-Fakultät der Universität Bonn 1999. Wohnhaft in Bad Honnef.
Von März 1997 bis Juli 1999 wissenschaftlicher Mitarbeiter am Institut für Informatik V der Universität Bonn in der Arbeitsgruppe Kommunikationssysteme und Algorithmen von Prof. Dr. M. Clausen. Seit August 1999 wissenschaftlicher Assistent an gleicher Stelle.
Arbeitsgebiete in der Informatik: effiziente Algorithmen, Signaltransformationen in der multimedialen Datenverarbeitung, Datenbanken. Arbeitsgebiete in der Audiosignalverarbeitung: Aspekte der verlustbehafteten Kompression, Wavelet- und Filterbank-Algorithmen, digitale Musikbibliotheken.

Internet - Technologien in der gesetzlichen Rentenversicherung

Effizienzsteigerung und Kostensenkung durch Internet - Technologien am Beispiel gesetzlicher Rentenversicherungsträger

Jörn von Lucke

Dissertation zur Erlangung des Grades eines Doktors
der Verwaltungswissenschaften (Dr. rer. publ.)
der Deutschen Hochschule für Verwaltungswissenschaften Speyer 1999
Erstgutachter: Prof. Dr. Heinrich Reinermann
Zweitgutachter: Prof. Dr. Herrmann Hill
Tag der mündlichen Prüfung: 12. 1. 1999
ISBN 3-7685-1599-0, R.v. Decker-Verlag, Heidelberg 1999.
XXI,378 S. - Gebunden - Preis: DM 208.00 / SFr 185.00 / ÖS 1518.00
http://www.dhv-speyer.de/rei/jvl/
Beitrag für den Dissertationspreisband

Die gesetzliche Rentenversicherung (GRV) in Deutschland steht mit ihren 27 Rentenversicherungsträgern (RVT) vor einer Vielzahl von Herausforderungen und grundlegenden Veränderungen. Diese betreffen sowohl die Rentenversicherung für Arbeiter (23 regionale Landesversicherungsanstalten, die Bahnversicherungsanstalt und die Seekasse), für Angestellte (Bundesversicherungsanstalt für Angestellte - BfA) wie für Bergleute (Bundesknappschaft). Vor dem Hintergrund des gesellschaftlichen Wertewandels hat sich die Erwartungshaltung der Bevölkerung in den vergangenen Jahren stark verändert. Das frühere Obrigkeitsdenken der Bürger in ihrem Verhältnis zur Verwaltung ist durch ein Anspruchsdenken ersetzt worden, das sich an den Qualitätsstandards von Wirtschaft und Industrie orientiert. Die Verschiebung der demographischen Altersstruktur der Bevölkerung, die Struktur- und Finanzierungskrise, die Verwaltungsmodernisierung, Auswirkungen der Globalisierung sowie der mit dem Erfolg des Internet verbundene Übergang zur Informationsgesellschaft erfordern flexible und zukunftsorientierte Antworten. So müssen Finanzierungsprobleme gelöst, Unterstützung für die GRV bei Bürgern und in der Politik gewonnen, soziale Härtefälle gemildert und verwaltungsökonomische Probleme bewältigt werden. In Deutschland ist ein allgemeiner Reorganisationsbedarf in den Verwaltungsstrukturen der RVT spätestens seit dem sogenannten 'Berger-Gutachten' [BERG95] zur Organisation der GRV offensichtlich. Viele RVT suchen daher nach Lösungsansätzen, mit denen sie ihre Effizienz und Flexibilität steigern und gleichzeitig ihre Kosten senken können. Damit möchten sie die eigene Existenz und die der gesamten GRV auch künftig sicherstellen. Die gegenwärtige Organisationsstruktur der GRV in Deutschland mit über 80.000 Arbeitsplätzen unterliegt keiner Bestandsgarantie, denn das Grundgesetz bietet einen breiten Gestaltungsspielraum für die Organisation der GRV. [ROGG97-410]

Der Einsatz moderner Informations- und Kommunikationstechnologien (IuK-Technologien) bei RVT hat eine lange Tradition. Er ist aber auch mit vielen Hindernissen und hohen Anforderungen an Datenschutz und Datensicherheit verbunden. Angesichts der angespannten Finanzsituation besinnen sich RVT gegenwärtig auf das Potential der IuK-Technologien. Dabei erkennen sie zunehmend die mit diesen Technologien verbundenen Ressourcen für teils drastische Kostensenkungen und Qualitätssteigerungen.[REIN94-13] Die Internet - Technologien erweisen sich in diesem Zusammenhang als ein sehr interessanter Ansatz. Mit einem vergleichsweise geringen Mitteleinsatz an Sach- und Personalkosten lassen sich deutlich erkennbare Resultate rasch erzielen. In Zeiten, in denen geringe finanzielle Mittel zur Verfügung stehen, stellen sie somit einen sehr attraktiven Ansatzpunkt für neue Überlegungen dar. Gleichzeitig können sie tiefgreifende Veränderungen bei einem RVT auslösen. Seit 1993 ist der Einsatz und die Nutzung von Internet - Technologien bei immer mehr RVT im In- und Ausland zu beobachten. Allerdings haben die deutschen RVT erst im Juni 1996 die Bereitstellung von Informationen zur GRV im Internet im Grundsatz befürwortet. Seitdem gewinnen jedoch Internet - Technologien im internen wie externen Einsatz zunehmend an Bedeutung.

Internet - Technologien basieren auf den Diensten und Anwendungen der TCP/IP-Protokoll-Suite. Sie können sowohl im Internet, in einem Intranet oder Extranet genutzt werden. Das gesamte Angebot ist aufgrund seiner Größe praktisch unüberschaubar. Angesichts der dezentralen Struktur ist das Internet einer hohen Dynamik unterworfen, die detaillierte Beschreibungen sehr schnell veralten lässt. Internet - Technologien haben sich gegenüber anderen und vorwiegend proprietären Kommunikationsprotokollen durchgesetzt, weil sie über überlegenere Eigenschaften verfügen. Die Internet - Technologien können als allgemeinverbindliche Protokolle in bestehende Rechnerumgebungen integriert werden. Durch die offene Systemumgebung ist eine Nutzung der Anwendungen über diverse Plattformen wie Großrechner, Workstations und Personalcomputer möglich. Zudem sind sie einfach, benutzerfreundlich und kostengünstig. Der Aufwand für Installation, Gestaltung, Nutzung und Wartung der Angebote sowie Administration der Netzwerke ist durch benutzerfreundliche Werkzeuge und Anwendungen vergleichsweise gering. Durch die graphischen Oberflächen, Hypertext und ein einfaches Bedienungskonzept ist das Internet auch für Laien einfach zu bedienen. Außerdem sind die Internet - Technologien sehr flexibel. Sie lassen sich in der Regel problemlos in die vorhandene Datenverarbeitungs-Architektur einbinden. Neue Dienste und Anwendungen können jederzeit ergänzt oder schrittweise eingeführt werden, ohne dass dies mit großen Veränderungen für die Anwender verbunden sein muss.

Allerdings haben die Internet - Technologien noch mit einigen Schwächen zu kämpfen, die sich aus der geringen Entwicklungszeit der Internet - Technologien von knapp 30 Jahren und der Komplexität der zu lösenden Probleme ergeben. Möchten die Internet - Technologien langfristig Erfolg haben, müssen diese Schwierigkeiten beseitigt werden. So ist die Qualität und Sicherheit der Netzwerkdienste noch nicht ausreichend. Schwierigkeiten bereiten den Nutzern gegenwärtig die mangelnden Sicherheitsmaßnahmen bzgl. Abhörbarkeit, Verfälschung, Geheimhaltung oder Verschlüsselung. Bisher verfügt kein standardisierter Internet-Sicherheitsmechanismus über eine ausreichende weltweite Akzeptanz. Diese unzureichenden Sicherheitsmechanismen schrecken jedoch potentielle Investoren und Nutzer ab.[VONL96-13 und BEYK95-125]

Obwohl es bisher noch keine 'Killer-Anwendung' gibt, die den Einsatz und die Nutzung des Internet für wirklich breite Bevölkerungsschichten lukrativ macht, haben sich einige Internet-Dienste wie Email, WWW und Voice-over-IP bereits als Katalysatoren der Internet-Entwicklung erwiesen. Die weitere Verbreitung der Internet - Technologien wird maßgeblich von den Lösungen für spezifische Anwendungsbereiche abhängen, in denen sie zukünftig eingesetzt werden. Besonders die technischen Fortentwicklungen in den Bereichen Multimedia, Interaktivität, Sicherheit, Electronic Commerce, Groupware, Audio- und Videokommunikation sowie intelligente Agenten eröffnen RVT neue Möglichkeiten zur Verbesserung des Leistungsangebots. Verschiedene Arbeitsgruppen der IETF (Internet Engineering Task Force) und von Software-Unternehmen arbeiten mit großem Engagement an der Fortentwicklung der TCP/IP-Technologien. Auch künftig ist mit vielen technischen Innovationen zu rechnen. Dennoch lassen sich bereits einige Trends beobachten: In absehbarer Zeit werden kaum noch Spezialkenntnisse benötigt, um ein komplettes Internet-Angebot zu erstellen. Das Publizieren von Internet-Dokumenten und das Erstellen von interaktiven Anwendungen wird durch geeignete Web-Tools sehr vereinfacht. Nachdem sich Sicherheitsstandards durchgesetzt haben, wird die Angst vor dem 'unsicheren' Internet verschwinden. TCP/IP-Netzwerke und insbesondere das Internet werden sich dann zu elektronischen Umschlagplätzen für Produkte und Dienstleistungen entwickeln. Weltweit verteilte Teams arbeiten künftig mit Hilfe von TCP/IP-fähiger Groupware, Audio- und Videokommunikation effizienter zusammen. Dadurch stellen sie klassische Organisationsstrukturen in Frage.[LAMP96-202] Eine breite Akzeptanz der Internet - Technologien hängt auch von den vorgefundenen Rahmenbedingungen wie den Kapazitäten der Backbones, der lokalen Infrastruktur (Last Mile), der eingesetzten Hard- und Software und der Lernfähigkeit der Anwender ab.

Bei einem RVT sind vier unterschiedliche Einsatzebenen für Internet - Technologien vorhanden: Das öffentlich zugängliche Internet wird im folgenden mit der Bezeichnung 'Public-Internet' versehen. Angebote im Public-Internet können weltweit abgerufen und genutzt werden. Auf Wunsch lassen sich Zugangsbeschränkungen einbauen. Die Einsatzebene Public-Internet ist in erster Linie für den Umgang mit den Kunden (Business to Consumer) gedacht, zu denen vor allem Versicherte, Rehabilitanden und Rentner zählen. Der Begriff 'VDR-Extranet' steht für ein abgeschirmtes TCP/IP-Netzwerk zwischen allen RVT. Dieses virtuelle private Netzwerk ist aus Datenschutz- und Sicherheitsgründen vom Internet getrennt und verfügt über ein eigenes Kommunikationsnetz aus Stand- und Wählleitungen. In Deutschland ist dieser Einsatzebene das Standleitungsnetzwerk der Datenstelle des VDR zuzuordnen. Langfristig sollten diese RVT-übergreifende Netzwerke (Business to Business) auch über nationale Grenzen hinaus ausgeweitet werden. Wünschenswert wäre der Ausbau zu einem Global Social Security Network. Der Ausdruck 'RVT-Extranet' beschreibt ein virtuelles privates Netzwerk zwischen dem RVT und seinen sonstigen Partnern, zu denen Lieferanten, Kreditinstitute, Versicherungsämter, Versichertenälteste oder Vorstände zählen. Dieses Partner-Netzwerk (Business to Business) setzt sich aus Direktverbindungen, separaten Netzwerken oder zugangsgeschützten Internet-Verbindungen zusammen. Mit der Vergabe von Zugangsberechtigungen kann ein Missbrauch dieser Netzwerke verhindert werden. Alle RVT-internen TCP/IP-Netzwerke werden unter der Bezeichnung 'RVT-Intranet' zusammengefasst. Das RVT-Intranet (Business to Administration) beschränkt sich nicht nur auf die Hauptverwaltung (Campus), sondern umfasst auch auswärtige Büros, AuB-Stellen, Kliniken und Außendienstmitarbeiter. Auf längere Sicht sollte jeder Mitarbeiter des RVT eine Zugriffsberechtigung für dieses Netzwerk erhalten.

In jeder der vier Einsatzebenen bestehen zahlreiche Einsatzpotentiale für Internet - Technologien. Zur besseren Differenzierung der Einsatzbereiche innerhalb einer Ebene wurde folgendes Klassifizierungsschema entwickelt: Unter dem Begriff 'Information' werden einfache Präsentationen, allgemeine Informationen und individuelle Abfragen zusammengefasst. Einfache Präsentationen beinhalten Kurzinformationen. Ausführliche Darstellungen und Publikationen werden dagegen den allgemeinen Informationen zugeordnet. Individuelle Abfragen greifen interaktiv auf Datenbanken, Programme oder Transaktionssysteme zurück, um dynamische und individuelle Informationen zu liefern. Informationen dienen häufig zur Vorbereitung einer anderen Handlung. Es wäre daher sinnvoll, den Vorgang der Information gleich mit Kommunikationsvorgängen und Transaktionen zu koppeln.[KUBI97-36] Die Bezeichnung 'Kommunikation' umfasst Kommunikationsdienste und anwendungen zum Dialog (Email, Talk, EDI, VOI) und zur Partizipation (Mail-Server, Newsgroup, IRC, Web-Chat).

'Transaktionen' können in Anwendungen zur Auslösung von Transaktionen sowie zum Bezug und Bezahlung von Produkten und Dienstleistungen unterteilt werden. Mit 'Nutzung' wird der Zugriff auf und die Verwendung von Angeboten Dritter umschrieben.

Die Einsatz- und Nutzungspotentiale bei einem RVT liegen auf nahezu allen Abteilungs- und Referatsebenen. Anwendungsgebiete auf allen Einsatzebenen (Public-Internet, VDR-Extranet, RVT-Extranet und RVT-Intranet) finden sich zum einen beim Auskunfts- und Beratungsdienst und in der Sachbearbeitung der Bereiche Versicherung, Rente und Rehabilitation. Weitere Ansatzpunkte bestehen bei der Geschäftsführung, dem Beauftragten für den Haushalt, in der allgemeinen Verwaltung, der Personalverwaltung, der Datenverarbeitung, dem Beschaffungswesen, der Bibliothek, in Arbeits- und Projektgruppen. Ganz andere Möglichkeiten zur Information, Kommunikation und Transaktion eröffnen sich für den Ärztlichen Dienst und das medizinische Personal in den Gutachtenstellen und den Rehabilitationskliniken. Vielfältige Potentiale können auch in den Finanz-, Bau- und Rechtsreferaten, der Rechnungsprüfungsstelle und im Rahmen der Presse- und Öffentlichkeitsarbeit erschlossen werden. Hinzu kommen Möglichkeiten für die Selbstverwaltungsorgane (Vorstand, Vertreterversammlung und Versichertenälteste) und den Personalrat. Der in der Dissertation vorgestellte Katalog mit Einsatzpotentialen für RVT ist weder bindend noch endgültig. Er wird im Laufe der Zeit noch einige Korrekturen und Verfeinerungen erfahren. Neue Aspekte und zukünftige technologische Entwicklungen im Bereich der Verschlüsselungstechnologie, elektronischer Zahlungssysteme oder intelligenter Agenten können gegenwärtig (zu Beginn der Entwicklung) noch nicht voll erfasst werden. Dies ist nicht von Nachteil, schließlich liegt ja einer der großen Vorteile der Internet - Technologien darin, dass Angebote jederzeit erweiterbar, korrigierbar und umstrukturierbar sind. TCP/IP-Netzwerke leben ganz besonders von der Aktualität der angebotenen Informationen und dem Einfallsreichtum ihrer Benutzer. Neue Formen der Arbeitsteilung und der virtuellen Organisationen werden zu beträchtlichen Veränderungen führen. Internet - Technologien ermöglichen Ansätze zu einem modernen und kundenorientierten RVT. Zugleich erlauben sie den Aufbau eines völlig neuen und virtuellen RVT.

Für eine erfolgreiche Umsetzung der Potentiale, die mit Aktivitäten im Public-Internet, VDR-Extranet, RVT-Extranet und RVT-Intranet verbunden sind, werden Standards, Strategien, Konzepten, Richtlinien, Werkzeuge und Handlungsanleitungen benötigt. Die Gestaltung einer Homepage verlangt in allen Einsatzebenen die Bestimmung der relevanten Zielgruppen aus Nutzen- und Kostensicht, eine Zusammenstellung des Gesamtangebots und begleitende Marketingmaßnahmen. Allerdings darf nicht vergessen werden, dass die Einführung von Internet - Technologien allein noch nicht alle erhofften Wirkungen mit sich bringen wird, da Internet - Technologien lediglich ein Mittel zum Datenaustausch und zur Verbesserung der Kommunikation sind. Bei den RVT müssen gleichzeitig Aktivitäten ergriffen werden, um die erheblichen organisatorischen, mentalen und technischen Probleme zu lösen. Dazu zählen eine grundsätzliche Überarbeitung der vorhandenen Organisationsstrukturen unter Berücksichtigung der Möglichkeiten leistungsfähiger Informations- und Kommunikationstechnologien, die Einführung eines Controllingsystems, der Übergang von der Regel-, Kontroll- und Misstrauenskultur hin zu einer Vertrauens- und Verantwortungskultur sowie der von einer Ordnungsverwaltung hin zu einer kundenorientierten Dienstleistungsverwaltung. Dieser Kulturwandel erfordert ein grundlegendes Umdenken in den Köpfen von Mitarbeitern, Führungskräften, Gesetzgebern, Tarifpartnern und Personalräten.[HORS96] Somit kann die Einführung von Internet - Technologien nur ein Teilaspekt einer grundsätzlichen Reform von RVT sein, bei dem die bisherigen Verfahren gründlich zu überdenken sind. Mit einem Verzicht auf eine grundlegende Reorganisation der Geschäftsprozesse würde allerdings die Chance auf eine durchschlagende Verbesserung der Geschäftsabläufe verpasst werden, da sonst bestehende Vorgänge nur in ein anderes Medium übertragen werden würden.

Aber auch ohne Veränderung der bestehenden Organisation oder der Geschäftsabläufe lassen sich schon nach kurzer Zeit Effizienzsteigerungen und Kostensenkungen realisieren. Eine intelligente Verknüpfung der verschiedenen Dienste und Anwendungen kann zur Beschleunigung, Qualitäts- und Serviceverbesserung, Organisationsverbesserung und Kostensenkung beitragen. Beschleunigungspotentiale eröffnen sich durch die Reduktion von Transport-, Liege-, Such- und Bearbeitungszeiten sowie durch den Wegfall unproduktiver Tätigkeiten. Potentiale zur Qualitäts- und Serviceverbesserung begründen sich auf produktiveren Arbeitszeiten, einer besseren Unterstützung noch nicht eingearbeiteter Mitarbeiter, einer erhöhten Kundennähe, einem erweiterten Leistungsangebot und einem fehlerreduzierten Amtsvollzug. Organisationsverbesserungen kristallisieren sich an Hand der Flexibilisierung der Aufbauorganisation, einer Rationalisierung der Ablauforganisation, Produktivitätssteigerungen auf der Ebene der Sachbearbeiter, einer verbesserten Abstimmung, einer Steigerung der Auskunftsfähigkeit, einer Stärkung der Wettbewerbskräfte und dem Ende der Informationshierarchien. Die Einsparungen durch eine umfassende Vernetzung werden sich bei Investitionen, Kommunikationskosten, Papier-, Druck- und Kopierkosten, Versand- und Verteilkosten, Raum- und Gebäudekosten, DV-Kosten sowie Wegstrecken und Wegzeiten messen lassen. Viele dieser Ansätze sind auch langfristig nutzbar. Investitionen in Internet - Technologien versprechen zudem hohe Renditen und kurze Amortisationszeiten. Einsparmöglichkeiten bestehen auch auf Seiten von Versicherten, Rentnern und Geschäftspartnern. Große Potentiale eröffnen sich im Bereich der Personalkosten. Durch eine umfassende Vernetzung mit Internet - Technologien kann sich das Kosten-Leistungsverhältnis des RVT erheblich verbessern. Allerdings wird der maximale Nutzen erst bei einer vollständigen und durchgängigen Vernetzung aller RVT weltweit erreicht.

Für RVT bestehen demnach sehr viele Ansätze zum Einsatz und zur Nutzung von Internet - Technologien. Die ausgearbeiteten Einsatzpotentiale eröffnen in einigen Bereichen vollkommen neue Möglichkeiten. Internet - Technologien haben einen großen Einfluss auf alle Kommunikationsströme innerhalb und außerhalb eines RVT. Sie sind in der Lage, mit virtuellen Ansätzen die gesamte Organisation eines RVT zu verändern. Die Einführung von Internet - Technologien sollte als eine langfristige Investition des RVT in die eigene Zukunft betrachtet werden. Innovative RVT wie die amerikanische SSA haben bereits gezeigt, dass sich mit den heutigen Möglichkeiten der Internet - Technologien Beschleunigungen, Service- und Qualitätsverbesserungen, Organisationsverbesserungen sowie Kostensenkungen erzielen lassen. Um auf die Möglichkeiten und Risiken der Internet - Technologien angemessen und mit Erfolg reagieren zu können, sollte eine Strategie zum Einsatz und zur Nutzung erarbeitet werden. Bei einem ungeplanten Engagement werden andernfalls wichtige Potentiale nicht erkannt oder nicht genutzt.

Die dargelegten Einsatzmöglichkeiten lassen sich unter Berücksichtigung der jeweiligen Anforderungen auch auf andere Bereiche der Sozialversicherung oder der überwiegend mit Informationsverarbeitung beschäftigten öffentlichen Verwaltung übertragen. In all diesen Bereichen sollte dennoch darüber nachgedacht werden, ob die bisherigen Strukturen den Anforderungen des 21. Jahrhundert noch gerecht werden. Gerade die Einführung von Internet - Technologien kann Ausgangspunkt für eine grundlegende Neukonzeption von Aufbau- und Ablauforganisation sein, weil sich mit ihr erst viele neue Optionen für Organisationen eröffnen. Dabei darf allerdings auch nicht vergessen werden, dass bei allen Veränderungsmaßnahmen die Rechtssicherheit, der Bürgerservice, die Wirtschaftlichkeit und die Interessen der Mitarbeiter berücksichtigt werden müssen.

Bei aller Euphorie ist weiterhin daran zu erinnern, dass die TCP/IP-Netzwerke nur Mittel zum Zweck sind. Sie sind ein Mittel zum Datenaustausch und zur Verbesserung der Kommunikation, weltweit oder intern. Sie sind aber kein Allheilmittel für angeschlagene RVT. Vielmehr hat die Technologie der Vernetzung keine Erfolgschancen, wenn nicht die erheblichen organisatorischen, mentalen und technischen Probleme zufriedenstellend gelöst werden. Deswegen sollten parallel alle Ablaufprozesse und Organisationsstrukturen kritisch hinterfragt werden. Bei einem Verzicht auf eine grundlegende Reorganisation der Geschäfsprozesse würde die Chance einer durchgreifenden Optimierung der Geschäftsabläufe verpasst, da sonst die bestehenden Vorgänge nur in ein anderes Medium übertragen werden. Aus diesem Grunde sollte der Einstieg in Internet - Technologien zugleich eine Initialzündung sein, um die bisherige Ablauforganisation gründlich zu überarbeiten.

Jeder RVT muss Vor- und Nachteile einer Einführung von Internet - Technologien für sich abwägen und eigenverantwortlich eine Entscheidung treffen. Mit einer Entscheidung zugunsten oder gegen Internet - Technologien werden gleichzeitig die Weichen für den künftigen Erfolg und die Existenz des RVT gestellt. Dabei dürfen Risiken weder über- noch unterbewertet werden. Sie müssen auf jeden Fall erkannt und minimiert werden. Bei einer Entscheidung gegen Internet - Technologien sind insbesondere die damit verbundenen Konsequenzen zu berücksichtigen. Angesichts der ungeheuren Auswirkungen, aber auch des weltweiten Erfolges der Internet - Technologien, werden die Entscheidungsträger sich künftig noch öfters mit Internet - Technologien beschäftigen müssen. Viele Unternehmen haben bereits das enorme Rationalisierungspotential der Internet - Technologien erkannt, in denen sie eine flexible und herstellerneutrale Informationsplattform mit guten Zukunftsperspektiven sehen. Eine breite kommerzielle Nutzung der Internet - Technologien zeichnet sich bereits ab. Im wesentlichen bieten ihnen Internet - Technologien die Business-Funktionalität, die in der Vergangenheit vermisst oder einfach zu teuer war. Daher sollte mit einem Intranet-Aufbau möglichst bald begonnen werden, denn je schneller ein Intranet Bestandteil der Verwaltungsinfrastruktur wird, desto eher sind Effizienzsteigerungen und Kostensenkungen realisierbar.

Die außerordentlich diffizile Sicherheitsproblematik versetzt der allgemeinen Internet-Euphorie sicherlich noch den entscheidenden Dämpfer. Das hohe Sicherheitsniveau, welches im besonderen bei RVT in Deutschland besteht, soll und muss weiter erhalten blieben. Es darf durch ein Internet-Engagement auch nicht aufgeweicht werden. Die aktuelle Diskussion und die Errichtung von Firewalls bei RVT in Deutschland weisen bereits in die richtige Richtung. Angesichts der unübersehbaren Vorzüge der Internet - Technologien ist die Sicherheitsproblematik dennoch kein Grund, in einer rein abwartenden Haltung zu verharren. Haben sich durch die ständige Weiterentwicklung der Technologien erst Sicherheitsstandards endgültig durchgesetzt, wird die Angst vor einem unsicheren Internet verschwinden. Spätestens dann sollten RVT die Internet - Technologien zur wirtschaftlichen und sparsamen Erfüllung der ihnen gesetzlich vorgegebenen Aufgaben einsetzen.

Literatur

[BERG95]. Roland Berger und Partner (Hrsg.): Organisationsgutachten zur gesetzlichen Rentenversicherung - Kurz-Zusammenfassung, Roland Berger und Partner, Frankfurt 1995.

[BEYK95] Beykirch, Hans-Bernhard: Langfingerland - Internet: mit Sicherheit unsicher, in: IX-Multiuser-Multitasking-Magazin, 8. Jahrgang, Heft 4, Verlag Heinz Heise, Hannover 1995, S. 124 - 125.

[HORS96] Horsch, Heiner / Krumnack, Heinz und Laubenstein, Dieter: Reorganisation und Dezentralisierung bei der LVA Rheinprovinz, in: Deutsche Rentenversicherung, 58. Jahrgang, Heft 8-9, Wirtschaftsdienst-Verlag, Frankfurt (Main) 1996, S. 511 - 573.

[KUBI97] Kubicek, Herbert et al.: www.stadtinfo.de - ein Leitfaden für die Entwicklung von Stadtinformationen im Internet, Hüthig Verlag, Heidelberg 1997.

[LAMP96] Lamprecht, Stephan: M@rketing im Internet - Chancen, Konzepte und Perspektiven im World Wide Web, Rudolf Haufe Verlag, Freiburg im Breisgau 1996.

[NIES97] Niessen, Ulrich: Die fitte öffentliche Verwaltung - Qualitätsverbesserung der Verwaltung durch Workflowmanagement, LSV Oberbayern, Version 1.97, München 1997.

[REIN94] Reinermann, Heinrich: Die Krise als Chance - Wege innovativer Verwaltungen, in: Forschungsinstitut für öffentliche Verwaltung bei der Hochschule für Verwaltungswissenschaften Speyer (Hrsg.): Speyerer Forschungsberichte, Band 139, Speyer 1994.

[ROGG97] Roggenkamp, Günter: Organisationsreform in der gesetzlichen Rentenversicherung, in: LVA Rheinprovinz Mitteilungen, 88. Jahrgang, Heft 9, Düsseldorf 1997, S. 405 - 413.

[VONL96] von Lucke, Jörn: Ursachen für den verzögerten Erfolg des Internet und anderer multimedialer Online-Dienste in Deutschland, in: Mannheimer Texte Online (Hrsg.): MATEO-Monographien, Band 2, Diplom-Arbeit, Mannheim 1996.

MISTRAL: Processing Relational Queries using a Multidimensional Access Technique

Volker Markl

Bayerisches Forschungszentrum für Wissensbasierte Systeme (FORWISS),
Orleansstr. 34, D-81667 Munich

Our thesis investigates the UB-Tree, a multidimensional access method, and its applicability for relational database management systems (RDBMS). In the thesis, we introduce a formal model for multidimensional partitioned relations and discuss several typical query patterns. The model identifies the significance of multidimensional range queries and sort operations. After describing the UB-Tree and its standard algorithms for insertion, deletion, point queries, and range queries, we introduce the spiral algorithm for nearest neighbour queries with UB-Trees and the Tetris algorithm for efficient access to a table in arbitrary sort order. We then describe the complexity of the involved algorithms and give solutions to selected algorithmic problems for a prototype implementation of UB-Trees on top of several RDBMSs. A cost model for sort operations with and without range restrictions is used both for analyzing our algorithms and for comparing UB-Trees with state-of-the-art query processing. Performance comparisons with traditional access methods practically confirm the theoretically expected superiority of UB-Trees and our algorithms over traditional access methods: Query processing in RDBMS is accelerated by several orders of magnitude, while the resource requirements in main memory space and disk space are substantially reduced. Benchmarks on some queries of the TPC-D benchmark as well as the data warehousing scenario of a fruit juice company illustrate the potential impact of our work on relational algebra, SQL, and commercial applications.

The results of this thesis were developed by the author managing the MISTRAL project, a joint research and development project with SAP AG (Germany), Teijin Systems Technology Ltd. (Japan), NEC (Japan), Hitachi (Japan), Gesellschaft für Konsumforschung (Germany), and TransAction Software GmbH (Germany). In this paper we merely sketch a major application area of our thesis, data warehousing, and give analytical performance comparisons for our method compared to classical RDBMS indexes.

1 Introduction

Multidimensional access methods [GG97] are useful for a broad range of database applications, e.g., data warehousing, geographical information systems, data mining, archiving systems, and lifecycle management databases. In general these access methods speed up query processing, if queries define (and thus process) some part of a large data set by restrictions with respect to several categories (e.g., the sales for one year for a certain product, all cities near Munich with a population larger than 100.000 people). In the following we illustrate the practical relevance of our technology by an example in data warehousing.

Data processing in data warehousing (DW) applications uses drill-down operations as well as slicing and dicing according to several dimensions. For this reason multidimensional data models, multidimensional query languages and even multidimensional DBMS (MDBMS) have been developed by the research community and implemented as commercial products. To a large extent, relational DBMS are used for decision support applications, since these systems are well researched and are reported to provide more efficiency for huge databases than MDBMS. Regardless, whether a multidimensional or relational paradigm is used to model and query OLAP data, queries result in multidimensional range restrictions in combination with sort operations and aggregations. Therefore any DBMS storing OLAP data must efficiently handle this typical query pattern.

Pre-computation,indexing and clustering are common techniques to speed up query processing. Pre-computation results in the best query response time at the expense of load performance and secondary storage space. For DW applications, pre-computation is mostly discussed for aggregation operations [CD97, Wid95]. However, one requirement of DW is to efficiently deal with ad-hoc queries. Then, deciding which queries to pre-compute becomes extremely difficult [SDN+98]. Pre-computation also leads to a view maintenance problem.

Indexing is used to efficiently process a query if the result set defined by the query restrictions is fairly small. Most OLTP applications use B-Trees as their standard indexing scheme. Favoring retrieval response time over update response time allows to build several indexes on one table or data cube of a DW [GHR+97, Sar97]. Bitmap indexes [OQ97, WB98, CI98] are widely discussed as an improvement over B-Trees for DW applications, since they efficiently evaluate queries with multi-attribute restrictions. However, the overall retrieved data set still must be relatively small. This is a major drawback of bitmap indexes, since usually a relatively large part of a cube must be accessed in order to calculate aggregated measures.

Clustering places data that is likely to be accessed together physically close to each other. The goal of clustering is to limit the number of disk accesses required to process a query by increasing the likelihood that query results have already been cached.

In this paper we analyze multidimensional clustering and indexing using UB-Trees to a DW scenario. In Section 2 we briefly describe UB-Tree indexes. Section 3 introduces a typical data warehousing schema that strongly benefits from the techniques developped in our theses. Section 4 presents the results of an analytical performance comparion. The theoretical background for the comparisons as well as a practical confirmation of the results by performance measurements on real-world data are given in our thesis [Mar99].

2   The UB-Tree

The UB-Tree [Bay96] as a multidimensional access method that we use for indexing multiple attributes of a relational database. UB-Trees uses a space filling curve to create a partitioning of a multidimensional universe while preserving multidimensional clustering. Using the Lebesgue-curve (Z-curve, Figure 1a) it is a variant of the zkd-B-Tree [OM84, Jag90]. To define the UB-Tree partitioning scheme we need the notion of Z-addresses and Z-intervals. We assume that each attribute value x_i of attribute A_i of a d-dimensional tuple $x = (x_1, \ldots, x_d)$ consists of s bits[1] and we denote the binary representation of attribute value x_i by $x_{i,s-1}x_{i,s-2} \ldots x_{i,0}$. A *Z-address* $\alpha = Z(x)$ is the ordinal number of a tuple x on the Z-curve and is calculated by interleaving the bits of the attribute values:

$$Z(x) = \sum_{j=0}^{s-1} \sum_{i=1}^{d} x_{i,j} \cdot 2^{j \cdot d + i - 1}$$

A *Z-region* $[\alpha : \beta]$ is the space covered by an interval on the Z-curve and is defined by two Z-addresses α and β.

For an 8x8 universe, i.e., $s = 3$ and $d = 2$, Figure 1b shows the corresponding Z-addresses.

Figure 1c shows the Z-region [4: 20] and Figure 1d shows a partitioning with five Z-regions [0 : 3], [4 : 20], [21 : 35], [36 : 47] and [48 : 63].

The UB-Tree utilizes a B*-Tree to partition the multidimensional space into Z-regions, each of which is mapped onto one disk page. At insertion time a

---

[1] Our implementation uses different lengths for the binary representation of attribute values. We just use identical lengths for an easy illustration.

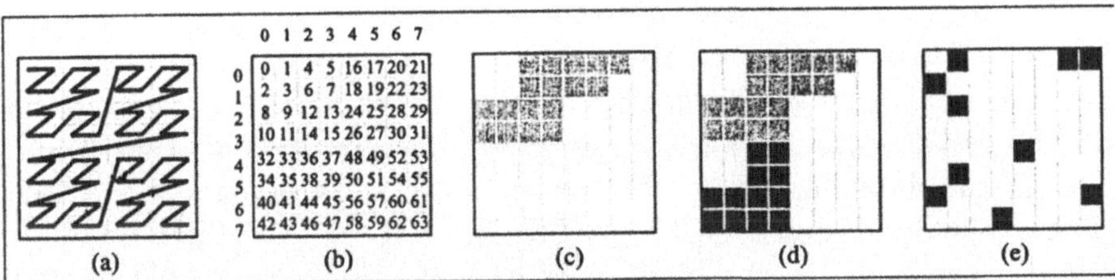

Figure 1: Z-addresses and Z-regions

full Z-region $[\alpha : \beta]$ is split into two Z-regions by introducing a new Z-address γ with $\alpha < \gamma < \beta$. γ is chosen such that the first half (in Z-order) of the tuples stored on Z-region $[\alpha : \beta]$ is distributed to $[\alpha : \gamma]$ and the second half is stored on $]\gamma : \beta]$. Thus a worst-case storage utilization of 50% is guaranteed. There is some freedom of choice for the Z-region split. For optimal query performance the split algorithm for UB-Trees tries to maintain rectangular regions and minimize fringes whenever possible. Assuming a page capacity of 2 points Figure 1e shows ten points that created the partitioning of Figure 1d. The problem of tuples with identical leading bits in some attributes as discussed by [LS90] is avoided by not splitting with respect to the domain of an attribute, but with respect to the actual domain, i.e., the data distribution of an attribute. The UB-Tree requires logarithmic time (in the cardinality of R) for the basic operations of insertion, point retrieval and deletion.

3   A typical Star Schema

In this brief overview of our thesis we are concentrating on relational OLAP (ROLAP) where the conceptual multidimensional model is mapped onto a relational database schema. The most established relational data models for OLAP applications are the *star schema* and the *snowflake schema*. In both approaches there is a central fact table that contains the measures and the dimension tables are situated around it. The connection between a fact tuple and the corresponding dimension members is realized via foreign key relationships. In the star schema the dimension tables are completely denormalized while in the snowflake schema they may be normalized. Queries usually contain restrictions on multiple dimension tables (e.g., only sales for specific customer group and for a specific time period are asked) that are then used as restrictions on the usually very large fact table. This operation *(star join)* is typical for such models. In ROLAP hierarchies are usually modeled implicitly by a set of attributes $A_1, \ldots, A_n$ where A_i corresponds to hierarchy level i. We call such a sequence of attributes *hierarchically dependent*.

We use the schema of the beverages supplier 'Juice & More', a real customer of one of our project partners[2] as running example for our analyis in section 4. In the data warehouse of 'Juice & More' data is organized along the following four dimensions: CUSTOMER, PRODUCT, DISTRIBUTION and TIME. Figure 2a shows the hierarchies over the dimensions (the number in parentheses specifies the maximal number of level members).

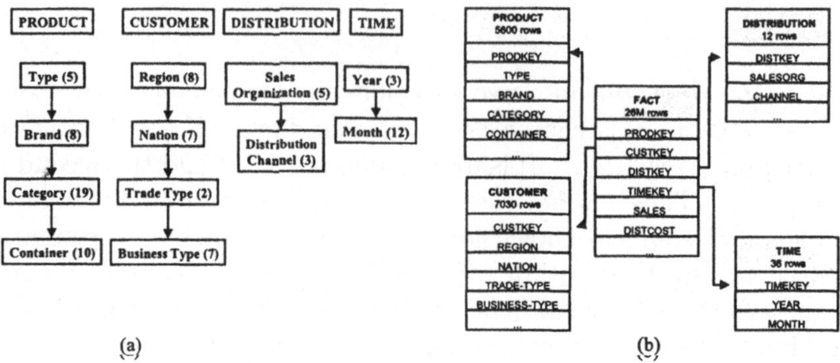

Figure 2: Hierarchies in the 'Juice & More' schema and the corresponding star schema

The ROLAP data model for the 'Juice & More' schema (Figure 2) is a typical star schema with one fact table FACT and a table for each of the 4 dimensions. Let 'SALES' and 'DISTCOST' be some of the measures in the fact table. In the following section we will analytically investigate how indexing this schema may affect query performance.

4 Performance Analysis

For retrieving or sorting (aggregating, joining, projecting) data from a table in combination with multidimensional restrictions we simulate response times and intermediate temporary storage according to the cost models defined in our thesis. For query processing with UB-Trees we use the Tetris algorithm [MZB99, Mar99]. For the analysis, we consider a UB-Tree, a composite index (CSI, clustering B*-Tree covering all attributes used in the query), a single secondary index (SSI, non-clustering B*-Tree) on the attribute with the

---

[2]The company and the data presented here has been made anonymous.

least selectivity, a full table scan (FTS, sequential scan), and bitmap index intersection (BII), which combines the bitmaps of each restricted attribute to determine the result set of the query.

4.1 Retrieval with Multi-Attribute Restrictions

An FTS to answer multidimensional range queries with selectivity s_j in dimension j can exploit prefetching techniques to reduce the number of random page accesses at the expense of having to read the entire table. Using a CSI with a composite B*-Tree in lexicographic order $A_1, \ldots, A_d$ allows to use the index for the restriction in A_1 at the expense of having a random access for each page. A SSI on A_j requires a random page access for each tuple satisfying the restriction in A_j, since no clustering of the tuples is available. The number of random accesses of a SSI is limited to P, if the row identifiers of the SSI are sorted and then processed in physical page order for data page retrieval. For point restrictions on the index attribute (e.g., REGION = 'Asia'), sorting of row identifiers may even be avoided: index pages for tuples with identical index attributes may be organized in the physical order of the row identifiers. Then point restrictions will get a list of row identifiers sorted according to the physical location of the tuple. This makes an SSI not to degenerate and behave similarly to an FTS in worst case.

BII requires a random access for each tuple satisfying the restrictions in all attributes. In addition the corresponding part of each bitmap index has to be retrieved. In analogy to a SSI the result of BII is a bitmap which is used to access data pages in physical order. Thus multiple random accesses to one data page will not occur.

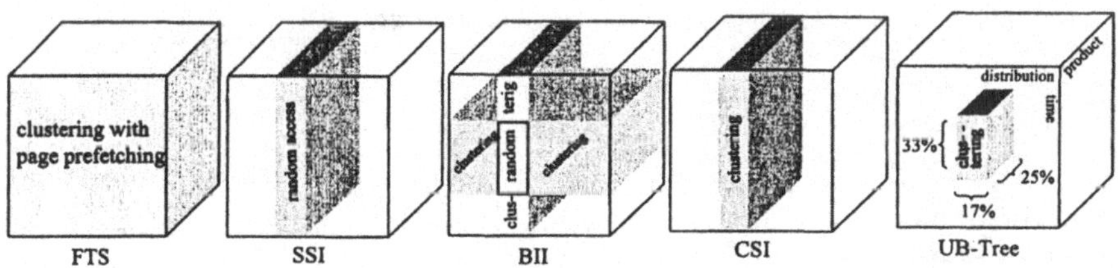

Figure 3: Access Methods and Clustering

The shaded part of each cube in Figure 3 shows the part of a three dimensional database which is retrieved by the corresponding access method to answer a query to compute the sales for one year ($s_{TIME} = 33\%$) for all fruit juices

($s_{PRODUCT}$ = 25%) sold by direct marketing ($s_{DISTRIBUTION}$ = 17%): an FTS retrieves the entire database exploiting clustering and prefetching. In contrast to that a SSI will rarely utilize any clustering benefits for small result sets. BII retrieves each bitmap by clustered access, whereas the data itself will often be spread over many data pages and then must be retrieved by random access to each page. However, for larger result sets the probability rises that prefetching might be applicable for bitmap indexes. This means, that BII will not be much less efficient than an FTS in worst case. A CSI with the TIME dimension as first attribute in concatenation order utilizes clustering but only exploits the 17% restriction on DISTRIBUTION. In contrast to that the UB-Tree utilizes the restrictions of all dimensions and retrieves the data in a clustered way.

4.2 Simulation of Response Times for Queries with Multi-Attribute Restrictions

For the following simulations we use the cost model derived in our thesis with parameters of state of the art disks. Details can be found in [Mar99]. As schema we use the schema presented in Section 3.

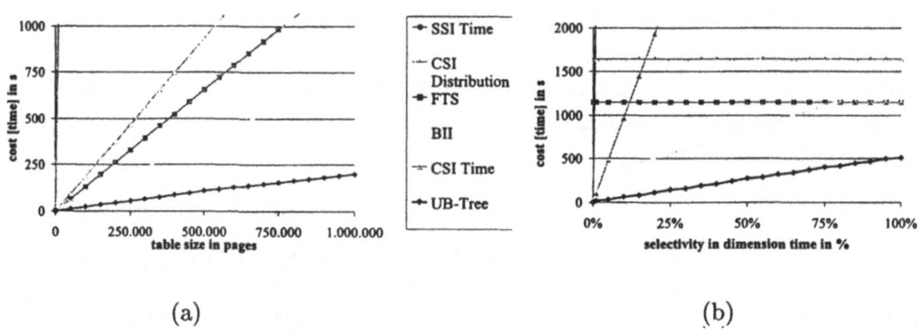

(a)   (b)

Figure 4: Response times for queries with multi-attribute restrictions on 'Juice & More' (simulation)

Using our cost functions Figure 4 shows the cost [in s] of the sales query (s_{TIME} = 33%, $s_{DISTRIBUTION}$ = 17%, $s_{PRODUCT}$ = 25%, $s_{CUSTOMER}$ = 100%, see section 5.1) for 4-dimensional hierarchical clustering compared to other access techniques. The table size is varied from one page up to one million pages.

Varying the selectivity of the restriction in TIME for a table size of $P = 878k$ pages (about 7GB for a page size of 8kB) shows that multidimensional clustering with the UB-Tree is superior to both a SSI and a CSI on the time dimension, since these access methods cannot exploit any restriction but the one on time. UB-Trees can exploit the restrictions on DISTRIBUTION and PRODUCT in addition to the restriction in TIME. Thus UB-Trees are also superior to an FTS and to BII using bitmap indexes for all four dimensions (Figure 4b). For an overall selectivity of $75\% \cdot 17\% \cdot 25\% \cdot 100\% = 3,1875\%$ an FTS is already preferable to BII. Since bitmap indexes do not cluster the data, the result set defined by the restrictions in all dimensions must be sufficiently small for BII to be competitive.

4.3 Simulation of Response Times for Queries with Multi-Attribute Restrictions and Sort Operations

Using the same parameters as in section 4.2 and additionally using a main memory cache of 32 MB for the merge sort algorithm Figure 5 shows the cost [in s] for sorting the result set of a fact table defined by restrictions in multiple hierarchical dimensions.

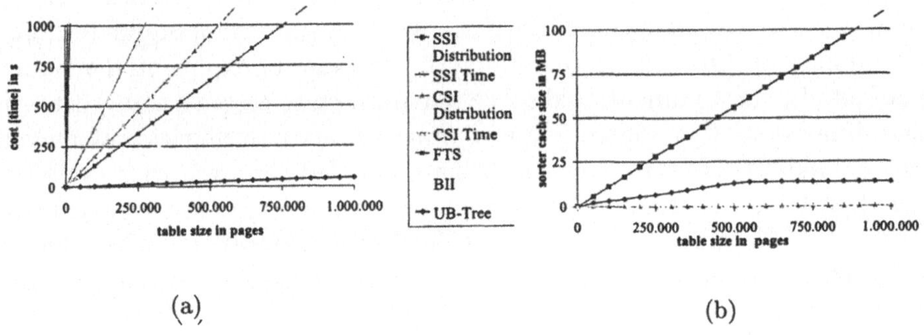

Figure 5: Sorting the restricted 'Juice & More' fact table according to the TIME dimension (simulation)

Figure 5a shows the cost [in s], if the sales query of section 4.1 is modified so that the sales are not calculated for the entire year, but grouped by month. This query requires sorting the 4-dimensional query box by month to calculate the monthly sales. Again the table size is varied from one page to one million pages. The speed up of the Tetris algorithm for UB-Trees grows superlinearly with increasing table size, since all other access methods require an external merge sort to calculate the monthly groups. Figure 5b shows that the temporary storage for the merge sort algorithm used by FTS, BII, CSI distribution and SSI distribution soon exceeds the main memory sorter cache of $M = 32MB$ when processing the query. In contrast to that sorting with Tetris never requires more than 14 MB of cache for one slice and thus sorting can take place in main memory.

A CSI or SSI on TIME does not require any sorter cache. The tradeoff of these two access methods is the inability to use restrictions in multiple dimensions. Overall, the Tetris algorithm for UB-Trees outperforms any access method either with respect to response time or with respect to both response time and temporary storage requirements.

5   Conclusion

We have presented the UB-Tree as a multi-attribute access method for relational database management systems and shown its applicability for applications like data warehousing. Using our cost functions we found out that multidimensional clustering in combination with range query algorithms and the Tetris algorithm are superior to one-dimensional access methods, unless a strongly preferred sort order exists or the restrictions are not selective enough to make up the tenfold speed of an FTS. Another limitation of our technique is the number of dimensions: Increasing dimensionality exponentially reduces the potential of multidimensional space partitioning to create a total sort order in one dimension. Our theoretical and practical analysis shows that multidimensional indexes of up to 6 dimensions are handled very well with table sizes larger than 1 GB. These dimensionalities are typical for data warehousing applications. With larger table sizes even further attributes could be added to the UB-Tree in order to speed up queries with restrictions or sorted processing in this attribute. The interested reader may find more detailed results as well as justifications for our reasoning in [Mar99].

References

[Bay96]   R. Bayer. The universal B-Tree for multidimensional Indexing. Technical Report TUM-I9637, Institut für Informatik, TU München, 1996

[CD97]   S. Chaudhuri and U. Dayal. An Overview of Data Warehousing and OLAP Technologies. ACM SIGMOD Record 26(1),1997

[CI98]   C. Chan and Y. Ioannidis. Bitmap Index Design and Evaluation. Proc. ACM SIGMOD Intl. Conf. On Management of Data, 1998.

[GG97]   V. Gaede and O. Günther. Multidimensional Access Methods. Humboldt Universität, Berlin, 1997.

[GHR+97]   H. Gupta, V. Harinarayan, A. Rajaraman, and D. Ullman. Index Selection for OLAP. Proc. Intl. Conf. on Data Engineering, 1997

[Jag90]   H.V. Jagadish. Linear Clustering of Objects with multiple Attributes. ACM SIGMOD Intl. Conference on Management of Data, pp. 332 - 342. 1990.

[Kim96]   R. Kimball. The Data Warehouse Toolkit. John Wiley & Sons, New York. 1996.

[Mar99]   V. Markl. MISTRAL: Processing Relational Queries using a Multidimensional Access Method. Ph.D. Thesis, Technische Universität München, 1999.

[MZB99]   V. Markl, M. Zirkel, and R. Bayer. Processing Operations with Restrictions in Relational Database Management Systems without external Sorting. Proc. ICDE, Sydney, 1999.

[OM84]   J. A. Orenstein and T.H. Merret. A Class of Data Structures for Associate Searching. Proc. ACM SIGMOD Intl. Conf. on Management of Data, Portland, Oregon, pp. 294-305, 1984.

[OQ97]   P. O´Neill and D. Quass. Improved Query Performance with Variant Indexes. ACM SIGMOD Intl. Conf. On Management of Data, Tucson, Arizona, pp. 38-49,1997. .

[Sar97]   S. Sarawagi. Indexing OLAP data. Data Engineering Bulletin 20 (1), pp. 36-43, 1997.

[SDN+98]   A. Shukla, P. Deshpande, and J. Naughton. Materialized View Selection for Multidimensional Datasets. Proc. ACM SIGMOD Intl. Conf. On Management of Data, 1998.

[WB98]   M.C.Wu and A.P. Buchmann. Encoded Bitmap Indexing for Data Warehouses. ICDE, Orlando, 1998.

[Wid95]   J. Widom. Research Problems in Data Warehousing. Proc. of 4th CIKM, November 1995.

Volker Markl is curently working for the Bavarian Research Center for Knowledge-Based Systems (FORWISS) in Munich. His main project is the international research effort MISTRAL which aims at investigating with industry partners the application of multi-dimensional access methods to relational database systems.

Volker Markl is a graduate of the Munich University of Technology, where he acquired a Masters degree in Computer Science in 1995. He completed his PhD thesis in March 1999 under the supervision of Rudolf Bayer. He also earned a degree in Business Administration from the University Hagen, Germany in 1995. His research interests are on physical data modeling and query optimization but also include data warehousing, electronic commerce and web based systems.

Dr. Markl's professional experience include software engineer for a virology laboratory, as part of his military service; instructor for a computer school; and consultant for a forwarding agency. He was awarded a sponsorship by Siemens AG, Munich and also worked as an international intern with Benfit Panel Services, Los Angeles.

Dot-Depth and Monadic Quantifier Alternation over Pictures – Extended Abstract

Oliver Matz

POET Software GmbH
Kattjahren 4-8
22359 Hamburg
oliver.matz@poet.de

In formulas of monadic second-order logic (MSO), quantifiers range over sets of elements or over elements of the universe of some finite structure.

Fagin has shown in 1974 that not every MSO-formula is equivalent to an existential one, i.e., a formula with a set quantifier prefix of existential set quantifiers only, followed by a first-order kernel formula (i.e. without set quantifiers). Fagin asked in 1995 whether in MSO-formulas the quantifier alternation depth of "exist"-quantifiers on one hand and "for-all"-quantifiers on the other hand can be bounded; in other words, whether there is a $k > 1$ such that every MSO-formula is equivalent to one with a set quantifier prefix of k blocks of set quantifiers, existential and universal in alternation, followed by a first-order kernel formula.

The author's doctoral thesis [Mat99], which this paper summarizes, shows that this is not the case, even for a particular class of finite structure, the so-called "grids". Moreover, we investigate to what extent the alternation of first-order quantifiers is responsible for the increase of expressive power.

The investigation of these questions yields as a by-product results about "picture languages", which are the two-dimensional analogue to classical (one-dimensional) languages. In particular it is shown that there is a starfree, non-recognizable picture language, although both the notion of "starfreeness" and that of "recognizability" are straightforward generalizations of the corresponding notions is the setting of classical languages.

1 Introduction

The interest of computer scientists in monadic second-order logic has two reasons. Firstly, monadic second-order is a very powerful specification language which subsumes other specification languages (such as temporal logic) in expressive power. In order to achieve progress in automated verification, it might be useful to learn more about the complexity of monadic second-order logic, in particular the feasibility of the alternation of existential and universal quantifications over sets.

The hierarchy of properties expressible with an increasing number of these alternations is called "monadic second-order alternation hierarchy", in contrast to the alternation hierarchy of full second-order logic, where quantifications range over relations of arbitrary arity.

The second of the mentioned reasons is the connection to complexity theory. Ebbinghaus and Flum write in the context also of the monadic second-order alternation hierarchy:

> The question to what extent the [different versions of second-order alternation] hierarchies are proper in the finite is related to important questions of complexity theory. ([EF95])

The questions that the authors allude to deal with the polynomial hierarchy, which by [Fag74] coincides with the full second-order alternation hierarchy. It is a famous open question whether this hierarchy is *strict*, i.e, whether each level allows us to compute or express more properties than the previous one. It is even conceivable that the polynomial hierarchy collapses to its first level, NP, but only if NP is closed under complement.

Studying the full second-order alternation hierarchy is a difficult task, but we can at least investigate what happens when we restrict ourselves to important fragments like the monadic one. Fagin et al. write:

> One way of attacking the difficult question whether NP equals co-NP is to restrict the classes under consideration. [...] The hope is that the restriction to monadic classes will yield more tractable questions and will serve as a training ground for attacking the problems in their full generality. ([FSV95, AFS97])

Some justification for this point of view is given by the following fact, which is claimed to be folklore in [MP96]. It underlines the (in terms of polynomial-time computations) large expressive power of the monadic fragment of second-order logic.

Fact 1 ([MP96, AFS98], see also [Sch97]) *For every level of the polynomial hierarchy there is a problem complete (via polynomial-time reductions) for that level and definable on the same level of the monadic alternation hierarchy.*

Fagin has shown in [Fag75] that the first level of the monadic alternation hierarchy is not closed under complement, thus answering the "monadic analogue" of the question whether NP equals co-NP.

In [MT97, Mat99] it is shown that the monadic second-order alternation hierarchy is strict, thus answering the monadic analogue to the question whether the polynomial hierarchy is strict. In Section 2 we summarize this and related results.

It turns out that the study of the above problems, which are located in finite model theory, is related to certain questions in formal language theory. Whereas the classical theory of languages concentrates on sets of words, i.e., one-dimensional, usually finite sequences, it is a natural task to investigate what happens if words are replaced by two-dimensional matrices, usually called "pictures". Such a two-dimensional language is called a picture language. The most important results of [Mat99] that deal with picture languages are stated in Section 3.

2 Separation Results for Monadic Second-Order Logic

In this section we shall try to give a brief summary of the historical development of questions and results treated in [Mat99]. We start with a few definitions.

We assume that a fixed one-sorted relational signature is given. A typical example is the signature of directed graphs, which has only one relation symbol E, which is binary and is interpreted by a graph's edge relation.

First-order formulas are built the usual way using equality, the signature's relational symbols, set variables (i.e., monadic second-order variables), first-order variables, boolean connectives and first-order quantifications.

A Σ_k*-formula* (of monadic second-order logic) is a formula of the form

$$\exists \overline{X}_1 \forall \overline{X}_2 \ldots \Diamond \overline{X}_k \psi, \tag{1}$$

where the $\overline{X}_i$ are tuples (possibly of different length) of set variables and ψ is a first-order formula. A Σ_1-formula is also called *existential*.

The *monadic (second-order alternation) hierarchy* is given by the (properties definable)

Example 2 A typical example of an existential formula over graphs is

$$\exists X \Big(\exists x(Xx) \land \exists x(\neg Xx) \land \forall x \forall y \big((Xx \land \neg Xy) \to (\neg Exy \land \neg Eyx) \big) \Big).$$

Xx is to be read a "X contains x", so this formula asserts for a graph that there is a set X of nodes that contains at least one but not all nodes and no edge connects a node in X with one outside X. In shorter words, a graph is a model of that formula iff it is not connected.

For particular classes of structures, namely words or trees, every monadic second-order formula is equivalent to an existential one. Moreover, there exists an automaton model that captures this existential fragment of monadic second-order logic in expressive power. This fundamental property can be used to build tools for automated verification.

This as well as the previously mentioned relations to complexity-theoretic questions motivate to ask the following.

Question 3 *Does the monadic hierarchy collapse to its existential fragment, i.e., is every monadic formula equivalent to an existential one? If not in general (i.e., over arbitrary finite structures), then for which classes of structures?*

As mentioned above, the well-known collapse of the monadic alternation hierarchy over words and trees justified some hope that this would happen to other classes of structures, too.

However, in [Fag74] Fagin showed that there is a Σ_1-formula over graphs that is not equivalent to any Π_1-formula, thus answering this question negatively. Fagin even showed this fact for a very restricted class of graphs, namely those that are "disjoint unions" of cycles. The property Fagin used in his proof was the one given in Example 2—no Π_1-formula can assert that a graph is not connected.

Question 4 *Is there a k such that every monadic second-order sentence is equivalent to a Σ_k-sentence, i.e., can the number of quantifier alternations be limited in monadic second-order logic?*

Let Σ_k and Π_k denote the class of properties definable by Σ_k- and Π_k-sentences, respectively. Then Question 4 can be formulated as: is there some k such that for all l we have $\Sigma_k = \Sigma_{k+l}$?

In [MT97] this question is answered negatively. The proof uses the class of *grids*. A grid of size (m, n) is, roughly speaking, a finite graph whose vertices are arranged as elements of a $(m \times n)$-matrix and which has two edge relations corresponding to vertical and horizontal successors. More precisely, [MT97] shows the following fact. (See [Mat99, Cor. 2.25])

Fact 5 $\underline{\Sigma_k \subsetneq \Sigma_{k+1}}$ *for the classes of coloured grids and thus for the class of graphs.*

The non-definability part of this separation result, which usually attracts more attention though it is the easier one, uses automata-theoretic ideas.
In [Sch97] this result was strengthened to $\underline{\Sigma_k \subsetneq \Sigma_{k+1}}$ for the class of (non-coloured) grids. In [Mat99, Cor. 2.25, Th. 2.32] we even show the following.

Fact 6 $\underline{\Sigma_k}$ *is not closed under complement for the class of grids and thus for the class of graphs.*

By Fact 6, expressive power increases if we allow a formula on level k to have both an existential and a universal part, combined by some boolean combination. On the other hand, expressive power decreases if we require a formula on level k to be equivalent both to an existential and to a universal formula.
This leads us to the definition of the formula classes $B(\Sigma_k)$ and Δ_k. A boolean combination of Σ_k-formulas is a $B(\Sigma_k)$-formula. A formula that is equivalent[1] both to a Σ_k-formula and to a Π_k-formula is called a Δ_k-formula. The classes of properties definable by sentences in these classes are denoted $\underline{B(\Sigma_k)}$ and $\underline{\Delta_k}$.

Question 7 *Is every formula on level $k+1$ equivalent to a boolean combination of formulas on level k? If not in general, then maybe over the class of grids?*

Results from [Sch97, MT97] show the following fact, strengthening Fact 5. (See [Mat99, Cor. 2.31].)

Fact 8 $\underline{B(\Sigma_k) \subsetneq \Delta_{k+1}}$ *even for the class of grids.*

When investigating the proof for Facts 5 and 8 it is noticeable that monadic quantifications are needed only in a very limited way. We would like to investigate this in more detail, i.e., we consider the following question.

Question 9 *"How much" of monadic quantification is really needed to exceed the k-th level of the monadic hierarchy in expressiveness?*

One result that sheds light on this problem is Fact 10 is shown in [MT97, Mat99]. It deals with first-order quantification, which may be viewed as a limited form of monadic quantification. It is easy to see that each level of the full

---

[1] There is some imprecision in the notion of equivalence we use here because two formulas that are not logically equivalent might be equivalent for a fixed class of structures. For the moment, let us read this as "logically equivalent".

second-order hierarchy is closed under first-order quantifications. This means that, for example, if φ belongs to level k of the full second-order alternation hierarchy, then $\exists x \forall y \varphi$ belongs to the same level. However, in the proof one needs to increase the arity of alternations second-order quantifications inside φ, so it does not work for the monadic fragment of second-order logic. And indeed, the levels of the monadic hierarchy are *not* closed under first-order quantifications, making this a less robust hierarchy, as pointed out in [AFS97]. Taking up Question 9, a natural approach is to ask: Do *first-order* alternations followed by one monadic second-order quantification suffice to leave Σ_k? This is indeed the case; namely we have the following (see [Mat99, Cor. 2.25]):

Fact 10 *Beyond each level in the monadic hierarchy over coloured grids, there is a property expressed by a formula of the form*

$$\mho_1 x_1 \ldots \mho_n x_n \varphi,$$

where φ is equivalent to a Σ_1-formula and $\mho_1, \ldots, \mho_n$ are existential or universal first-order quantifiers.

The proof shows that there is a formula in the above form whose number of quantifier blocks in the first-order quantifier prefix is $k + 1$ and which is not equivalent to a formula in the k-th level.

Fact 10 motivates the following definition: For a class $\mathcal{F}$ of formulas, the *first-order closure of $\mathcal{F}$* is defined as the smallest class of formulas that contains $\mathcal{F}$ and is closed under first-order quantifications and boolean combinations.

Fact 10 shows that, in some sense, first-order alternation is fairly powerful compared to monadic second-order alternation: so powerful that the first-order closure even of the first level allows to define properties beyond any level of the monadic hierarchy. This observation gives rise to several more questions.

Question 11 *Is there a level whose first-order closure captures the complete monadic second-order logic in expressiveness?*

In [AFS97] it is proved (based on the growth argument of [MT97]) that Σ_3 is not contained in the first-order closure of Σ_1, answering Question 11 negatively for the first level. In [Mat99] we show:

Fact 12 *There is no level of the monadic hierarchy whose first-order closure captures the complete monadic second order logic.*
Besides, the first-order closure of level k is strictly less expressive than the first-order closure of level $k + 1$.

In contrast to Fact 10, which stresses the expressive power of the first-order closure, Fact 12 shows its weakness: it is so weak that for any level of the monadic hierarchy, adding two more monadic alternations results in expressive power that cannot be captured by adding any number of first-order alternations.
The second statement of Fact 12 might be viewed as a preliminary result for the question "how much" can be added to monadic logic so that the strictness of the alternation hierarchy remains valid.

Fact 10 gives a partial answer to Question 9 in that it shows that we need only first-order quantifications followed by only one block of monadic quantifiers in order to define properties high in the monadic hierarchy.

[Mat99] shows two more results that suggest that the answer to Question 9 is "hardly any".

Fact 13 *In the formulas of Fact 10, the monadic quantification is only needed in a restricted way, namely the Σ_1-kernel φ expresses the existence of a tuple of sets that is uniquely determined by a first-order formula. In particular, φ is also equivalent to a Π_1-formula.*

Fact 14 *(cf. [Mat99, Th. 6.7]) Over the class of grids, the length of the quantifier block of an existential monadic second-order formula (for example, of the φ from Fact 10) can be limited to one.*

Motivated from experience of formal word languages, it is straightforward to expand grids by two more binary relations, namely $\leq_1$, $\leq_2$, denoting the vertical and horizontal partial order of positions, respectively. Improving the techniques from [MT97], Schweikardt has shown in [Sch97] the following, which will be inspected in a closer way in the next section.

Fact 15 *Beyond each level in the monadic hierarchy over coloured grids, there is a property expressed by a first-order formula using the additional two partial orderings.*

3   Picture Languages

Coloured grids may be identified with "pictures", i.e., matrices over a finite alphabet. Pictures are the two-dimensional analogue to words, so it is a natural idea to try to transfer definitions and results from word languages to picture languages.
One interesting class of formal word languages is the class of *starfree* word languages. This is the class of word languages that are defined by starfree

expressions, i.e., regular expressions using concatenation, union, and complement. In other words, the class of starfree languages is the smallest class of word languages that contains all finite ones and is closed under concatenation, union, and complement.

There is a natural adaption of "starfreeness" to picture languages: One allows the two (partial!) concatenation operations of pictures (horizontal and vertical) instead of the single concatenation in the word language case.

It is a well-known fact from word language theory that a word language is starfree iff it is definable by a first-order sentence with ordering. One may ask whether the corresponding statement is true for picture languages. It is easy to see that every starfree picture language is definable by a first-order sentence with the two partial orderings, but [Wil97] shows that the converse is not true:

Fact 16 *The class of starfree picture languages is strictly included in the class of picture languages definable by first-order sentences with the horizontal and vertical ordering.*

What does this mean with respect to Question 9 and Fact 15? It means that Fact 15 does not answer the following question.

Question 17 *Is every starfree picture language in Σ_1?*

Question 17 was open in [GR96]. It was even unknown whether every regular picture language is in Σ_1, where "regular" means definable by a regular expression using the two concatenations, union, complement, and two distinct "Kleene stars" that iterate the two concatenations.

In [Mat98] it is shown that the answer is "no". This might be considered surprising because in word language theory, the starfree languages are a rather small subset of the recognizable languages, and the adaptions of both of these notions to pictures is somewhat straightforward.

This answers Question 17 negatively. We can even show (see [Mat99, Cor. 2.25]) the following fact, which (by Fact 16) also strengthens Fact 15.

Fact 18 *Beyond every level of the monadic hierarchy there is a starfree picture language.*

For a more detailed investigation of the above, we use a natural adaptation of the notion of "dot-depth" from classical word language theory to picture languages. Intuitively, dot-depth can be explained as follows: starfree (word or picture) languages can be constructed using concatenations on one hand and boolean combinations on the other hand in alternation. The dot-depth measures the number of these alternations needed for a given language.

From [BK71] it is known that for word languages, the hierarchy induced by this measure is strict. This strictness carries over to picture languages trivially. But with regard to Fact 18 it seems justified to investigate the relation between dot-depth and quantifier alternation. The proof for Facts 18 and 10 shows the following result (see [Mat99, Cor. 2.25]).

Fact 19 *For every k, there is a picture language of dot-depth $k+1$ that is not in level k of the monadic hierarchy.*

4   Acknowledgements

I would like to thank my supervisor Wolfgang Thomas for his advice and encouragment to work on the monadic hierarchy. I am also indepted to Thomas Wilke and Nicole Schweikardt for their ideas, corrections and improvements, which improved my thesis.

References

[AFS97] M. Ajtai, R. Fagin, and L.J. Stockmeyer. The closure of monadic NP. Research Report RJ 10092, IBM, Dec 1997.

[AFS98] M. Ajtai, R. Fagin, and L.J. Stockmeyer. The closure of monadic NP. In *The Thirtieth Annual ACM Symposium on Theory of Computing*, pages 309–318. SIGACT, 1998.

[BK71] J.A. Brzozowski and R. Knast. The dot-depth hierarchy of star-free languages is infinite. *Journal of Computer and System Sciences*, 5:1–16, 1971.

[EF95] H.D. Ebbinghaus and J. Flum. *Finite Model Theory*. Springer-Verlag, New York, 1995.

[Fag74] R. Fagin. Generalized first-order spectra and polynomial-time recognizable sets. In R.M. Karp, editor, *Complexity of Computation*, volume 7 of *SIAM-Proceedings*, pages 43–73. AMS, 1974.

[Fag75] R. Fagin. Monadic generalized spectra. *Zeitschrift für Mathematische Logik und Grundlagen der Mathematik*, 21:89–96, 1975.

[FSV95] R. Fagin, L.J. Stockmeyer, and M.Y. Vardi. On monadic NP vs. monadic co-NP. *Information and Computation*, 120:78–92, 1995.

[GR96]   D. Giammarresi and A. Restivo. Two-dimensional languages. In
         G. Rozenberg and A. Salomaa, editors, *Handbook of Formal Language
         Theory*, volume III, pages 125–267. Springer-Verlag, New York, 1996.

[Mat98] O. Matz. On piecewise testable, starfree, and recognizable picture
         languages. In Maurice Nivat, editor, *Foundations of Software Sci-
         ence and Computation Structures*, volume 1378 of *Lecture Notes in
         Computer Science*, pages 203–210. Springer, 1998.

[Mat99] O. Matz. Dot-depth and monadic quantifier alternation over pictures.
         Aachener Informatik-Berichte 99-08, RWTH Aachen, Ahornstr. 55,
         D-52074 Aachen, 1999.

[MP96]   J.A. Makowsky and Y.B. Pnueli. Arity and alternation in second-
         order logic. *Annals of Pure and Applied Logic*, 78(1-3):189–202, 1996.

[MT97]   O. Matz and W. Thomas. The monadic quantifier alternation hier-
         archy over graphs is infinite. In *Twelfth Annual IEEE Symposium on
         Logic in Computer Science*, pages 236–244, Warsaw, Poland, 1997.
         IEEE.

[Sch97] N. Schweikardt. The monadic quantifier alternation hierarchy over
         grids and pictures. In Mogens Nielson and Wolfgang Thomas, editors,
         Computer Science Logic, volume 1414 of *Lecture Notes in Computer
         Science*, pages 441–460. Springer, 1997.

[Wil97] Th. Wilke. Star-free picture expressions are strictly weaker than
         first-order logic. In Pierpaolo Degano, Roberto Gorrieri, and Alberto
         Marchetti-Spaccamela, editors, *Automata, Languages and Program-
         ming*, volume 1256, pages 347–357. Springer, Bologna, Italy, 1997.

Oliver Matz, geboren am 26 März 1970 in Neumünster, Abitur 1989 am Immanuel-Kant-
Gymnasium Neumünster. Diplom der Informatik 1996 an der CAU Kiel. Promotion 1999
an der RWTH Aachen. Wohnhaft in Ahrensburg (SH).

Flexible und effiziente Systemunterstützung für offene Kommunikationsplattformen

Bernard Metzler

Technische Universität Braunschweig
Institut für Betriebssysteme und Rechnernetze
Fachbereich Informatik

Die zunehmende Applikationsvielfalt führt zu neuen, heterogenen Anforderungen an Kommunikationsdienste, denen heutige Kommunikationssysteme nur bedingt entsprechen können. Thema der Arbeit ist die Überwindung dieser Diskrepanz zwischen Applikationsanforderungen und tatsächlich erbrachtem Kommunikationsdienst durch die Bereitstellung anforderungsspezifischer Dienste. Wesentlichstes Ergebnis der Arbeit ist eine effiziente und flexible Systemunterstützung für die Etablierung einer offenen Kommunikationsdienste-Plattform. Unter Nutzung der gefundenen UNIX-basierten Architektur wird exemplarisch ein Dienst für die Unterstützung heterogener Fehlerkontrolle im Gruppenkommunikationsdienst entworfen und simulativ evaluiert. Dabei kann eine signifikante Verbesserung der Qualität des Kommunikationsdienstes gegenüber einer unflexiblen Diensterbringung nachgewiesen werden.

1   Einführung und Vorarbeiten

Die zunehmende Applikationsvielfalt führt durch ihre Heterogenität zu immer neuen, spezifischen Anforderungen an den durch ein Kommunikationssystem zu erbringenden Dienst. Der gewünschten Dienstevielfalt kann das heute dominierende System – das Internet – mit wenigen Basisdiensten nur bedingt entsprechen. Die unvollkommene Anpassung von Applikationsanforderungen und gebotenem Kommunikationsdienst führt neben einem unnötigen Verbrauch an Kommunikationsressourcen zu der heute allgegenwärtigen geringen Qualität vieler Internet-basierter Kommunikationsbeziehungen. Aktuelle Szenarien multimedialer Kommunikation über das Internet oder der Informationsbeschaffung via World Wide Web mögen als Beispiel dafür gelten, daß die Leistungsfähigkeit heutiger Kommunikationssysteme nicht immer den Applikationsanforderungen genügt. Die Qualität der Kommunikation ist dann unbefriedigend oder das Laden benötigter Daten in das lokale Endsystem zeitraubend.

Die permanente Integration neuer Dienste in ein Kommunikationssystem verlangt dessen Flexibilisierung. Ziel der Arbeit war es, die implementierungstechnischen Voraussetzungen für diese Flexibilisierung zu schaffen. Der Begriff der Flexibilisierung wurde dabei weiter als in klassischen Kommunikationsarchitekturen gefaßt: Er schließt jetzt auch die mögliche Heterogenität *innerhalb* eines Kommunikationsdienstes und die dynamische Verlagerung dienstspezifischer Funktionalität in damit aktive Zwischensysteme ein.

Neben der Flexibilität spielte auch die effiziente Diensterbringung eine große Rolle. Es wurden mit der Implementierungseffizienz und der dynamischen Effizienz zwei Momente dieses Aspekts unterschieden. Die Implementierungseffizienz beschreibt dabei die möglichst optimale Anpassung der Kommunikationsprotokollinstanzen an ihre konkrete Ausführungsumgebung, die dynamische Effizienz das Laufzeitverhalten der Protokolle unter wiederum konkreten Kommunikationsbedingungen.

1.1   Ansätze für Flexibilisierung und Effizienzsteigerung

Bestrebungen zur Flexibilisierung des Kommunikationssystems im Endsystem lassen sich zwei Kategorien zuordnen. Zum einen wird versucht, die Flexibilisierungsunterstützung durch das Betriebssystem zu verbessern, um damit die typischerweise größtenteils hier angesiedelten Funktionalitäten des Kommunikationssystems besser beeinflussen zu können. Beispiele seien die x-Kernel-Architektur, Scout, Exokernel, SPIN, Vino. Wird hingegen auf eine Beeinflussung des Betriebssystems verzichtet, so beschränken sich die Flexibilisierungsbemühungen meist auf die Protokolle oberhalb des Transportsystems (z.B. DaCapo++, ISIS, Mikro-Protokollsuite). Mit dem *Active Networking* wurde eine neue Forschungsrichtung eingeschlagen [TSS+97]. Die Beschränkung der Flexibilisierungsbestrebungen auf Endsysteme wird dabei aufgehoben. Die dynamische Auslagerung von dienstspezifischer Protokollfunktionalität auf nun aktive Zwischensysteme eröffnet vielfältige neue Anwendungsmöglichkeiten. Aktuelle Anwendungen schließen die bessere Unterstützung von Gruppenkommunikation, mobiler Kommunikation, effizientem Netzwerkmanagment oder intelligenter Staukontrolle ein.

Die Effizienzsteigerung von Kommunikationssystem-Realisierungen ist seit der Verfügbarkeit breitbandiger Übertragungsmedien und mit ihrer zunehmenden multimedialen Nutzung von großem Interesse. Sowohl hohe Bandbreiten als auch Interaktivität sind Anforderungen, die von heutigen Endsystemimplementierungen oft nicht erfüllt werden können. So wird beispielsweise der Vermeidung von Datenkopieroperationen während der Verabeitung zu sendender oder empfangener Nutzdaten große Bedeutung beigemessen. Ursache ist die Bandbreite des Hauptspeicherzugriffs heutiger Systeme, die nurmehr im Bereich von Hochgeschwindigkeitsnetzen anzusiedeln ist. Jede Kopieroperation verringert damit die der Applikation verfügbare Bandbreite des Übertragungsmediums. Andere Untersuchungen haben z.B. die Verringerung der Protokollabarbeitungszeit zu Ziel. Für eine weitergehende Diskussion aktueller Entwicklungen zur Effizienzsteigerung und Flexibilisierung von Kommunikationssystemen sei auf [Metz99] verwiesen.

1.2   Das MultiMedia Transport System MMT

Das Bestreben zur Realisierung eines effizienten und flexiblen Kommunikationssystems führte im Rahmen der Arbeit zunächst zur Entwicklung des aus den Kommunikationsprotokollen XTP-Lite (abgeleitet vom XTP-Protokoll [SDW92]) und ST2 [Top90] bestehenden multicastfähigen MultiMedia Transport Systems (MMT) [MM96]. Dieses System zeichnet sich bei hoher Implementierungseffizienz durch eine begrenzte Flexibilität aus. Sie ergibt sich aus konfigurierbaren und parametrisierbaren Funktionalitäten des implementierten XTP-Lite-Transportschicht-Protokolls (Fluß- und Fehlerkontrolle). MMT unterstützt die Signalisierung von Dienstgüteparametern wie Nutzdatendurchsatz, TSDU-Größe und Übertragungsverzögerung. Der Protokollabarbeitung erfolgt TSDU-orientiert; damit sind Mechanismen wie Fehler- und Flußkontrolle effizient realisierbar. Die Implementierung des MMT-Stacks erfolgte innerhalb des Betriebssystemkerns eines Unix-basierten Systems (HP-UX 9.0x) und wiederholte damit klassische Implementierungsansätze. Typische Effizienzprobleme dieser Implementierungsarchitektur konnten jedoch überwunden werden. Dies gilt insbesondere für den Datenpfad zwischen Applikationen und Netzwerkinterfaces – bei Nutzung dedizierter Hardware für den Netzwerkadapter (Hewlett Packards experimentelle Jetstream/Afterburner-Architektur [DWB+93]) wurde sowohl im Eingangs- als auch Ausgangspfad eine Singlecopy-Architektur realisiert (siehe Abb. 1). Diese Architektur reduziert zeitintensive Nutzdatenzugriffe auf eine praktisch unvermeidliche Kopieroperation und folgt damit dem bereits in [Jac90] geforderten WITLESS-Ansatz. Empfangene Daten verbleiben bis zu ihrer Applikationsauslieferung im I/O-Adreßraum; im Sendepfad werden die Nutzdaten sofort auf das Netzwerkinterface kopiert. Damit müssen die Nutzdaten nicht in den Kerneladreßraum kopiert werden, sie werden hier lediglich referenziert. Im Betriebssystemkern erfolgt ausschließlich die Bearbeitung der Paketköpfe (XTP-Lte + ST2 + Link-Layer). Mit dieser Architektur konnte eine signifikante Verbesserung des maximalen Ende-zu-Ende-Datendurchsatzes erreicht werden (maximal ca. 200 MBit/s Durchsatz Applikation - Applikation über ein Jetstream-LAN). Eine ausführlichere Diskussion der Meßergebnisse erfolgt in [Metz99].

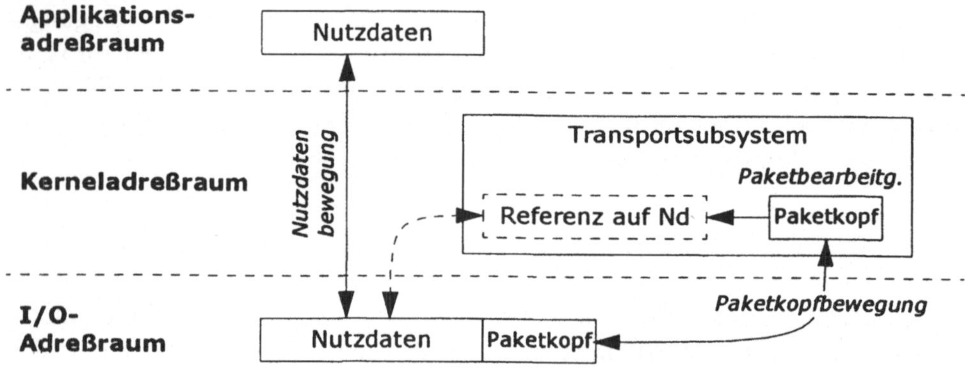

Abbildung 1: Trennung zwischen Paketkopfbearbeitung und Nutzdatentransfer

Der MMT-Ansatz markiert in Verbindung mit der Singlecopy-Architektur die bei klassischen Realisierungen des Kommunikationssystems erreichbare Flexibilität und Effizienz. Die Flexibilität muß beschränkt bleiben, da sie sich auf die anforderungsspezifische Auswahl vordefinierter, fest implementierter Protokollfunktionalitäten stützt. Eine Erweiterung um neue Kommunikationsdienste ist damit unpraktikabel, da sie an eine Neuspezifikation der verwendeten Kommunikationsprotokolle (hier XTP-Lite) und deren Reimplementierung gebunden ist. Weiterhin ist die effizienzsteigernde Singlecopy-Architektur an dedizierte, nicht ohne weiteres verfügbare Hardeware gebunden.

2   Effiziente, flexible Systemunterstützung

Die beschränkte Flexibilität des MMT-Systems motivierte den Entwurf einer neuen Realisierungsarchitektur für Kommunikationssysteme. Sie zeichnet sich durch die strukturelle und implementierungstechnische Verschmelzung bisher isoliert betrachteter Komponenten eines Kommunikationssystems aus. Die Trennung zwischen Transportsystem und der Anwendung wird, wo es Flexibilität und Effizienz erfordern, aufgehoben. Implementierungstechnisch manifestiert sich dieser Ansatz in der Ausführung wesentlicher Funktionalitäten des Transportsystems in einem gemeinsamen Ausführungskontext mit der Applikation. Ermöglicht wird dies durch die nachfolgend vorgestellte LTAP-Betriebssystemerweiterung und die flexible Protokollausführungsumgebung EDYPLUS. Hauptziele bei der Entwicklung der Systemunterstützung waren ein hohes Maß an Flexibilität und Effizienz, gute Portabilität auf unterschiedliche Betriebssystemplattformen, die Sicherstellung korrekten Protokollverhaltens der applikationsintegrierten Protokollinstanzen und eine Einsetzbarkeit in Zwischen- und Endsystemen. Abb. 2 gibt einen Überblick zur gefundenen Architektur.

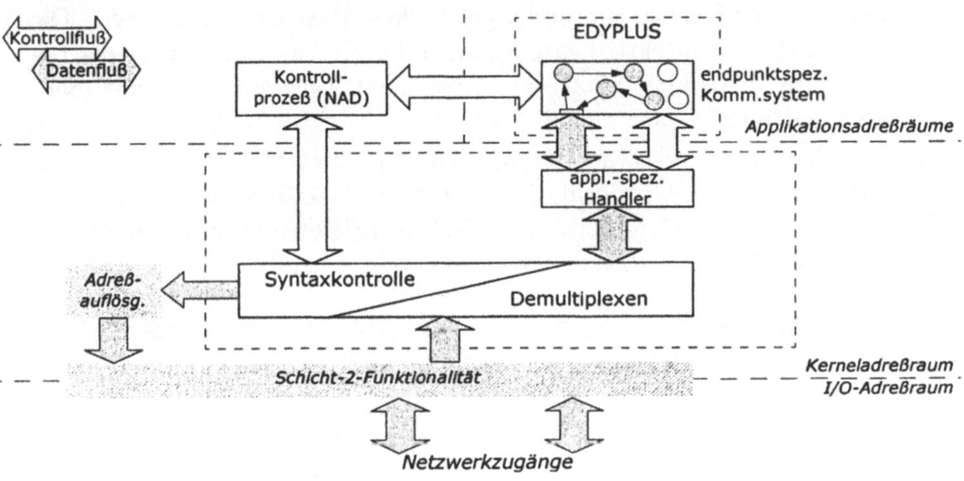

Abbildung 2: Systemunterstützung für flexible Kommunikationssysteme

2.1   Die LTAP-Betriebssystemerweiterung

Die LTAP-Betriebssystemerweiterung (LTAP: *Link Tap*) leistet die Datenbewegung zwischen applikationsintegriertem Kommunikationssystem und Netzwerkinterfaces, das korrekte Demultiplexen einkommender Daten sowie die syntaktische Überprüfung ausgehender Daten. Optional lassen sich endpunktspezifische Pakethandler installieren, die eine teilweise Rückverlagerung z.B. extrem zeitkritischer Protokollfunktionen in den Kernel erlauben.

2.1.1 Effizientes Demultiplexen

Das Demultiplexen einkommender Pakete zu ihren im Applikationsadreßraum angesiedelten Kommunikationsendpunkten bleibt aus Effizienzüberlegungen ein Teil der Betriebssystemfunktionalität (siehe Abb. 2). Entgegen anderen Ansätzen für applikationsintegrierte Kommunikationssysteme, die das Demultiplexen auf dem Netzwerkadapter ansiedeln (z.B. [EBB+95]), ist so bei guter Performance eine hohe Flexibilität gegeben. Innerhalb des Betriebssystemkerns können komplexe Demultiplexvorgänge hardwareunabhängig realisiert werden. Die Architektur folgt hier dem Entwurf nach [TNM+93].

Ein Demultiplexen auf dem Netzwerkadapter böte die Möglichkeit der Vermeidung jeglicher Kernelinteraktion im Eingangspfad. Allerdings sind auf dem Adapter typischerweise nur einfache Demultiplexfunktionen ausführbar (z.B. Demultiplexen nach einfachen, endpunktspezifischen Paketidentifikatoren). Die Anwendbarkeit der Architektur wäre damit auf experimentelle Lösungen beschränkt. Wie in Abschnitt 2.1.2 gezeigt wird, ist weiterhin auch mit einer In-Kernel-Demultiplexinstanz eine Singlecopy-Architektur realisierbar.

Für ein flexibles Demultiplexen beliebiger Pakete existieren eine Vielzahl unterschiedlicher Lösungen. Grundsätzlich wertet ein Paketfilter den Inhalt empfangener Pakete anhand einer Filterspezifikation (Filtercode) aus. Dabei sind redundante Paketfilter und Paketklassifizierer unterscheidbar – siehe Abb. 3.

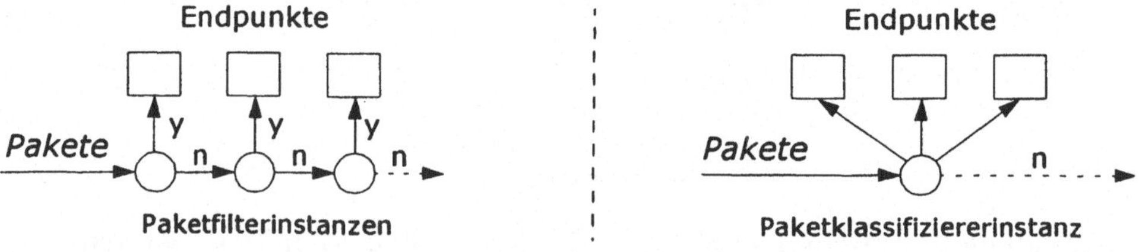

Abbildung 3: Paketfilter- und Klassifizierer

- **Paketfilter** liefern als Ergebnis der Anwendung der Filterspezifikation einen Wahrheitswert. Das Paket entspricht dem gesuchten Muster oder nicht. Für n Endpunkte sind n Paketfilter zu installieren, die bis zum korrekten Demultiplexen durchlaufen werden müssen.

- **Paketklassifizierer** liefern nach Paketauswertung einen Identifikator, der einem oder mehreren (Multicast/Broadcast!) Endpunkten direkt zugeordnet werden kann.

Das schlechte Skalieren der Demultiplexingfunktionalität beim Einsatz redundanter Paketfilter machte die Entwicklung eines flexiblen Paketklassifizierers notwendig. Ausgehend vom bekannten Berkeley Packet Filter (BPF) [MJ95] wurde der BPF/C entwickelt (BPF Classifier). Er erweitert den BPF um die Möglichkeit des Zusammenfassens strukturgleicher Filterspezifikationen mehrerer aktiver Endpunkte und die Verwaltung endpunktspezifischer Filteranweisungen (z.B. Applikationsports) in sogenannten Schlüsselwerttabellen. Der BPF/C ist ein Paketklassifizierer, da für alle aktiven Verbindungsendpunkte innerhalb einer Protokollfamilie lediglich eine BPF/C-Filterinstanz notwendig ist. Weiterhin unterstützt der BPF/C im Gegensatz zum BPF die Bearbeitung fragmentierter Daten. Abbildung 4(a) zeigt den Performancegewinn des BPF/C im Dateneingangspfad in Abhängigkeit von der Anzahl aktiver Datenströme. Bei 20 aktiven Verbindungen erfolgt das Demultiplexen mit dem BFC/C in durchschnittlich 14 μs, die Abarbeitungzeit per BPF beträgt hingegen im Mittel bereits 45 μs.[1] Ein weiterer Vorteil ist die geringere Systembelastung durch das Demultiplexen: Mit dem BPF/C können höhere Paketraten verlustfrei bearbeitet werden. Nach Abb. 4(b) gerät das untersuchte System bei Nutzung des BPF mit steigender Verbindungszahl schneller unter Vollast.

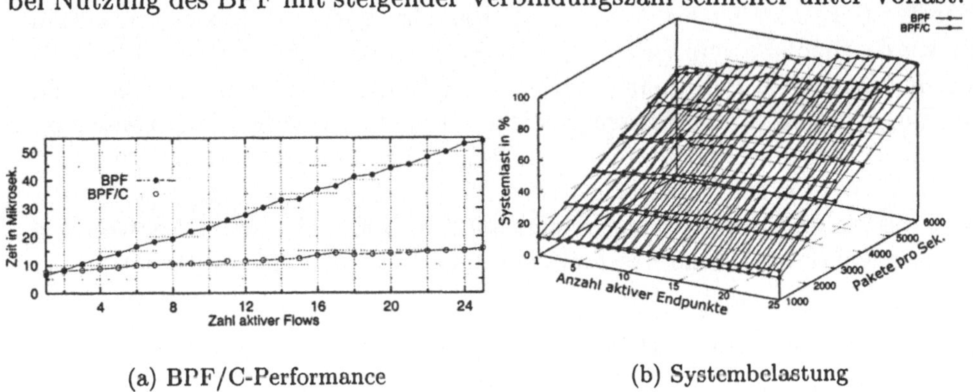

(a) BPF/C-Performance   (b) Systembelastung

Abbildung 4: Demultiplexing

2.1.2 Effiziente Nutzdatenbewegung

Sowohl im Eingangs- als auch Ausgangspfad wurde eine Singlecopy-Architektur realisiert. Zu sendende Daten können unter Kontrolle des Kernels per DMA

---

[1]Für alle Meßergebnisse gilt: HP9000/735 Workstation, 100MHz CPU

(Direct Memeory Access) direkt aus dem Applikationsadreßraum auf die Netzwerkkarte bewegt werden. Sie werden durch den Kernel dabei lediglich referenziert, per *Pinning* im physikalischen Hauptspeicher gehalten und mit Copy-on-Write-Semantik bis zum Abschluß des DMA vor einer nachträglichen Änderung durch die Applikation geschützt. Im Eingangspfad kann die Kopieroperation zwischen Kernel und Applikation bei an Speicherseiten ausgerichtetem Empfangsspeicher durch eine applikationstransparente Remapping-Operation vermieden werden: Das empfangene Paket haltende Kernel-Seite(n) und entsprechende Seite(n) des Empfangspuffers werden dabei lediglich ausgetauscht; das Paket erscheint im Empfangspuffer. Vor allem für größere Pakete ergibt sich eine wesentliche Verringerung der Sende- resp. Empfangsverzögerung (siehe [Metz99] für die meßtechnische Evaluierung des Datenpfades).

2.1.3 Weitere Funktionalitäten

Weitere Funktionalitäten der LTAP-Betriebssystemerweiterung sind die Kontrolle der korrekten Syntax ausgehender Pakete und die Möglichkeit der dynamischen Installierung endpunktspezifischer Pakethandler. Die Syntaxkontrolle erfolgt derzeit durch eine weitere Instanz des BPF/C. Die Parametrisierung von Demultiplexen und Syntaxkontrolle erfolgt durch einen privilegierten Demon-Prozeß (*Network Access Demon* – NAD, siehe Abb. 2).

Für den Pakethandler wurde der BPP (Berkeley Packet Processor) entworfen. Er wurde ebenfalls vom BPF abgeleitet und erlaubt einfache, von der Applikation formulierte Paketmanipulationen im Kernel. Ein typischer Einsatzfall im Eingangspfad ist die Zwischenspeicherung unvollständiger Fragmente eines Applikationsframes und dessen Auslieferung erst bei Vervollständigung bzw. deren Verwerfen bei Datenverlust. Mit Methoden des Sandboxing [WLA+93] wird die Stabilität des Gesamtsystems bei Einfügen fehlerhaften Applikationscodes gewährleistet. Eine Beschreibung des BPP findet sich in [Rudo98].

2.2 Die flexible Protokollausführungsumgebung

Mit EDYPLUS (An *E*nvironment for *D*ynamically Configurable *P*rotocols *Lo*cated in *U*ser *S*pace) wurde eine prototypische Ausführungsumgebung für flexible Kommunikationsprotokolle im Applikationsadreßraum realisiert. Unter Nutzung der oben vorgestellten LTAP-Betriebssystemerweiterung erlaubt sie die dynamische Konfiguration endpunktspezifischer Kommunikationssysteme. Entgegen anderen bekannten Ansätzen (z.B. [Bhatti96, SBC+97]) lag das Hauptaugenmerk allerdings nicht auf der umfangreichen automatischen Protokollkonfigurationsunterstützung. Wesentlich war vielmehr das Erreichen hoher dynamischer Effizienz während der Protokollabarbeitung und die Möglichkeit

dynamischer Rekonfiguration. Eine prototypische Implementierung erfolgte für
die Betriebssysteme HP-UX 9.0x und Linux 2.x [Eyri98].
In EDYPLUS werden Kommunikationsprotokollstacks aus *Dienstmodulen* komponiert. Jedes Dienstmodul repräsentiert dabei eine oder mehrere Protokollfunktionalitäten. Ein konkreter Protokollstack wird aus der Modulabfolge bei
Auftreten eines *Ereignisses* (Datenempfang, -sendewunsch, Zeitgeberinterrupt)
komponiert. Dynamische Flexibilität ergibt sich durch die Variierbarkeit dieser bei Auftreten eines Ereignisses durch EDYPLUS abzuarbeitenden *Aktivität*.
Sie wird in einer als *Aktivitätspfad* bezeichneten Struktur verwaltet und enthält
die für das aktuelle Ereignis aufzurufenden Dienstmodule mit eventuellen Parametern (siehe Abb. 5).

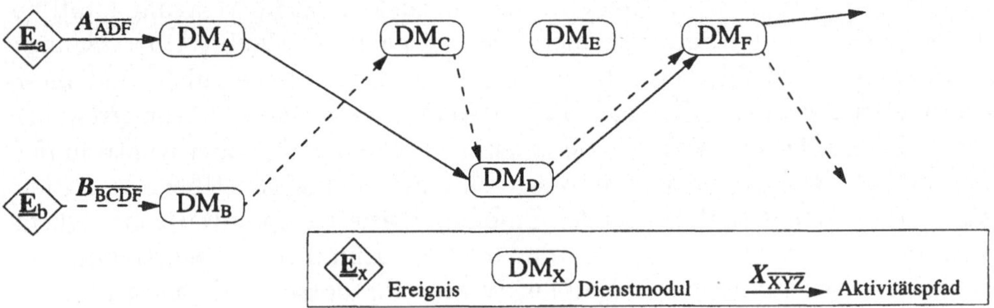

Abbildung 5: Ereignisspezifische Aktivitäten in EDYPLUS

3 Flexible Multicast-Fehlerkontrolle

Die Gruppenkommunikation ist ein typisches Anwendungsbeispiel für den gewinnbringenden Einsatz flexibler Kommunikationssysteme. Die Heterogenität
der Anforderungen an Gruppenkommunikationsdienste hat zunächst zur Entwicklung einer Vielzahl unterschiedlicher Kommunikationsprotokolle geführt
[Obra98]. Dieser Ansatz ist bei ständig wachsender Heterogenität jedoch zunehmend unpraktikabel. Bei Nutzung der im letzten Kapitel vorgestellten
Systemunterstützung kann dieses Problem durch die Bereitstellung flexibler,
modularisierter Kommunikationssysteme gelöst werden. Dies wurde anhand
der Etablierung eines heterogenen Multicastdienstes innerhalb der AMnet-
Architektur nachgewiesen.
AMnet (*Active Multicast Network*, siehe [MHW+99]) folgt dem Konzept des
Active Networking. Es erlaubt die dynamische Verteilung dienstspezifischer
Funktionalitäten in aktive Zwischensysteme. Diese Dienstmodule erlauben die

Adaptierung eines Multicastdienstes an empfängerspezifische Anforderungen. Innerhalb eines heterogenen Multicastdienstes entsteht eine Dienstehierarchie, wobei jeder abgeleitete Dienst von einem aktiven Zwischensystem (*AMnode*) in einer eigenen Multicastgruppe (*Service Level Group*) angeboten wird. So wird Heterogenität auch innerhalb einer Gruppenkommunikationsbeziehung explizit unterstützt. Die flexible Systemunterstützung kommt sowohl in aktiven Zwischensystemen als auch Endsystemen zum Einsatz.

3.1   Ein AMnet-Dienstmodul zur Fehlerkontrolle

Das entwickelte Fehlerkontroll-Dienstmodul erlaubt die flexible Parametrisierung einer zeitsensitiven Fehlerkontrolle für die Echtzeitübertragung multimedialer Datenströme. Dienstparameter ist die maximal erlaubte Übertragungsverzögerung. Die Fehlerkontrolle erfolgt hierarchisch zwischen über- und untergeordneten Dienstmodulen innerhalb eines Multicast-Datenverteilungsbaumes (hop-by-hop). Den zu transportierenden Nutzdaten wird dabei Kontrollinformation hinzugefügt, die stromabwärts eine Erkennung von Übertragungsfehlern und die Kenntnis des aktuellen Empfangsstatus stromaufwärts ermöglicht. Verlorene Daten werden vom stromaufwärts befindlichen Dienstmodul nur nachgefordert, wenn dessen Empfangsstatus ihr dortiges Vorhandensein signalisiert und eine Übertragungswiederholung bis zum Präsentationszeitpunkt beim Empfänger möglich ist. Die exakte Ermittlung der für die Übertragungswiederholung verbleibenden Zeit erforderte die Entwicklung eines verteilten Algorithmus zur Berechnung der Paketumlaufzeit (RTT).
Die realisierte Fehlerbehebung ist ausschließlich empfängerinitiiert – nur bei Auftreten eines Übertragungsfehlers wird dieser mit einer negativen Bestätigung stromaufwärts signalisiert. Die Statussignalisierung erfolgt bandbreitensparend in einem Bitfeld wahlweise auf dem Niveau vollständiger Applikationsframes oder korrekt empfangener PDUs eines Frames. Die typische Implosionsproblematik einer empfängerinitiierten Fehlersignalisierung wird durch die Mechanismen des Slotting und Damping innerhalb der lokalen Multicastgruppen vermieden. Die ungewünschte Übertragung von Paketduplikaten wird wirksam unterdrückt.

3.2   Simulative Untersuchung eines Basisszenarios

Ziel der simulativen Untersuchungen war es, anhand eines einfachen, jedoch realitätsnahen Kommunikationsszenarios verallgemeinerbare Rückschlüsse zum Protokollverhalten des in 3.1 vorgestellten Dienstmoduls zu erzielen und die Vorteile einer Netzwerkintegration dienstspezifischer Protokollfunktionalität zu untersuchen. Abb. 6 zeigt die gewählte Topologie des simulierten Kommunikationsnetzes. Entsprechend dem AMnet-Dienstmodell besteht sie aus zwei im aktiven Zwischensystem A_2 verbundenen, hierarchisch angeordneten Service Level Groups I und II. Der Dienst für I wird von einem aktiven Zwischensystem in der Nähe des Senders erbracht; A_2 leitet aus diesem den Dienst für II ab. In II befinden sich die Empfänger R_i. Fehlerkontroll-Dienstmodule sind in allen A_i und R_i lokalisiert. Diese simple Netzwerktopologie verspricht von wenigen Parametern abhängige und gut verallgemeinerbare Ergebnisse. Sie repräsentiert den Grundbaustein einer mit weiteren aktiven Zwischensystemen beliebig entwickelbaren Dienstehierarchie.

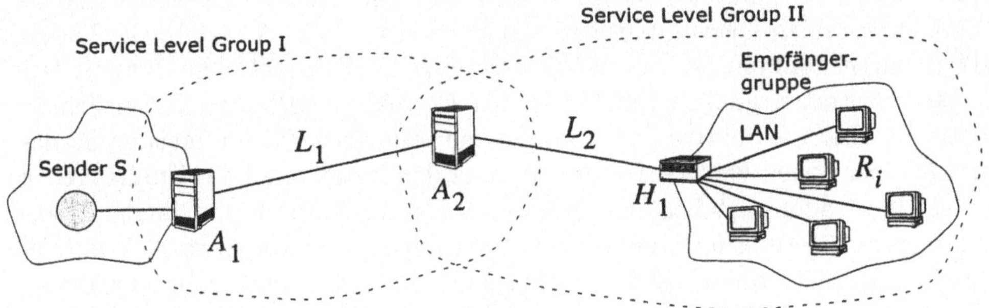

Abbildung 6: Basisszenario der simulativen Untersuchung

3.2.1   Modellierung

Aktive Zwischensysteme und Endsysteme wurden gemäß der in Abschnitt 2 präsentierten Systemunterstützung modelliert. Relevante Systemparameter entsprechen dabei umfangreichen Messungen an der prototypischen Realisierung. Die Modellierung der Datenübertragungskanäle L_i folgte aktuellen Beobachtungen an terristischen Verbindungen [Pax97]. Die typischerweise burstartig auftretenden Paketverluste wurden durch die Überlagerung des Vordergrundverkehrs mit typischem Hintergrundverkehr in einem Single Queue/Single Service Bediensystem mit limitierter FIFO-Speicher (G/D/1/m-System) modelliert. Hin- und Rückkanäle wurden separat modelliert; Paketverluste sind damit entsprechend [Pax97] weitgehend unkorreliert.

Als Hintergrundverkehr wurden gemäß [PF95] selbstähnliche Verkehrsmuster angenommen und synthetisch erzeugt. Die Paketverlustrate auf den Links L_i ist über die Linkbandbreite (resp. Bedienrate im Modell) einstellbar. Für den Vordergrundverkehr wurde ebenfalls ein selbstähnlicher, stark burstartiger Datenstrom angenommen. Hierbei handelt es sich um den ausgiebig analysierten

„Star Wars"-Trace nach [GaWi94] mit einer Framerate von 24 fps. Simuliert wurde die gesamte Übertragungszeit des Videomaterials von etwa 2 Stunden.

3.2.2 Simulationsergebnisse

Simulationsläufe wurden für unterschiedliche Fehlerkontrollszenarien (N_0: keine Fehlerkontrolle, N_1: Ende-zu-Ende-Fehlerkontrolle zwischen A_1 und R_i und N_2: hierarchische Fehlerkontrolle über A_1, A_2, R_i) durchgeführt. Die maximal tolerierbare Übertragungsverzögerungen wurde zwischen 0.5 sec. und 1.0 sec. variiert. Es wurden unterschiedliche Paketverlustraten von durchschnittlich etwa 5% bis etwa 40% angenommen. Für alle Szenarien konnten mit N_0 keine akzeptablen Dienstqualitäten erreicht werden. Mit N_1 erfuhr der Dienst erwartungsgemäß eine spürbare Verbesserung, blieb jedoch auch für mittlere Paketverlustraten unakzeptabel. Die mit N_2 realisierte hierarchische Fehlerkontrolle über zwei aktive Zwischensysteme resultierte für die meisten Szenarien in einer hohen Fehlerkorrekturrate und damit aus Sicht der Empfänger in guter Übertragungsqualität. So konnten bei einer Sekunde maximaler Übertragungsverzögerung für eine mittlere Paketverlustrate von etwa 20% mit N_1 durchschnittlich lediglich 15 Videoframes pro Sekunde korrekt empfangen werden; N_2 ergab bei den Empfängern im Mittel 23 vollständige Bilder pro Sekunde. Eine qualitative Bewertung über die gesamte Videoübertragungszeit illustriert noch deutlicher den Qualitätsgewinn bei Einsatz eines aktiven Zwischensystems. Während bei einer klassischen Ende-zu-Ende-Fehlerkontrolle immer wieder über mehrere Sekunden Intervalle vollständigen Frameverlusts auftreten, ist die hierachische Fehlerkontrolle wesentlich robuster. Dies ist in Abb 7 am oben erwähnten Beispiel etwa 20%igen Paketverlusts auf den Übertragungswegen illustriert. Während die obere Kurve für N_2 immer im Bereich akzeptabler Frameraten bleibt, sinkt die Framerate für N_1 trotz mittleren 15 fps zeitweise bis auf Null ab. Für eine weitergehende Diskussion der Simulationsergebnisse muß auf [Metz99] verwiesen werden.

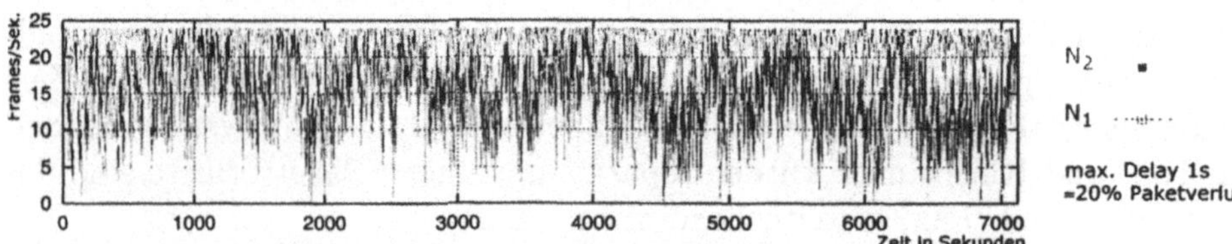

Abbildung 7: Framerate über 2 Stunden Spielzeit (Beispiel)

4　Zusammenfassung und Ausblick

In der diskutierten Arbeit wurde gezeigt, daß mit der Flexibilisierung des Kommunikationssystems eine signifikante Verbesserung der verfügbaren Qualität eines Kommunikationsdienstes erreichbar ist. Ursache ist die nun bessere Anpaßbarkeit der Diensterbringung an gegebene Dienstgüteanforderungen und konkrete Kommunikationsbedingungen. Eine Flexibilisierung ist jedoch nur möglich, wenn dafür auch implementierungstechnische Voraussetzungen geschaffen werden. Es wurden Methoden für eine Realisierung flexibler Kommunikationssysteme entwickelt und diese in einer typischen Betriebssystemumgebung umgesetzt. Dabei gelang es, neben der mit einer Flexibilisierung möglichen gesteigerten dynamischen Effizienz der Diensterbringung auch die Implementierungseffizienz auf einem hohen Niveau zu halten. Die simulative Untersuchung eines Basisszenarios flexibler, heterogener Multicast-Fehlerkontrolle führte den Nachweis, daß die entwickelte Architektur die Einführung neuer Kommunikationsdienste ermöglicht.

Die in enger Verflechtung mit dieser Arbeit vollzogene Entwicklung des AMnet-Ansatzes zur Unterstützung heterogener Multicastdienste eröffnet weitere Anwendungsgebiete. Mit der nun gegebenen Verfügbarkeit einer flexiblen Plattform zur Realisierung aktiver Zwischensysteme sollte die Bereitstellung neuer Kommunikationsdienste kaum mehr ein implementierungstechnisches Problem sein. Vielmehr ist nun die Entwicklung weiterer Dienstmodule anzustreben. Ziel muß die Bereitstellung einer breiten Palette von Dienstmodulen sein, deren möglichst problemlose Kombinierbarkeit und Parametrisierbarkeit Grundlage dieser neuen Dienste sein kann.

Literatur

[Bhatti96]　N. Bhatti *A System for Constructing Configurable High-Level Protocols* PhD Thesis, Dept. of Computer Science, University of Arizona, Tucson, USA, Dezember 1996

[DWB+93]　C. Dalton, G. Watson, D. Banks, C. Calamvokis, A. Edwards, J. Lumley. *Afterburner.* IEEE Network Magazine, Vol. 7, No. 4, Juli 1993

[EBB+95]　T. v. Eicken, A. Basu, V. Buch, W. Vogels. *U-Net: A User-Level Network Interface for Parallel and Distributed Computing* 15th ACM Symposium on Operating Systems Principles, Copper Mountain, Colorado, USA, Dezember 1995

[Eyri98]　M. Eyrich *An Environment for Dynamically Configurable Protocols Located in User Space* Diplomarbeit, Technische Universität Berlin, Fachbereich Informatik, September 1998

[GaWi94]　M. Garret, W. Willinger. *Analysis, Modeling and Generation of Self Similar VBR Video Traffic.* ACM SIGCOMM 94, London, September 1994

[Jac90] V. Jacobson *Efficient Protocol Implementation*. ACM SIGCOMM 90 tutorial, September 1990

[MJ95] S. McCanne, V. Jacobson *The BSD Packet Filter: A new Architecture for User-level Packet Capture* 1995 Winter USENIX Conference, San DIego, USA, Januar 1995

[Metz99] B. Metzler *Flexible und effiziente Systemunterstützung für offene Kommunikationsdienste-Plattformen.* Dissertationsschrift, Technische Universität Braunschweig, Dezember 1999.

[MHW+99] B. Metzler, T. Harbaum, R. Wittmann, M. Zitterbart. *AMnet: Heterogeneous Multicast Services based on Active Networks.* IEEE Openarch99 Konferenz, New York, März 1999.

[MM96] B. Metzler, I. Miloucheva. *Design and Implementation of Flexible User Protocol Interface.* Journal of High Speed Networks, Volume 5 (1996), Special Issue: HIPPARCH, IOS Press, 1996

[Obra98] K. Obraczka *Multicast Transport Mechanisms: A Survey and Taxonomy.* IEEE Communications Magazine, Januar 1998.

[Pax97] V. Paxson *Measurement and Analysis of End-to-End Internet Dynamics.* Ph.D. Dissertation, University of California at Berkeley, April 1997

[PF95] V. Paxson, S. Floyd *Wide Area Traffic: The Failure of Poisson Modelling.* IEEE/ACM Transaction on Networking, 3 (3), Juni 1995

[Rudo98] H.-A. Rudolph. *Betriebssystemunterstützung für ein im User-Space implementiertes Transportsystem* Diplomarbeit, Technische Universität Berlin, Fachbereich Informatik, September 1998

[SBC+97] B. Stiller, D. Bauer, G. Caronni, C. Class, C. Conrad, B. Plattner, M. Vogt, M. Waldvogel. *DaCaPo++ – Communication Support for Distributed Applications* TIK Report No. 25, Swiss Federal Institute of Technology Zurich (ETHZ), Zürich, Schweiz, Januar 1997

[SDW92] T. Strayer, B. Dempsey, A. Weaver. *XTP - The Xpress Transfer Protocol.* Addison Wesley Publishing Company, 1992

[TSS+97] D. Tennenhouse, J. Smith, W. Sincoskie, D. Wetherall, G. Minden. *A Survey of Active Network Research* IEEE Communications, Januar 1997

[TNM+93] C. Thekkath, T. Nguyen, E. Moy, E. Lazowska. *Implementing Network Protocols at User Level* ACM SIGCOMM 93, Ithaca, USA, September 1993

[Top90] C. Topolcic *Experimental Internet Stream Protocol: Version 2 (ST-II).* Internet RFC 1190, Oktober 1990

[WLA+93] R. Wahbe, S. Lucco, T. Anderson, S. Graham. *Efficient Software-Based Fault Isolation.* Proc. 14th ACM Symposium on Operating System Principles, Dezember 1993

Bernard Metzler, geboren am 6. Februar 1964 in Berlin. Diplom in Elektrotechnik 1991 Humboldt-Universität zu Berlin. Promotion zum Dr.Ing. an der Technischen Universität Braunschweig im Dezember 1999. Arbeitet derzeit als Wissenschaftlicher Mitarbeiter an der Technischen Universität Berlin. Projektleiter der Arbeitsgruppe Flexible Kommunikationssysteme am Forschungszentrum für Netzwertechnologien und Multimedia-Anwendungen der TU Berlin. B. Metzler hat drei Kinder und ist verheiratet.

Neue Verfahren zur maschinellen Analyse des Verhaltens von Protokollmaschinen anhand passiver Beobachtung

Marek Musial

Technische Universität Berlin
Institut für Technische Informatik
Fachgebiet Prozeßdatenverarbeitung und Robotik
`http://pdv.cs.tu-berlin.de/leute/musial.html`

Die Analyse protokollbasierter Datenkommunikation durch passive Analysatoren beschränkt sich heute meist auf die Prüfung der Nachrichtenkodierung, eine Validierung der Protokollprozeduren ist aktiven Testgeräten vorbehalten. In dieser Arbeit werden zwei neue Verfahren entwickelt, um korrektes Protokollverhalten allein durch passive Beobachtung, auch in Echtzeit, überprüfen zu können. Das erste Verfahren basiert auf einer exakten Spezifikation des beobachtbaren Sollverhaltens und verwendet unsicherheitsbehaftete Zustandsbeschreibungen, um sich auf einen laufenden Kommunikationsvorgang aufsynchronisieren zu können. Vollständigkeit und Korrektheit des Analyseverfahrens als wesentliche Qualitätkriterien werden nachgewiesen. Es kann die manuelle Sucharbeit nach Fehlerquellen um Größenordnungen reduzieren. Das zweite Verfahren umgeht den Bedarf nach einer Beschreibung des Sollverhaltens, indem es die Regeln eines Protokolls aus einer fehlerfreien Beispielkommunikation erlernt und auf zu analysierende Beobachtungen anwendet. Dieses Verfahren basiert auf zwei neuen Lernalgorithmen, einem zum effizienten Lernen optimaler endlicher Automaten und einem zur Ableitung arithmetischer Klassifikationsregeln, jeweils aus einer Stichprobe rein positiver Beispiele. Es kann zu minimalen Kosten auf neue Protokolle angewandt werden.

1 Einführung

Im Laufe der Weiterentwicklung der elektronischen Datenverarbeitung und Telekommunikation hat der automatisierte Austausch von digitalen Informationen zwischen verschiedenen, gegeneinander abgegrenzten Einheiten ständig an Bedeutung gewonnen. Mit der Vervielfachung der Anwendungsgebiete der digitalen Kommunikation einher geht die Einführung immer höherer Übertragungsraten in den Kommunikationstrecken. Voraussetzung für das einwandfreie Funktionieren digitaler Kommunikation ist, daß sich alle beteiligten Kommunikationspartner gemäß gemeinsamer Regeln verhalten. Solche Regelwerke für Kommunikationsverhalten werden *Protokolle* genannt. Zu den Fehlerquellen, die zu mehr oder weniger großen Störungen in Kommunikationssystemen führen, gehören:

- Fehlfunktionen aufgrund des Einsatzes von Protokollen oder Protokollvarianten, die im gegebenen Kontext einer Systeminstallation nicht benutzt werden dürften.

- Fehlfunktionen aufgrund von konfigurierbaren *Protokoll-Parametern*, die für den gegebenen Kontext einer Systeminstallation inkompatibel eingestellt wurden.

- Fehlfunktionen aufgrund von Überlastsituationen, in denen einzelne Komponenten des Kommunikationssystems gezwungen sind, Daten zu verwerfen.

Die Erfahrung zeigt, daß alle Bemühungen, die einwandfreie Funktion kommunikationsrelevanter Hard- und Software vor der Markteinführung durch geeignete Entwicklungsverfahren und aktive Testprozeduren sicherzustellen, nicht in jedem Fall Erfolg haben. Daraus entsteht der Bedarf nach Hilfsmitteln zur Fehlersuche, die *im laufenden Betrieb* eines Kommunikationssystems eingesetzt werden und Fehlfunktionen erkennen, einer Systemkomponente zuordnen und Anhaltspunkte zu ihrer Beseitigung liefern können. Verfügbare Werkzeuge für Messungen im laufenden Betrieb haben gemeinsam, daß sie nicht das vollständige Kommunikationsverhalten gegen das Sollverhalten validieren können, sondern ein erhebliches Maß an manueller Prüfarbeit erfordern. Hier besteht also ein erhebliches Potential, eine sehr unangenehme manuelle Suchtätigkeit zu automatisieren.

Im Zuge einer automatisierten Verhaltensanalyse ergeben sich zwei Teilprobleme:

1. Wie muß ein Verfahren aussehen, das in der Lage ist, alle Aspekte eines Kommunikationsverhaltens effizient – möglichst in Echtzeit – zu über-

prüfen, indem der über eine in Betrieb befindliche Kommunikationsverbindung laufende Verkehr passiv beobachtet wird?

2. Wie kann das Sollverhalten – das ja als Grundlage der Überprüfung dient – möglichst schnell und kostengünstig dem Analysegerät zur Verfügung gestellt werden?

In dieser Arbeit wird für jedes der beiden Teilprobleme eine neue Lösung entwickelt. Während die Lösung zu Teil 1 auf einer *vorgegebenen* Spezifikation des Sollverhaltens aufbaut, soll für Teil 2 der Versuch unternommen werden, das Sollverhalten anhand von beispielhaften Kommunikationsabläufen zu *erlernen*. Dazu muß vorausgesetzt werden, daß die Beispielabläufe fehlerfrei sind, denn die Kenntnis von Fehlern im Beispielverhalten oder die gezielte Erzeugung von Fehlerbeispielen setzt bereits das Wissen um die Regeln für *korrektes* Verhalten voraus – der Lernansatz wäre damit ad absurdum geführt.

2 Spuranalyse

Hier wird zunächst die Aufgabenstellung des Aufgabenteils Spuranalyse präzisiert, also die passive Überprüfung eines Kommunikationsverhaltens anhand einer *vorgegebenen* Protokollbeschreibung. Das hier vorgestellte Verfahren *FollowSM* wurde in [Mus97] erstmals veröffentlicht. In Europa und den USA ist es mit dem Patent [Mus96] geschützt.

2.1 Einsatzszenario

Das physische Einsatzszenario des Spuranalysators im Sinne dieser Arbeit ist in Abbildung 1 dargestellt: Der Analysator ist mit dem Kommunikationsmedium verbunden und kann die darüber zwischen den Kommunikationspartnern A und B ausgetauschten PDUs mit ihren Datenfeldern mitlesen. Er hat jedoch keine Möglichkeit, in irgendeiner Weise in den Ablauf der Kommunikation einzugreifen.

Nur System A ist in der Abbildung als IUT ausgewiesen, weil der Analysator konzeptionell nur die Richtigkeit des Verhaltens *einer* Partnerinstanz überwacht. Das heißt, daß im Falle von fehlerhaften Protokollprozeduren in jedem Fall geprüft wird, ob Partner A auf potentiell fehlerhaftes Verhalten von B richtig, also protokollkonform, reagiert.

Als Grundlage der Überprüfung muß der Analysator über ein Modell für das korrekte Kommunikationsverhalten der IUT verfügen. Dieses Modell soll hier vom Informationsgehalt her einer formalen Protokollspezifikation gemäß dem Protokollstandard entsprechen.

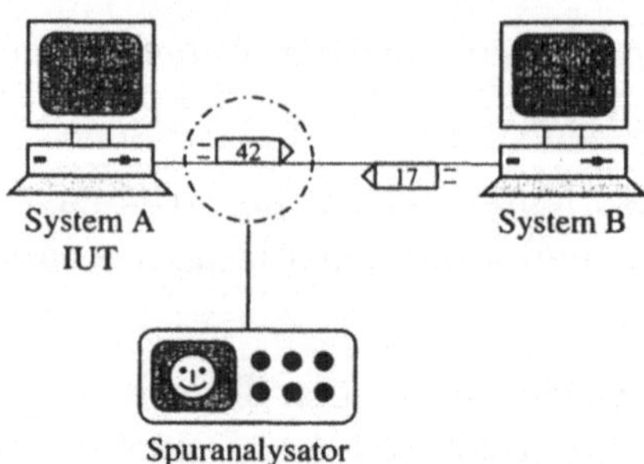

Abbildung 1: Physische Einsatzkonfiguration des Spuranalysators.

2.2   Funktionalität

Die wesentliche Aufgabe des Spuranalysators ist, *Fehlerereignisse* im Kommunikationsablauf der überwachten Schichten zu erkennen und zu melden. Ein
konkreter Fehler innerhalb eines Kommunikationssystems, egal welcher der in
der Einleitung genannten Arten, führt im Regelfall zu immer wiederkehrenden
Fehlerereignissen, je länger die Kommunikation beobachtet wird. Eine große
Zahl von gemeldeten Fehlerereignissen ist für den Benutzer des Analysators
aber nicht hilfreich, weil er nach dem konkreten verursachenden Fehler sucht,
der beseitigt werden soll, und nicht nach den einzelnen Fehlerereignissen. Es
besteht also die zusätzliche Aufgabe, erkannte Fehlerereignisse so zu *klassifizieren*, daß jede Klasse von Fehlerereignissen auf denselben konkreten Fehler
im System zurückzuführen ist. Die Klassifikation kann nur danach erfolgen,
welche Fehlerereignisse sich so *ähnlich* sind, daß sie – vermutlich – vom selben
Fehler verursacht wurden.

Eine bereits erwähnte Eigenschaft vieler Protokollstandards ist die, daß der
Standard Parameter und Optionen vorsieht, die erst bei einer konkreten Implementierung oder Anwendung des Protokolls festgelegt werden müssen. Die
jeweils gewählten Festlegungen sind beispielsweise im *protocol implementation
and conformance statement* (PICS, [ISO91]) aufgeführt. Eine sinnvolle Zusatzfunktion für den Spuranalysator besteht daher darin, diese Parameter, sofern
sie dem Anwender nicht bekannt sind, aus der Beobachtung zu ermitteln bzw.
zu schätzen. Man muß dabei beachten, daß eine solche Ermittlung keinen vollwertigen Ersatz darstellen kann für die *Kenntnis* der PICS-Parameter, weil
erstere im *Ist*-Verhalten stattfindet und letztere das *Soll*-Verhalten charakterisieren.

2.3 Lösung

Für einen informellen Überblick betrachte man einen Zustandsraum mit einem Variablenpaar

$$(a, b) \in \{0, 1, .., 255\} \times \{0, 1, .., 255\}.$$

Die Beschreibung des Anfangszustands lautet

$$s^0 \in (0..255, 0..255),$$

eine genauere Aussage läßt sich ohne Kenntnis der Zustands- und Kommunikationshistorie nicht machen.

Sei nun δ eine Kandidaten-Transition aus einer Spezifikation. Angenommen, ihr Aktivierungsprädikat e_δ definiert eine zugehörige Ausgabenachricht $\sigma(x)$ mit $x \in \{0, .., 255\}$ und fordert $a < x$, und die Zustandsüberführungsfunktion α_δ bewirkt $a \leftarrow a + 10;\ b \leftarrow 17$. Die nächste beobachtete Ausgabenachricht sei $\sigma(42)$. Kein Spuranalyseverfahren, das auf der direkten Ausführung einer Referenzimplementierung basiert, kann mit diesen Informationen irgend etwas anfangen.

Das *FollowSM*-Verfahren dagegen kann mit der Unsicherheit umgehen, die das geschilderte Szenario läßt: Es instantiiert das Aktivierungsprädikat anhand der konkreten Eingabenachricht zu $a < 42$, schränkt dann die vorliegende Beschreibung des Zustands s^0 auf diejenige Teilmenge ein, für die δ aktiviert ist, und wendet δ schließlich spekulativ auf diese intermediäre Zustandsbeschreibung an:

$$s^0 \in (0..255, 0..255) \xrightarrow{\ a<42\ } s' \in (0..41, 0..255) \xrightarrow{\ a\leftarrow a+10;\, b\leftarrow 17\ } s^1 \in (10..51, 17)$$

s^1 ist – nachdem lediglich eine einzige Transition betrachtet wurde – bereits eine viel weniger unsichere Beschreibung des Protokollzustands, als es s^0 gewesen ist. Natürlich müssen alle anderen Transitionen der Spezifikation ebenfalls für eine spekulative Ausführung in Betracht gezogen werden. Viele davon werden normalerweise in dem – nichts ausschließenden – Zustand s_0 ebenfalls aktiviert sein. Dies gilt insbesondere für *sämtliche* Transitionen, die nicht mit Kommunikationsprimitiven verknüpft sind.

Allerdings kann diese Form der unsicherheitsbehafteten Zustandsexpansion nicht in einer *vollständigen* und *korrekten* Art und Weise durchgeführt werden, d. h. mit dem Resultat „*pass*" genau dann, wenn eine zulässige Aktionsfolge zu einer Beobachtung existiert. Aus diesem Grund erfolgt eine approximative Lösung des unsicherheitsbehafteten Spuranalyseproblems, wobei die folgenden beiden Bedingungen eingehalten werden:

Time	Transition	PDU in	PDU out	State	Timer_CC	VT(CC)
0.0000				?	???	???
0.0000	SendENDAK		ENDAK	?	???	???
0.0250	U3BGAK		BGAK	3..10	???	???
0.0250..0.0252	U4TimedOut			1	off	4..-96
0.0250..0.0252	RequestConnection		BGN	2	0.9250..4.0252	1
0.0252	U2END	END		2	0.9250..4.0252	1
0.0747	U2BGREJ	BGREJ		1	off	1
0.0747..0.0749	RequestConnection		BGN	2	0.9747..4.0749	1
0.0749	ConnectionBegin	BGN		10	off	1

Abbildung 2: Beispiel für die Struktur des Analyseberichts *Zustandsfolge* in einer Synchronisationsphase.

1. Keine zulässige Spur darf mit dem Urteil „fail" zurückgewiesen werden. Das heißt, der Algorithmus muß im Hinblick auf die Zurückweisung von Spuren wenigstens *korrekt* sein, wenn auch nicht unbedingt *vollständig*.

2. Sobald die Zustandsraumsuche einen „sicheren" Zwischenzustand erreicht hat, soll der auf diesen Zeitpunkt folgende Teil der Analyse sowohl *korrekt* als auch *vollständig* sein, d. h. alle späteren Protokollverstöße mit Sicherheit finden.

Abbildung 2 stellt die Struktur des Analyseberichts *Zustandsfolge* für den Fall einer Synchronisationsphase dar. Man erkennt die beobachteten PDU-Typen, die rekonstruierte Transitionsfolge und die Entwicklung dreier unsicherheitsbehafteter Zustandsvariablen, nämlich des Basiszustands, eines Zeitgebers und eines Sequenzzählers. Nach nur sieben PDUs sind die Werte dieser drei Variablen sicher ermittelt.

3 Protokoll-Lernen

Dieser Abschnitt präzisiert die Aufgabe, die Regeln eines Kommunikationsprotokolls aus einem fehlerfreien Beispielverkehr maschinell zu erlernen. Dazu wird im folgenden das Einsatzszenario für einen lernenden Spuranalysator beschrieben. Anschließend werden der Lernvorgang genauer untersucht und strukturiert und vereinfachende Annahmen über die Lernaufgabe eingeführt.

3.1 Einsatzszenario

Das physische Einsatzszenario eines lernenden Spuranalysators entspricht dem in Abbildung 1 wiedergegebenen für das nichtlernende Verfahren: Der Analysator beobachtet den Kommunikationsverkehr über die Verbindung zwischen System A, der IUT, und seinem Partner B. Logisch teilt sich der Einsatz eines lernenden Spuranalysators in zwei Phasen, eine *Lernphase* und eine *Prüfphase*. In der Lernphase liest der Lernalgorithmus die PDUs der Schicht n, ohne in die Kommunikation einzugreifen, und leitet aus dieser Beobachtung Regeln ab, die das *korrekte* Protokollverhalten der IUT beschreiben. Dazu muß vorausgesetzt werden, daß sich sowohl die IUT als auch alle für den Transport der Schicht-n-PDUs verantwortlichen tieferen Protokollschichten tatsächlich protokollkonform verhalten.

Man beachte, daß es *nicht* erforderlich ist, daß sich die Partnerinstanz der IUT korrekt verhält. Wenn sie das tut, treten nie Fehlerprozeduren im Verhalten von A auf, so daß diese natürlich auch nicht gelernt werden können. Dann würde in der Prüfphase jeder Fehler von B prinzipiell einen Verstoß gegen die erlernten Regeln darstellen. Um also die auftretenden Fehler genauso wie beim nicht lernenden Verfahren sicher einem Kommunikationspartner zuordnen zu können, wäre es sogar wünschenwert, wenn B in der Lernphase auch Verhaltensfehler zeigte. Dies ist jedoch praktisch zu schwer erfüllbar, um grundsätzlich gefordert zu werden.

In der späteren *Prüfphase* kann dann potentiell fehlerbehafteter Kommunikationsverkehr anhand der gelernten Regeln überprüft werden, so daß diese Phase im wesentlichen dem Einsatz des nicht lernenden Analysators entspricht.

3.2   Annahmen zum Lernvorgang

In diesem Abschnitt wird die Aufgabe des Protokollregellernens durch einige einschränkende Annahmen vereinfacht, um eine Lösung im Rahmen dieser Arbeit zu ermöglichen, und in zwei Teilaufgaben zerlegt. Die ideale Lernaufgabe im Rahmen der bisherigen Ausführungen würde mit PDUs als Eingabe auskommen, die jeweils als eine Bitkette kodiert und darüber hinaus nur noch mit einem Zeitstempel versehen sind. Die Semantik einer PDU ergibt sich aus den verschiedenen Teilen dieser Bitkette, den *Datenfeldern* der PDU. Die Feldarten erlauben einen derart komplizierten PDU-Aufbau, daß es unmöglich erscheint, die Grenzen, Arten und Bedeutungen der einzelnen Felder vollständig aus den Bitketten der PDUs zu erlernen.

Es ist festzuhalten, daß das Erlernen von Protokollregeln auf Bitkettenebene ein wünschenswertes Fernziel bleibt. In dieser Arbeit, die das Erlernen von Protokollregeln nach Wissen des Autors erstmalig untersucht, soll folgende Vereinfachung angenommen werden:

Die Dekodierung der PDUs der untersuchten Protokollschicht
wird vorausgesetzt. Die PDUs der Trainingsmenge sind gegeben

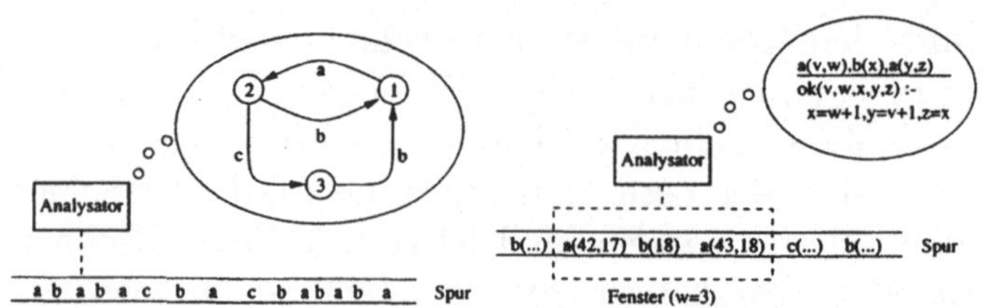

Abbildung 3: Phase 1, Lernen der regulären Sprache der PDU-Typen (links), und Phase 2, Lernen des *ok*-Prädikats für die Nachrichtenattribute (rechts).

als attributierte Symbole einer endlichen Symbolmenge Σ, wobei jedes Symbol einem PDU-Typ *für eine Kommunikationsrichtung* entspricht.

Der Lernvorgang wird in folgende zwei Lernphasen eingeteilt:

1. Erlernen des endlichen Automaten der PDU-Typen, also eines endlichen Automaten über dem Alphabet Σ. Diese Aufgabe entspricht der Identifikation einer regulären Sprache aus positivem Text und ist nach [Gol67] nicht berechenbar. Abbildung 3 (links) veranschaulicht das Lernen der regulären PDU-Typen-Sprache.

2. Erlernen von Regeln, die gültige Kombinationen der PDU-Attributwerte innerhalb eines Fensters von w aufeinanderfolgenden Nachrichten beschreiben. Die Fenstergröße w ist ein Parameter des Lernverfahrens, der den Lernaufwand und die Genauigkeit des Prüfvorgangs entscheidend beeinflußt. Infolge der festen Attributierung pro PDU-Typ ergibt sich für jede PDU-Typen-Folge ebenfalls eine feste Attributierung aus der Aneinanderreihung der Attribute der einzelnen PDU-Typen. Abbildung 3 (rechts) veranschaulicht das Lernen eines ok-Prädikats für eine beispielhafte Fenstergröße von $w = 3$. Natürlich muß eine solche Attributregel für *jedes* w-Tupel von PDU-Typen gelernt werden, das innerhalb des in Phase 1 gelernten Automaten auftritt.

Weil in beiden Phasen *generalisierendes Lernen aus positiven Beispielen* stattfindet, ist das Lernverfahren vollständig heuristisch. Die Minimalanforderung an das Lernresultat ist, daß es die Trainingmenge als Gutfall akzeptiert. Trotzdem lassen sich weder eine zu starke Generalisierung, die Fehler in der Prüfphase „übersehen" könnte, noch eine zu schwache Generalisierung, die bestimmte nicht trainierte Gutfälle als Fehler einstufen würde, mit Sicherheit ausschließen.

3.3 Beispiel für Lernergebnisse

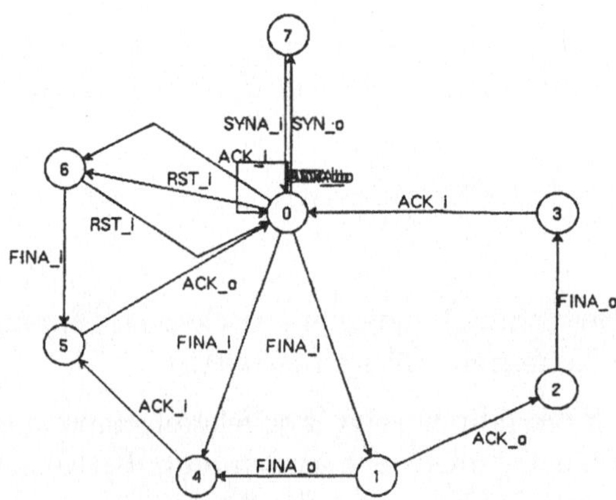

Abbildung 4: Endlicher Automat für TCP nach Beispiel B mit 8 Zuständen.

Der Automat in Abbildung 4 resultiert aus der langen Beispielsequenz B. Er wurde aus Einzelrelationen mit höchstens 13 bis 15 Zuständen zusammengefügt, woraus sich nach der Überlagerung insgesamt 8 Basiszustände ergaben. Zahlreiche Transitionen des Automaten beginnen und enden in Zustand 0, wie man leicht an den übereinandergedruckten Kantenbezeichnern erkennt. Dieser Zustand stellt also den Grundzustand des Kommunikationsablaufs dar und wird während der normalen Datenübertragungsprozeduren nicht verlassen. Leider ist auch der Zustand einer inaktiven Verbindung im Automatenzustand 0 angesiedelt, denn alle SYN- und $SYNA$-Kanten beginnen dort. Der in der Abbildung untere Teil des Automaten modelliert aber gut verschiedene mögliche Abläufe des Verbindungsabbaus.

Auf Basis der Feldbezeichner aus dem TCP-Protokoll, kann eine der gelernten Attributregeln ausgedrückt werden als:

$$con_1 = con_2 = con_3$$
$$\land \quad ACK_3 = SEQ_1 + 1 = SEQ_2 + 1$$
$$\land \quad WND_1 = WND_2 = WND_3 = 8760$$
$$\land \quad flags_1 = flags_2 = flags_3 = 0$$
$$\land \quad SEQ_3 = ACK_2 = ACK_1$$

Diese Beziehungen sagen aus, daß die drei PDUs zur selben TCP-Verbindung gehören und daß keine weiteren Kennzeichen (außer ACK und FIN) verwendet werden. Insbesondere der typische Mechanismus, daß das *FIN*-Bit eine eigene Sequenznummer trägt, die mit ACK_3 bestätigt werden muß, wird genau abgebildet. Beim festen Wert der Empfangsfenster-Felder *WND* wird aber wieder deutlich, daß selbst eine so große und unter völlig realistischen Bedingungen aufgenommene Trainingsmenge nicht vor implementierungsspezifischen Besonderheiten schützt.

4 Schluß

Als vergleichende Bewertung für den praktischen Nutzen aus dem Einsatz der entwickelten neuen Verfahren läßt sich festellen:

1. Das *FollowSM*-Verfahren zeigt zweifelsfrei einen hohen Nutzeffekt im praktischen Einsatz, sofern die Anwendung die Kosten der Protokollanpassung rechtfertigt. Es eignet sich allerdings besser als hochspezialisiertes Werkzeug für Spezialisten denn als universelles „Troubleshooting-Tool" für die Endanwender der Kommunikationssysteme.

2. Das Lernverfahren ist vom praktischen Nutzwert demgegenüber eingeschränkt. Der Lernansatz liefert aber immerhin eine sehr stark komprimierte Charakterisierung des jeweiligen Lehrbeispiels. Der gelernte Automat beschreibt nämlich *sämtliche* Situationen, die im Lehrbeispiel aufgetreten sind. Damit stellt das Erlernen eines Protokollautomaten eine sehr sinnvolle Maßnahme dar, um einen ersten Überblick über das Verhalten eines zu analysierenden Zielsystems zu erhalten..

Literatur

[Gol67] E. M. Gold. Language identification in the limit. *Information and Control*, 10:447–474, 1967.

[ISO91] ISO. OSI conformance testing methology and framework. International Standard ISO/IS-9646, ISO, 1991.

[Mus96] Marek Musial. Verfahren zum Überprüfen eines gemäß einem Kommunikationsprotokoll durchgeführten Datenaustausches. Patent Nr. GR 96 P 8597 P, Deutsches Patentamt, München, 1996.

[Mus97] Marek Musial. On-line timed protocol trace analysis based on uncertain state descriptions. In *FORTE/PSTV'97 International Conference on Formal Description Techniques*. IFIP, Elsevier, 1997.

Komplexitätstheoretische Ergebnisse für Randomisierte Branchingprogramme

Martin Sauerhoff

Universität Dortmund, FB Informatik, LS 2

Branchingprogramme sind eine graphische Beschreibungsform für Boolesche Funktionen, die zum einen in Anwendungen wie Hardware-Verifikation und Model Checking einsetzt wird, sich zum anderen aber auch als Standard-Berechnungsmodell in der theoretischen Informatik etabliert hat.

Obwohl die Technik des Entwurfs von effizienten Algorithmen weit fortgeschritten ist, fehlen umgekehrt bisher fast völlig Möglichkeiten, für ein als „schwierig" und „nicht effizient lösbar" eingeschätztes Problem auch tatsächlich nachweisen zu können, daß es zwangläufig hohe Komplexität in einem „vernünftigen" Berechnungsmodell erfordert. Aufgrund der einfachen kombinatorischen Struktur von Branchingprogrammen hofft man, für dieses Modell leichter große untere Schranken für die Komplexität von konkreten Probleme beweisen zu können als z. B. für das klassische Modell der Turingmaschine.

Allerdings ist der Nachweis der gewünschten unteren Schranken für die Komplexität auch für Branchingprogramme bisher noch nicht gelungen. Die Erfolge, die in den letzten Jahren für *eingeschränkte* Varianten des allgemeinen Modells erzielt wurden, machen aber berechtigte Hoffnung, durch fortschreitende Abschwächung der Restriktionen schließlich auch den Durchbruch für allgemeine Branchingprogramme schaffen zu können.

Aufgrund der praktischen Bedeutung von randomisierten Algorithmen ist auch ein Branchingprogramm-Modell interessant, in dem Zufallsentscheidungen getroffen werden dürfen. Solche *randomisierten Branchingprogramme* werden in der Arbeit untersucht. Dabei geht es hauptsächlich um den Nachweis von unteren und oberen Schranken für randomisierte Varianten von Branchingprogrammen mit *Beschränkung der Lesezugriffe auf die Eingabevariablen*.

Die Arbeit hat folgende wesentlichen Beiträge zur „Jagd nach Unteren-Schranken-Rekorden" geliefert: zum einen eine sehr genaue Abschätzung des Einflusses der Fehlerwahrscheinlichkeit auf die Komplexität von Read-Once-Branchingprogrammen, und zum anderen die erste exponentielle untere Schranke für randomisierte Read-k-Times-Branchingprogramme.

1   Einleitung

In vielen praktischen Anwendungen sind heutzutage randomisierte Algorithmen, d. h. Algorithmen, die Entscheidungen abhängig von Zufallsbits treffen dürfen, unverzichtbar. Als Beispiele seien randomisierte Datenstrukturen wie Hashtabellen, randomisierte Algorithmen zur Synchronisation von Entscheidungen in verteilten Systemen oder randomisierte Primzahltests für die Kryptographie genannt.

In der Praxis mag es Situationen geben, in denen man sich nicht auf einen randomisierten Algorithmus verlassen möchte, der nur mit „an Sicherheit grenzender Wahrscheinlichkeit" das richtige Ergebnis liefert (und das auch nur, wenn man ihm „echte" Zufallsbits zur Verfügung stellt). Daher ist es eine naheliegende Frage, ob man solche Algorithmen immer *derandomisieren* kann. Oder gibt es konkrete Probleme mit effizienten randomisierten Algorithmen, für die jeder deterministische Algorithmus ineffizient ist? Ein Kandidat hierfür ist das Problem, für eine natürliche Zahl zu entscheiden, ob es sich um eine Primzahl handelt. Die einzigen effizienten Algorithmen für dieses Problem, die wir kennen, sind randomisierte Algorithmen (es gibt deterministische Algorithmen, die nur unter der Annahme unbewiesener zahlentheoretischer Vermutungen korrekt arbeiten).

Nehmen wir an, wir glauben, daß randomisierte Algorithmen für einige schwierige Probleme wesentlich effizienter sind als deterministische. Viele der praktischen Probleme, die man bisher mit deterministischen Algorithmen nicht in vernünftiger Zeit lösen kann, gehören zur Klasse der NP-vollständigen Probleme. Können nun randomisierte Algorithmen vielleicht auch bei der Lösung solcher NP-vollständigen Probleme helfen? Obwohl es ausreichen würde, für nur ein Problem dieser Art einen effizienten randomisierten Algorithmus zu finden, ist dies bisher nicht gelungen. Ist eine weitere Suche aussichtslos?

Um grundlegende Fragen wie die eben beschriebenen beantworten zu können, werden in der Komplexitätstheorie geeignete formale Modelle für reale Rechner untersucht, z. B. Turingmaschinen oder Registermaschinen. Das Hauptanliegen der Komplexitätstheorie ist es, die zur Lösung konkreter Probleme durch solche Modell-Rechner benötigte Menge an Ressourcen wie Rechenzeit und Speicherplatz zu bestimmen.

Es ist nun in der Regel nicht möglich, z. B. die von einem Algorithmus benötigte Rechenzeit auf einer Turingmaschine als Funktion der Eingaben genau zu ermitteln. So etwas ist aber auch im Hinblick auf die praktische Anwendbarkeit der Theorie nicht sinnvoll, da die Ergebnisse bei dieser Vorgehensweise zwangsläufig stark von technischen Details des Rechnermodells abhängen und daher (in dieser Genauigkeit) nicht übertragbar sind.

Folgende Vereinfachungen haben sich als sinnvoll erwiesen. Wir begnügen uns damit, die von einem Algorithmus für die *ungünstigsten Eingaben* benötigten Ressourcen zu ermitteln. Da für viele Anwendungen die Rechenzeit entscheidend ist, betrachten wir einen Algorithmus dann als „effizient", wenn seine Rechenzeit für die ungünstigsten Eingaben durch ein Polynom in der Eingabelänge beschränkt ist. Diese Betrachtungen haben zur Definition der folgenden Standard-Komplexitätsklassen geführt:

- P, die Klasse der in Polynomialzeit von deterministischen Algorithmen lösbaren Probleme;

- NP, die Klasse der Probleme, für die in Polynomialzeit von einem deterministischen Algorithmus *verifiziert* werden kann, ob eine vorgegebene Lösung korrekt ist; und

- BPP, die Klasse der in Polynomialzeit von randomisierten Algorithmen mit *beschränkter Fehlerwahrscheinlichkeit* lösbaren Probleme.

Für randomisierte Algorithmen mit beschränkter Fehlerwahrscheinlichkeit, die eine Ja/Nein-Ausgabe liefern sollen, ist die Wahrscheinlichkeit, abhängig von den zufälligen Entscheidungen eine falsche Antwort zu geben, durch eine Konstante kleiner als 1/2 beschränkt. Dies stellt sicher, daß durch mehrfache, unabhängige Wiederholungen des Algorithmus die Fehlerwahrscheinlichkeit insbesondere unter jede beliebige Konstante gesenkt werden kann (etwa bis sie so klein ist wie die Wahrscheinlichkeit eines Hardwarefehlers durch kosmische Strahlung o. ä.). Für praktische Zwecke sind BPP-Algorithmen daher oft als Lösung genauso akzeptabel wie ein deterministischer Algorithmus.

Um eine Antwort auf unsere erste obige Fragestellung zu erhalten, müssen wir uns mit der Beziehung zwischen den Komplexitätsklassen P und BPP beschäftigen. Offensichtlich ist P $\subseteq$ BPP (randomisierte Algorithmen müssen von ihren Zufallsbits keinen Gebrauch machen), aber es ist bis heute ein ungelöstes Problem, ob die beiden Klassen wirklich verschieden sind. Das erwähnte Primzahltest-Problem liegt in BPP und möglicherweise nicht in P. Es gibt aber auch einige neuere Ergebnisse, nach denen unter bestimmten vernünftigen Annahmen, die jedoch bisher unbewiesen sind, tatsächlich beliebige Algorithmen vom BPP-Typ derandomisiert werden können. (Siehe dazu z. B. [3, 5].)

Die Frage, ob es ein NP-vollständiges Problem gibt, das in Polynomialzeit von randomisierten Algorithmen mit beschränkter Fehlerwahrscheinlichkeit gelöst werden kann, ist äquivalent zu der Frage, ob NP eine Teilklasse von BPP ist. Auch diese Frage ist offen. Es gibt gute Gründe dafür, anzunehmen, daß das nicht der Fall ist: Ko [7] hat gezeigt, daß aus NP $\subseteq$ BPP folgt, daß eine große Klasse von Problemen effiziente randomisierte Algorithmen hat, die man für so schwierig hält, daß dies sehr unwahrscheinlich erscheint.

Bisher gibt es also auf offensichtlich naheliegende Fragen zu den grundlegenden Komplexitätsklassen keine abschließenden Antworten. Die Trennung von Komplexitätsklassen hat sich als äußerst schwieriges Problem herausgestellt. Um zu zeigen, daß zwei Komplexitätsklassen A und B verschiedenen sind, muß ein Problem gefunden werden, das z. B. „leicht" für Algorithmen des A-Typs ist, aber für das man dennoch zeigen kann, daß *jeder* Algorithmus vom B-Typ einen hohen Ressourcenverbrauch erfordert. Der Nachweis von *unteren Schranken* für den notwendigen Ressourcenverbrauch (die *Komplexität*) von konkreten Problemen ist eine der großen Herausforderungen der Komplexitätstheorie.

Für Turingmaschinen und ähnliche Modelle scheinen wir heutzutage immer noch weit davon entfernt zu sein, interessante untere Schranken beweisen zu können. Trotz intensiver, jahrzehntelanger Forschung ist es nicht gelungen, Aussagen wie „P $\subsetneq$ BPP oder „NP $\not\subseteq$ BPP" zu zeigen. In dieser Situation gibt es mehrere mögliche Auswege, um dennoch die vorhandenen Ideen weiterzuentwickeln und unter anderem unser Wissen über die „Berechnungskraft" von randomisierten Algorithmen zu erweitern.

Eine Möglichkeit ist es, unter plausiblen, jedoch bisher nicht beweisbaren Annahmen weiterzuarbeiten. Ergebnisse dieser Art wurden bereits oben erwähnt. Bei einem anderen Ansatz werden alternative Berechnungsmodelle anstelle der klassischen Turingmaschine untersucht. Turingmaschinen haben sich als schwer zugänglich für kombinatorische Methoden zum Nachweis von unteren Schranken erwiesen. Man ist daher ständig auf der Suche nach einfacheren Modellen, die leichter handhabbar sind.

Dieser Ansatz hat sich für einige *nichtuniforme* Alternativ-Modelle als sehr erfolgreich erwiesen. Ein nichtuniformes Modell ordnet einer Folge von Booleschen Funktionen $f_n\colon \{0,1\}^n \to \{0,1\}$ eine Folge von Darstellungen dieser Funktionen zu. Beispiele für solche Modelle sind Schaltkreise, Kommunikationsprotokolle und auch die hier untersuchten Branchingprogramme.

Im nächsten Abschnitt werden Branchingprogramme vorgestellt, und es wird diskutiert, warum dieses Modell für die Komplexitätstheorie interessant ist. Danach werden die in der Dissertation für randomisierte Branchingprogramme erzielten Ergebnisse zusammengefaßt.

2   Branchingprogramme – Das Modell

Branchingprogramme stellen Boolesche Funktion in Form von gerichteten Graphen dar und ähneln darin Schaltkreisen. Die folgende genaue Definition des Modells zeigt auch bereits, daß Branchingprogramm eine besonders einfache „Visualisierung" von sequentiellen Berechnungen erlauben.

Definition: Ein *(deterministisches) Branchingprogramm* mit Variablenmenge $\{x_1, \ldots, x_n\}$ ist ein gerichteter, azyklischer Graph mit einer Quelle und Senken, die mit den Booleschen Konstanten 0 und 1 markiert sind. Jeder innere Knoten ist mit einer Variablen x_i markiert und hat zwei ausgehende Kanten, die wiederum die Markierungen 0 bzw. 1 tragen. (Siehe Abbildung unten.)

Solch ein Graph stellt eine Boolesche Funktion $f: \{0,1\}^n \to \{0,1\}$ wie folgt dar. Für eine gegebene Belegung $a \in \{0,1\}^n$ der Variablen folgt man einem Pfad im Graphen, der an der Quelle beginnt. An einem inneren, mit einer Variablen x_i markierten Knoten stellt man fest, welchen Wert diese Variable bei der gegebenen Belegung a hat und folgt der entsprechend markierten, ausgehenden Kante. Schließlich wird eine Senke erreicht, und der Wert dieser Senke ist gerade $f(a)$.

Unter der *Größe* eines Branchingprogramms G versteht man die Anzahl der Knoten im Graphen. Die *Branchingprogramm-Größe von f* ist die minimale Größe eines Branchingprogramms, das f auf die beschriebene Weise darstellt.

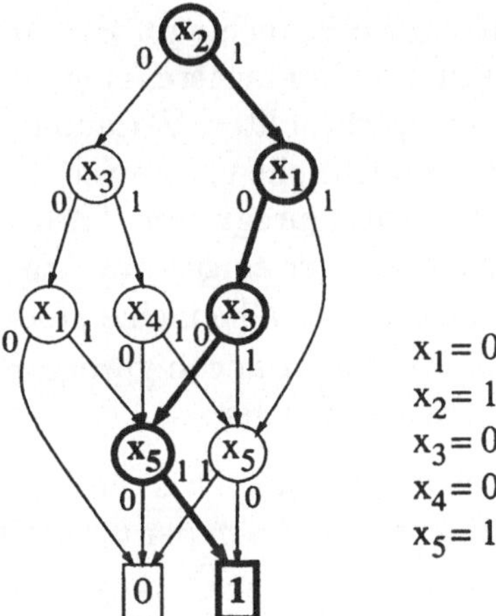

Wir interessieren uns in der Regel für Folgen von Branchingprogrammen G_n, $n \in \mathbb{N}$, die Folgen von Booleschen Funktionen f_n darstellen, und für Aussagen über die Größe der G_n in Abhängigkeit von der Eingabelänge n.

Die *Tiefe* von Branchingprogrammen, d. h. die Länge des längsten Pfades, entspricht der maximal benötigten Rechenzeit für eine Eingabe. Andererseits repräsentieren die einzelnen Knoten von Branchingprogramme „Zwischenzustände" während der Berechnung und entsprechen damit „Konfigurationen" bei anderen sequentiellen Berechnungsmodellen.

Man kann genauer zeigen, daß tatsächlich der Logarithmus der Größe von Branchingprogrammen für eine Funktion im wesentlichen dem Speicherplatzbedarf bei der Berechnung dieser Funktion durch Turingmaschinen entspricht (genauer gesagt betrachtet man hierzu eine nichtuniforme Variante des klassischen Modells).

Aussagen über die Größe von Branchingprogrammen liefern damit also auch Aussagen über die Problemkomplexität für Turingmaschinen. Im Unterschied zur Einleitung ist die entscheidende Ressource hier allerdings der Speicherplatzverbrauch. Zu den großen, offenen Problemen der Komplexitätstheorie gehört auch die Frage, ob es Probleme in P gibt, die sich nicht mit logarithmischen Speicherplatzverbrauch von (gewöhnlichen) Turingmaschinen lösen lassen. Der Nachweis einer superpolynomiellen unteren Schranke für die Branchingprogramm-Größe einer Funktion in P würde insbesondere auch dieses offene Problem lösen und damit einen enormen Durchbruch für die Komplexitätstheorie bedeuten.

Bisher sind allerdings nicht einmal Techniken zum Beweis von superlinearen unteren Schranken für allgemeine Branchingprogramme bekannt. In dieser Situation hat man sich zunächst auf einfachere, eingeschränkte Modelle zurückgezogen. Für viele solche eingeschränkten Varianten von Branchingprogrammen sind inzwischen sogar exponentielle untere Schranken für die Größe bewiesen worden. Das Ziel der Branchingprogramm-Theorie ist es, diese vorhandenen Techniken nun auf immer weniger eingeschränkte Varianten zu erweitern – in der Hoffnung, irgendwann auch das allgemeine Modell behandeln zu können.

Folgende eingeschränkte Arten von Branchingprogrammen sind besonders intensiv in der Literatur untersucht worden:

- *Read-k-Times-Branchingprogramme*: Dies sind Branchingprogramme, bei denen jede Variable auf jedem Pfad von der Quelle zu einer Senke höchstens k-mal auftauchen darf. Ein Read-k-Times-Branchingprogramm für eine Funktion mit n Variablen hat Tiefe höchstens kn. Mit dem Parameter k läßt sich daher die zur Verfügung stehende Rechenzeit steuern.

- *Read-Once-Branchingprogramme* sind der Spezialfall $k = 1$ des obigen Modells. Dieses Modell ist das erste, für das exponentielle untere Schranken für die Größe bewiesen werden konnten.

- *OBDDs (Ordered Binary Decision Diagrams):* Dies sind spezielle Read-Once-Branchingprogramme mit einer fest vorgegebenen *Variablenreihenfolge*, die auf alle Pfaden von der Quelle zu einer Senke eingehalten werden muß. OBDDs werden in vielen Anwendungen als *Datenstruktur* für Booleschen Funktionen eingesetzt.

Für all diese Branchingprogramm-Arten sind inzwischen Techniken zum Nachweis exponentieller unterer Schranken für die Größe bekannt (Details siehe z. B. [10]).

Für Branchingprogramme kann man aber auch nichtdeterministische und randomisierte Varianten auf naheliegende Weise definieren, in dem man zusätzlich „Spezialknoten" erlaubt, bei denen während einer Berechnung der jeweilige Nachfolger entweder nichtdeterministisch „geraten" oder per Münzwurf ermittelt wird. Es läßt sich anhand dieser Varianten dann untersuchen, ob (und wenn ja, wie) Nichtdeterminismus und Zufall helfen können, die Branchingprogramm-Größe im Vergleich zum deterministischen Modell zu verringern.

Wir geben hier nur eine genauere Definition für das randomisierte Modell mit beschränkter Fehlerwahrscheinlichkeit an. Randomisierte Branchingprogramme mit andere Fehlerarten und auch nichtdeterministische Branchingprogramme lassen sich völlig analog formal definieren.

Definition: Ein *randomisiertes Branchingprogramm* ist ein Branchingprogramm mit zwei disjunkten Variablenmengen $X = \{x_1, \ldots, x_n\}$ und $Y = \{y_1, \ldots, y_r\}$, wobei die Variablen in Y *probabilistische Variablen* genannt werden. Jede probabilistische Variable darf auf jedem Pfad von der Quelle zu einer Senke im Branchingprogramm höchstens einmal auftauchen.

Solch ein Branchingprogramm wird für eine Belegung $a \in \{0,1\}^n$ der Variablen in X wie folgt ausgewertet. Zunächst wird eine Belegung $b \in \{0,1\}^r$ für die probabilistischen Variablen $y_1, \ldots, y_r$ durch r unabhängige, faire Münzwürfe gewählt (Wahrscheinlichkeit 1/2 für „Kopf" und „Zahl"). Danach berechnet man die Ausgabe wie im deterministischen Fall für die gemeinsame Belegung aus a und b für alle Variablen.

Wir sagen, daß das Branchingprogramm die Funktion $f\colon \{0,1\}^n \to \{0,1\}$ *mit durch ε beschränkter Fehlerwahrscheinlichkeit* darstellt, wobei $0 \leq \varepsilon < 1/2$, falls für jede Belegung a der X-Variablen und für eine zufällige Belegung der Y-Variablen (wie beschrieben) der bei der Auswertung erhaltene Wert mit Wahrscheinlichkeit höchstens ε nicht mit $f(a)$ übereinstimmt.

Für die Darstellung der komplexitätstheoretischen Ergebnisse für Branchingprogramme hat es sich als praktisch erwiesen, Komplexitätsklassen analog zu den bekannten Klassen P, NP, BPP usw. für Turingmaschinen zu definieren, wobei polynomielle Rechenzeit durch polynomielle Größe im jeweiligen Branchingprogramm-Modell ersetzt wird.

Nichtdeterministische Branchingprogrammen sind schon seit längerem theoretisch untersucht worden, und es gibt auch für einige der eingeschränkten Modelle exponentielle untere Schranken, insbesondere wieder für die aus der oben angegebenen Liste (siehe [10]).

Erst 1996 haben Ablayev und Karpinski [2] die Untersuchung von randomisierten Branchingprogrammen eingeleitet. Sie haben eine Funktionenfolge angegeben, die sich mit randomisierten OBDDs mit beschränkter Fehlerwahrscheinlichkeit in polynomieller Größe darstellen läßt, aber für das deterministische Modell exponentielle Größe benötigt. Exponentielle untere Schranken für randomisierte OBDDs sind unabhängig von Ablayev [1] und dem Autor [9] bewiesen worden.

Weitere Ergebnisse werden im nun folgenden Abschnitt dargestellt.

3 Zusammenfassung der Ergebnisse

Grundlagen zum randomisierten Modell. Zunächst werden in der Arbeit einfache Konsequenzen aus der Definition von randomisierten Branchingprogrammen zusammengefaßt. Insbesondere wird gezeigt, daß das neue Modell auf natürliche Weise die bereits untersuchten Modelle für den nichtdeterministischen Fall ergänzt. Desweiteren stellt die Definition sicher, daß sich auch Standard-Komplexitätsklassen für probabilistische nichtuniforme Turingmaschinen mit logarithmisch beschränktem Speicherplatz mit Hilfe von randomisierten Branchingprogrammen charakterisieren lassen.
Für die probabilistischen Komplexitätsklassen, die bezüglich polynomieller Branchingprogramm-Größe definiert sind, ergeben sich einige einfache Inklusionsbeziehungen genauso wie bei probabilistischen Turingmaschinen. Außerdem läßt sich auch die Technik übertragen, durch unabhängige Wiederholungen von Berechnungen die Fehlerwahrscheinlichkeit auf eine beliebige Konstante zu verkleinern, bei gleichzeitiger Erhaltung polynomieller Größe. Diese Aussagen gelten allerdings nur für uneingeschränkte Branchingprogramme.

Randomisierte OBDDs. Die vorhandenen Ergebnisse für randomisierte OBDDs werden in der Arbeit durch weitere untere und obere Schranken für bekannte Funktionen ergänzt. Die bereits bekannten Unteren-Schranken-Techniken werden in Form eines auf Hilfsmitteln aus der Kommunikationskomplexitäts-Theorie beruhenden Ansatz vereinheitlicht und zusammengefaßt.

Randomisierte Read-Once- und Read-k-Times-BPs. Im Hauptteil der Dissertation werden komplexitätstheoretische Ergebnisse für randomisierte Read-Once- und Read-k-Times-Branchingprogramme bewiesen. Die unteren Schranken für diese Modelle basieren auf einer allgemeinen Beweistechnik, die in der Arbeit vorgestellt wird. Diese „Technik der verallgemeinerten Rechtecke" ist eine Erweiterung der Ergebnisse, die Borodin, Razborov und Smolensky [4] bereits für den nichtdeterministischen Fall erzielt hatten.

Das zentrale Problem, das für Read-Once-Branchingprogramme behandelt wird, ist die Aufklärung der Beziehung zwischen Nichtdeterminismus und Zufall. Durch Konstruktion von randomisierten OBDDs polynomieller Größe für die bekannte *Permutationsmatrix-Funktion*, die exponentielle Größe für nichtdeterministische Read-Once-Branchingprogramme hat, wird zunächst gezeigt, daß für Read-Once-Branchingprogramme Zufall tatsächlich mächtiger sein kann als Nichtdeterminismus, d. h. es gilt BPP $\not\subseteq$ NP für die bezüglich der Größe von Read-Once-Branchingprogrammen definieren Komplexitätsklassen. Der Nachweis, daß umgekehrt für bestimmte Funktionen auch Nichtdeterminismus mächtiger sein kann als Zufall, erweist sich als ungleich schwieriger. Dazu wird eine auf Arithmetik in endlichen Körpern basierende Funktion eingeführt, die sich mit linearer Größe sowohl durch nichtdeterministische Read-Once-Branchingprogramme als auch durch randomisierte Read-Once-Branchingprogramme mit durch 1/3 beschränkter Fehlerwahrscheinlichkeit darstellen läßt. Als ein Hauptergebnis der Arbeit wird dann mit der „Technik der verallgemeinerten Rechtecke" bewiesen, daß randomisierte Read-Once-Branchingprogramme für diese Funktion exponentielle Größe benötigen, sobald die Schranke für die erlaubte Fehlerwahrscheinlichkeit kleiner als 1/4 ist.
Für Read-Once-Branchingprogramme gilt daher NP $\not\subseteq$ BPP, wenn die Fehlerwahrscheinlichkeit für das randomisierte Modell kleiner als 1/4 ist. Außerdem beobachten wir, daß bereits eine geringe Verschärfung der Anforderung an die Fehlerwahrscheinlichkeit, nämlich eine Absenkung von 1/3 auf 1/4, zu einem exponentiellen Anstieg der benötigten Größe führen kann. Insbesondere gibt es für Read-Once-Branchingprogramme also im Gegensatz zu allgemeinen Branchingprogrammen und probabilistischen Turingmaschinen keine Möglichkeit, die Fehlerwahrscheinlichkeit unter eine beliebige Konstante zu senken (bei Erhaltung polynomieller Größe).

Desweiteren wird für eine Funktion von Jukna, Razborov, Savický und Wegener [6], die exponentielle Größe für deterministische Read-Once-Branchingprogramme erfordert, eine polynomielle obere Schranke für sogenannte *fehlerlose* randomisierte Read-Once-Branchingprogramme präsentiert. Damit sind selbst sehr eingeschränkte randomisierte Darstellungen mächtiger als das deterministische Modell.

Als zweites Hauptergebnis der Dissertation wird schließlich die „Technik der verallgemeinerten Rechtecke" in ihrer allgemeinsten Form angewendet, um eine exponentielle untere Schranke für die Größe von randomisierten Read-k-Times-Branchingprogrammen zu zeigen. Die Schranke ist exponentiell, solange der Parameter k durch $c \cdot \log n$ beschränkt ist, wobei n die Eingabelänge ist und c eine geeignet gewählte Konstante. Die hierfür betrachtete Funktion stammt aus der bereits erwähnten Arbeit von Borodin, Razborov und Smolensky.

Literatur

[1] F. Ablayev. Randomization and nondeterminism are incomparable for polynomial ordered binary decision diagrams. In *Proc. of 24th ICALP, LNCS 1256*, 195–202. Springer, 1997.

[2] F. Ablayev und M. Karpinski. On the power of randomized branching programs. In *Proc. of 23rd ICALP, LNCS 1099*, 348–356. Springer, 1996.

[3] A. E. Andreev, A. E. F. Clementi, J. D. P. Rolim und L. Trevisan. Weak random sources, hitting sets, and BPP simulations. *SIAM J. Comp.*, 28(6):2103–2116, 1999.

[4] A. Borodin, A. A. Razborov und R. Smolensky. On lower bounds for read-k-times branching programs. *Computational Complexity*, 3:1–18, 1993.

[5] R. Impagliazzo und A. Wigderson. P = BPP if E requires exponential circuits: Derandomizing the XOR lemma. In *Proc. of 29th STOC*, 220–228, 1997.

[6] S. Jukna, A. Razborov, P. Savický und I. Wegener. On P versus NP ∩ co-NP for decision trees and read-once branching programs. In *Proc. of 22nd MFCS, LNCS 1295*, 319–326. Springer, 1997. Erscheint in *Computational Complexity*.

[7] K.-I. Ko. Some observations on the probabilistic algorithms and NP-hard problems. *Information Processing Letters*, 14(1):39–43, Mar. 1982.

[8] M. Sauerhoff. Lower bounds for randomized read-k-times branching programs. In *Proc. of 15th STACS, LNCS 1373*, 105–115. Springer, 1998.

[9] M. Sauerhoff. On the size of randomized OBDDs and read-once branching programs for k-stable functions. In *Proc. of 16th STACS, LNCS 1563*, 488–499. Springer, 1999.

[10] I. Wegener. *Branching Programs and Binary Decision Diagrams—Theory and Applications*. Monographs on Discrete and Applied Mathematics. SIAM. Erscheint im Juli 2000.

Martin Sauerhoff wurde 1967 in Wattenscheid geboren. Er studierte Informatik an der Universität Dortmund (Diplom 1994) und hat dort auch promoviert (1999). Zur Zeit arbeitet er als wissenschaftlicher Mitarbeiter im DFG-Projekt „Branchingprogramme und BDDs" am Lehrstuhl von Prof. Dr. Ingo Wegener in Dortmund.

Topological Vector Field Visualization with Clifford Algebra

Dr. Gerik Scheuermann

Universität Kaiserslautern
Lehrstuhl für Graphische Datenverarbeitung und Computergeometrie
Fachbereich Informatik

Visualization is the discipline in Computer Science dealing with the representation of data by computer generated images. "It transforms the symbolic into the geometric, enabling researchers to observe their simulations and computations," [MD87, p. 2]. One major area visualizes vector fields. In applied mathematics, the study of gas dynamics, combustion and fluid flow leads to vector fields describing velocity, vorticity, and gradients of pressure, density and temperature. In engineering, computational fluid dynamics (CFD) and finite element analysis (FEA) produce large data sets. They are central for aeronautics, automotive design, construction, meteorology and geology.
Methods based on topology have been used successfully because of their ability to concentrate information related to important properties. In fluid flows, important features like vortices and separation lines can be detected automatically by extracting topology [HH91]. Conventional approaches are based on piecewise linear or bilinear interpolation. Drawbacks of these methods are attacked in this thesis.

- The detection and analysis of higher order critical points is not possible.

- The role of the grid in the field topology is not recognized.

- There is no continous derivative over grid edges.

Higher order critical points can not exist in piecewise linear or bilinear interpolations. This thesis presents an algorithm based on a new theoretical relation between analytic field description in Clifford algebra and topology. The appearance of topological artifacts due to the interpolation led to an analysis of the dependencies between grid and vector field topology. It is shown that some artifacts can be removed by swapping edges. Finally, a cubic C^1-interpolation is introduced allowing higher precision topology extraction.

1   Clifford Algebra Description of Vector Fields

Clifford algebra is a way to extend the usual description of geometry by a multiplication of vectors. A vector $v \in R^2$ may be written as

$$v \;=\; v_1 \begin{pmatrix} 1 \\ 0 \end{pmatrix} + v_2 \begin{pmatrix} 0 \\ 1 \end{pmatrix} = \begin{pmatrix} v_1 \\ v_2 \end{pmatrix}. \tag{1}$$

If we would use square matrices instead, we could take

$$v \;=\; v_1 \begin{pmatrix} 0 & 1 \\ 1 & 0 \end{pmatrix} + v_2 \begin{pmatrix} 1 & 0 \\ 0 & -1 \end{pmatrix} = \begin{pmatrix} v_2 & v_1 \\ v_1 & -v_2 \end{pmatrix}. \tag{2}$$

This allows a matrix multiplication of vectors.

$$vw \;=\; \begin{pmatrix} v_2 & v_1 \\ v_1 & -v_2 \end{pmatrix} \begin{pmatrix} w_2 & w_1 \\ w_1 & -w_2 \end{pmatrix} = \begin{pmatrix} v_1 w_1 + v_2 w_2 & v_2 w_1 - v_1 w_2 \\ v_1 w_2 - v_2 w_1 & v_1 w_1 + v_2 w_2 \end{pmatrix} \tag{3}$$

With a suitable choice of the remaining two basis vectors of the square matrices we get

$$\begin{aligned} vw \;&=\; (v_1 w_1 + v_2 w_2) \begin{pmatrix} 1 & 0 \\ 0 & 1 \end{pmatrix} + (v_1 w_2 - v_2 w_1) \begin{pmatrix} 0 & -1 \\ 1 & 0 \end{pmatrix} \\ &=\; (v \bullet w) + (v \wedge w) \end{aligned} \tag{4}$$

Calling the two additional matrices 1 and i, we end up with a four-dimensional algebra G^2 describing plane geometry. The product unifies the inner product and the outer product of Grassmann into an associative product.

After extending the structure of the linear algebra one may also extend the analysis. This leads to a differential operator that does not depend on coordinates. A vector field is a domain together with a vector of fixed dimension at every point in the domain. It is written as

$$\begin{aligned} v : R^2 \supset D \;&\to\; R^2 \subset G^2 \\ xe_1 + ye_2 \;&\mapsto\; v_1(x,y)e_1 + v_2(x,y)e_2 \end{aligned} \tag{5}$$

The directional derivative of v in direction $b \in R^2$ is defined by

$$v_b(r) = \lim_{\epsilon \to 0} \frac{1}{\epsilon}[v(r + \epsilon b) - v(r)]. \tag{6}$$

This allows the definition of the vector derivative of v at $r \in R^2$

$$\partial v(r) : R^2 \;\to\; G^2 \tag{7}$$

$$r \mapsto \partial v(r) \;=\; \sum_{k=1}^{2} g^k v_{g_k}(r).$$

This is independent of the basis $\{g_1, g_2\}$ of R^2. $\{g^1, g^2\}$ are the reciprocal vectors. In Euclidean coordinates, we get

$$
\begin{aligned}
\partial v &= \sum_{j=1}^{2} e_j v_{e_j} = \sum_{j=1}^{2} e_j \left(\frac{\partial v_1}{\partial e_j} e_1 + \frac{\partial v_2}{\partial e_j} e_2 \right) \\
&= \left(\frac{\partial v_1}{\partial e_1} + \frac{\partial v_2}{\partial e_2} \right) 1 + \left(\frac{\partial v_2}{\partial e_1} - \frac{\partial v_1}{\partial e_2} \right) i = (\text{div } v)1 + (\text{curl } v)i
\end{aligned}
\tag{8}
$$

This differential operator integrates divergence and rotation. The integral is defined by Riemannian sums. This allows the definition of the Poincaré-index of a vector field v at $a \in R^2$ as

$$
\text{ind}_a v = \lim_{\epsilon \to 0} \frac{1}{2\pi i} \int_{S^1_\epsilon} \frac{v \wedge dv}{v^2}
\tag{9}
$$

where S^1_ϵ is a circle of radius ϵ around a. For our analysis of vector fields it is necessary to look at $v : R^2 \to R^2 \subset G^2$ in suitable coordinates. Let $z = x + iy$, $\bar{z} = x - iy$ be complex numbers in the algebra. This means

$$
x = \frac{1}{2}(z + \bar{z}) \qquad y = \frac{1}{2i}(z - \bar{z})
\tag{10}
$$

We get

$$
\begin{aligned}
v(r) &= v_1(x, y)e_1 + v_2(x, y)e_2 \\
&= [v_1(\tfrac{1}{2}(z + \bar{z}), \tfrac{1}{2i}(z - \bar{z})) - iv_2(\tfrac{1}{2}(z + \bar{z}), \tfrac{1}{2i}(z - \bar{z}))]e_1 \\
&= E(z, \bar{z})e_1 .
\end{aligned}
\tag{11}
$$

The idea is now to analyze E instead of v and get topological results directly from the formulas.

Theorem 1 *Let $v : R^2 \to R^2 \subset G^2$ be an arbitrary polynomial vector field with isolated critical points. Let E be the polynomial so that $v(r) = E(z, \bar{z})e_1$. Let F_k, $k = 1, \ldots, n$ be the irreducible components of E, so that $E = \prod_{k=1}^{n} F_k$. Then the vector fields $w_k : R^2 \to R^2$, $w_k(r) = F_k(r)e_1$ have only isolated zeros $z_1, \ldots, z_m$. These are then the zeros of v and for the Poincaré-indices we have*

$$
\text{ind}_{z_j} v = \sum_{k=1}^{n} \text{ind}_{z_j} w_k
\tag{12}
$$

In practice, we use linear factors because of their simple known behavior.

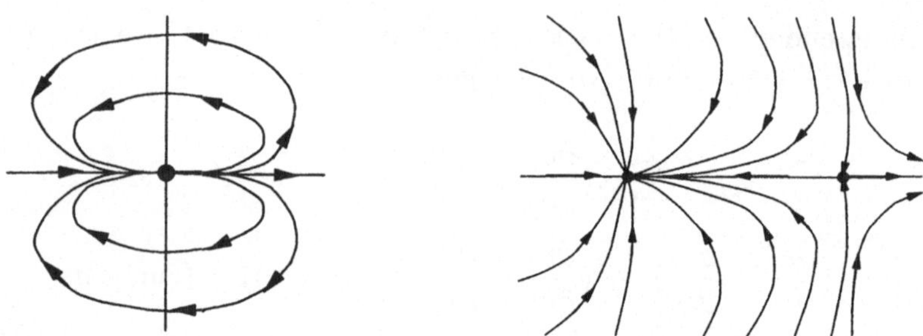

Abbildung 1: *The dipole of example 1 and the two critical points of example 2.*

Theorem 2 *Let $v : R^2 \to R^2 \subset G^2$ be the vector field $v(r) = E(z, \bar{z})e_1$ with*

$$E(z, \bar{z}) = \prod_{k=1}^{n} (a_k z + b_k \bar{z} + c_k), \tag{13}$$

$|a_k| \neq |b_k|$ and let z_k be the unique zero of $a_k z + b_k \bar{z} + c_k$. Then v has zeros at z_j, $j = 1, \ldots, n$ and the Poincaré index of v at z_j is the sum of the indices of the $(a_k z + b_k \bar{z} + c_k)e_1$ at z_j.

These dry formulas have to be illustrated by examples.

Examples 3   *(1) $v : R^2 \to R^2$, $v(r) = \bar{z}^2 e_1$*

$$\begin{aligned}
\bar{z}^2 e_1 &= (x - iy)^2 e_1 = (x^2 - y^2)e_1 + (2xy)e_2 \\
\Rightarrow v(x, y) &= (x^2 - y^2, 2xy)
\end{aligned}$$

This vector field has index 2 at the origin and no further zeros and is called a dipole, as can be seen on the left of Figure 1.

(2) $v : R^2 \to R^2$, $v(r) = (z - 2)\bar{z}e_1$

$$\begin{aligned}
(z - 2)\bar{z}e_1 &= (x + iy - 2)(x - iy)e_1 = (x^2 - 2x + y^2)e_1 + (-2y)e_2 \\
\Rightarrow v(x, y) &= (x^2 - 2x + y^2, -2y)
\end{aligned}$$

This vector field has a saddle at (2,0) and a node at (0,0). The right part of Figure 1 gives an impression.

2   Detection of Higher Order Critical Points

The extraction of topology is a feature detection method with clearly defined mathematical background, so it works without user interaction. The known methods deal with the extraction of simple critical points. This section shows an extension to higher order critical points as they appear in magnetic fields and sometimes in turbulent fluid flows. The basic idea is to look for regions with close simple critical points. We change the approximation so that higher order critical points are possible based on the results of the previous section. We assume a finite number of points with given vector data that form a triangulation.

The algorithm works in two phases. The first phase looks for neighboring triangles with opposite index as in the left of figure 2. We store these pairs. The second phase looks for situations like in the middle of figure 2. If there are close triangles with the same index, we may have a higher order critical point there. We check this by changing the approximation based on our theoretical results from the previous section. If we encounter a situation as shown on the right of figure 2, we include the pair with opposite index in the region. The following example shows the results of the algorithm.

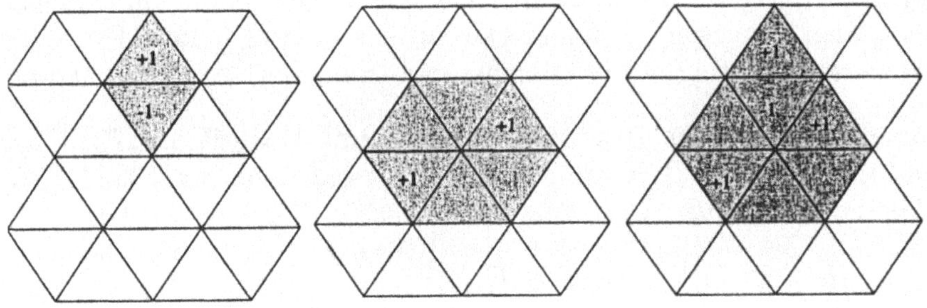

Abbildung 2: *The cases of the higher order topology algorithm*

Example 4 *A vector field $v : D \to R^2$ with $D = [-1, 1] \times [-1, 1]$ is given containing 14 critical points including a dipole and a monkey saddle. A piecewise linear interpolation gives the topology on the left of Figure 3. The algorithm allows to find a monkey saddle and a dipole in the field as can be seen on the right of Figure 3.*

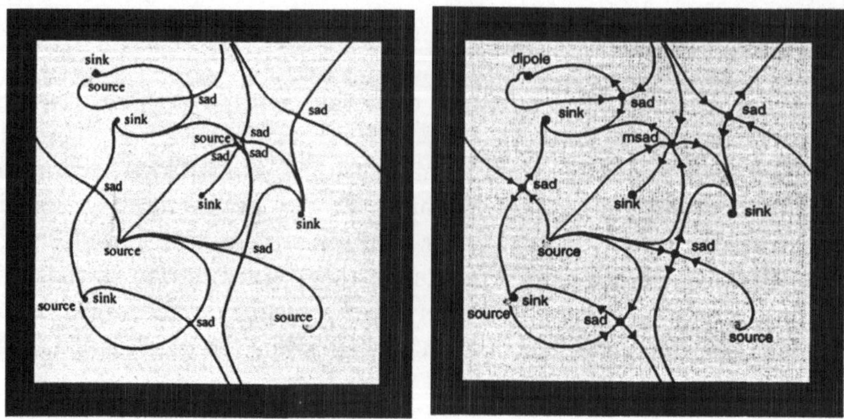

Abbildung 3: Linear and higher order topology in example 4

3   Data Dependent Triangulation

The example in the last section contains additional critical points in the piecewise linear interpolation. This is caused by the choice of the triangulation. We give a theorem on the dependencies between a triangulation and the topology of the piecewise linear vector field. Then, we explain and demonstrate how a triangulation can be found causing less critical points. For a convex quadrilateral consisting of two triangles in a triangulation, we can show:

Theorem 5 *Let $D \subseteq R^2$ be a convex quadrilateral. $\mathcal{P} = \{P_1, \ldots, P_4\}$ the vertices and $\mathcal{V} = \{V_1, \ldots, V_4\}$ the data values. We assume that no triple (V_i, V_j, V_n) is collinear, so that all critical points are isolated. If the vector field*

$$v_{\mathcal{T}} : D \to R^2 \text{ with } \mathcal{T} = \{T_{123}, T_{124}\} \tag{14}$$

contains **two** *critical points*

$$Q_1 \in \text{Int}(T_{123}), Q_2 \in \text{Int}(T_{124}) \tag{15}$$

then has the vector field

$$V_{T'} : D \to R^2 \text{ with } \mathcal{T}' = \{T_{124}, T_{234}\} \tag{16}$$

no *critical points.*

With this result, we can alter the triangulation so that we obtain less critical points than before. In this way, we simplify the structure of the vector field and simplify the analysis by the scientist or engineer. We look for neighboring triangles with critical points. If they span a convex quadrilateral, we flip the diagonal. By the theorem, we get two triangles that do not have critical points. If we do this for all pairs of triangles that both contain critical points, we can create a data-dependent triangulation since we choose a triangulation that minimizes the number of critical points. Figure 4 illustrates the algorithm on a randomly generated example. Figure 5 demonstrates the effect on the visualization in a more complicated example.

Abbildung 4: *A typical triangulated vector data set and the triangles containing critical points colored red (index -1) and blue (index +1). The right pictures shows the switched diagonals*

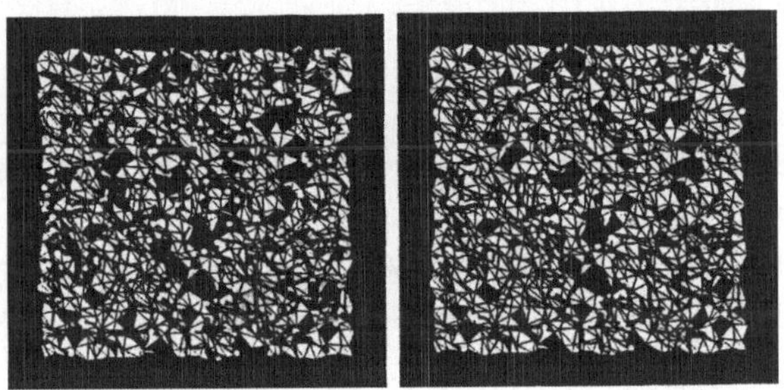

Abbildung 5: *Original and simplified topology in a complicated example*

4 C^1-Interpolation and Topology

Section 2 showed that some topological features may be missed by a piecewise linear interpolation. This problem is successfully attacked by using locally higher order polynomial approximations. These approximations are based on the possible local topological structure of the vector field and the results of analysing plane vector fields by Clifford algebra and analysis in section 1. This raises the question of using different interpolation schemes using global higher order interpolation. The results of section 3 demonstrate a close relation between the grid structure and the results of the topology based vector field visualization. Keeping this in mind, a topological vector field visualization of scattered data is proposed in this section. It is intended to use a C^1-interpolation to have higher precision in the interpolant and to have a close relation to the derivative of the field in an application. Nielson's Minimum Norm Network is used as interpolation method [Nie83] by extending it to vector fields. The interpolant is piecewise quintic and satisfies a certain minimum condition. The topology of the vector field is analyzed and compared to the true topology and the piecewise linear results.

As before, we are given a set of points with vector data and a triangulation. Since we want to define a continous vector field with continous derivative, we have to define values for the derivative at the vertices. Following Nielson's ideas, we define a norm that describes an energy integral for all vector fields defined on the network defined by the edges of the triangulation. Our input is now a scattered vector data set.

Definition 6 *Let $D \subset R^2$ be a compact subset with polynomial boundary. A* **scattered vector data set** $(\mathcal{P}, \mathcal{V})$ **over** D *is a finite set of points $P = \{P_i | i = 1, \ldots, M\} \subset D$ containing all boundary vertices of D together with a vector data set $\mathcal{V}$ over $\mathcal{P}$.*

With a triangulation, we can define our norm.

Definition 7 *Let $D, (\mathcal{P}, \mathcal{V})$ be given as in 6. Let $\mathcal{T}$ be a triangulation over $\mathcal{P}$. Let $\mathcal{E}$ be the set of edges in $\mathcal{T}$. Let $E = \bigcup_{e \in \mathcal{E}} e$ be the union of all edges in $\mathcal{T}$ and $C_V[E] = \{v : E \to R^2 | \exists C^1 - map\ w : D \to R^2, v = w|_E\}$ the set of all C^1-vector fields on E which can be extended to D. Then one defines the norm*

$$\sigma_V(v) = \sum_{e \in \mathcal{E}} \int_e \left(\frac{\partial^2 v_1}{\partial^2 e} \right)^2 + \left(\frac{\partial^2 v_2}{\partial^2 e} \right)^2 ds$$

where v_1 and v_2 are the components of v.

We are looking for a minimization of this norm.

Theorem 8 *Let $v \in C_V[E]$ be a cubic vector field such that the components v^1 and v^2 fulfill the following properties:*

$$(i) \qquad v^l(P_i) = v_i^l \quad i = 1, \ldots, M$$

$$(ii) \qquad \sum_{e \in N_i} \frac{(x_j - x_i)}{\|e\|^3} [(x_j - x_i)v_x^l(P_i) + (y_j - y_i)v_y^l(P_i) + \frac{1}{2}(x_j - x_i)v_x^l(P_j) +$$

$$\frac{1}{2}(y_j - y_i)v_y^l(P_j) - \frac{3}{2}(v_j^l - v_i^l)] = 0 \quad i = 1, \ldots, M$$

$$(iii) \quad \sum_{e \in N_i} \frac{(y_j - y_i)}{\|e\|^3}[(x_j - x_i)v_x^l(P_i) + (y_j - y_i)v_y^l(P_i) + \frac{1}{2}(x_j - x_i)v_x^l(P_j) +$$

$$\frac{1}{2}(y_j - y_i)v_y^l(P_j) - \frac{3}{2}(v_j^l - v_i^l)] = 0 \quad i = 1, \ldots, M$$

where $v_x^l(P_i) = \frac{\partial v^l}{\partial x}(P_i)$, $v_y^l(P_i) = \frac{\partial v^l}{\partial y}(P_i)$, $N_i = \{e \in \mathcal{E} | e \text{ has vertex } V_i\}$. Then v minimizes σ_V under all $w \in C_V[E]$, $w(P_i) = V_i$, $i = 1, \ldots, M$.

The unique solution is used to define the derivative values at the vertices and on the edges. It is extended over the domain by a transfinite side-vertex blending. The vector field is cubic on the edges and quintic inside the triangles. The following example illustrates the approach.

Example 9 *Let $D = [-1, 1] \times [-1, 1] \subset R^2$ be the domain. The vector field is*

$$v : D \rightarrow R^2$$

$$r \mapsto (z - (0.74 + 0.35i))(z - (0.68 - 0.59i))(z - (-0.11 - 0.72i))$$

$$(\bar{z} - \overline{(-0.58 - 0.64i)})(\bar{z} - \overline{(0.51 + 0.27i)})$$

$$(\bar{z} - \overline{(-0.12 - 0.84i)})^2 e_1$$

This field contains 3 saddles at $(0.74, 0.35), (0.68, -0.59)$ and $(-0.11, -0.72)$, a spiral source at $(-0.58, -0.64)$, a spiral sink at $(0.51, 0.27)$, and a dipole at $(-0.12, -0.84)$ resulting in the structure on the left of figure 6. The result of a piecewise linear interpolant is given in the middle of figure 6. This has to be compared with the C^1-interpolant in figure 6. The topology is correct in both cases outside the area with the dipole. Here, the linear interpolant combines one saddle point and the dipole into a single simple critical point. The C^1-interpolant splits the higher order critical point into a source and a sink.

Literatur

[HH91]   J. L. Helman and L. Hesselink. Visualizing vector field topology in fluid flows. *IEEE Computer Graphics and Applications*, 11(3):36–46, 1991.

[MD87]   B. H. McCormick and T. A. DeFanti. Visualization in scientific computing. *Computer Graphics*, 21(6), 1987.

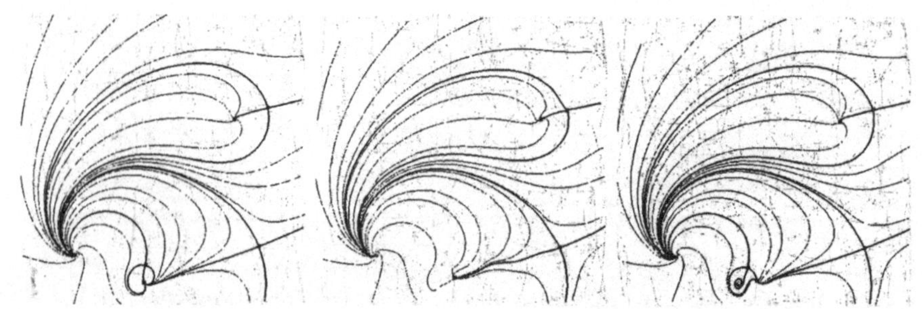

Abbildung 6: *Actual, linear and C^1-Topology.*

[Nie83]   G. M. Nielson. A method for interpolating scattered data based upon a minimum norm network. *Mathematics of Computation*, 40:253–271, 1983.

[SH98]   G. Scheuermann and H. Hagen. A data dependent triangulation for vector fields. In *Computer Graphics International 1998*, pages 96–102, 1998.

[SHK+97]   G. Scheuermann, H. Hagen, H. Krüger, M. Menzel, and A. P. Rockwood. Visualization of higher order singularities in vector fields. In R. Yagel and H. Hagen, editors, *IEEE Visualization '97*, pages 67–74, Los Alamitos, CA, 1997.

[SKMR98]   G. Scheuermann, H. Krüger, M. Menzel, and A. P. Rockwood. Visualizing nonlinear vector field topology. *IEEE Transactions on Visualization and Computer Graphics*, 4(2):109–116, 1998.

[STH99]   G. Scheuermann, X. Tricoche, and H. Hagen. C1-interpolation for vector field topology visualization. In D. A. Ebert, M. Gross, and B. Hamann, editors, *IEEE Visualization '99*, pages 271–278, San Francisco, CA, 1999.

Gerik Scheuermann, geboren am 20.März 1970 in Limburg, Abitur 1989 am Konrad-Adenauer-Gymnasium Westerburg, Diplom in Mathematik 1995 an der Universität Kaiserslautern. Teile der Dissertation entstanden während dreier Forschungsaufenthalte an der Arizona State University, Tempe, AZ, USA, die teilweise vom Deutschen Akademischen Auslandsdienst (DAAD) gefördert wurden. Dr. Scheuermann absolviert gerade ein Postdoktorat an der University of California at Davis, USA. Forschungsschwerpunkte sind topologische Analyse- und Visualisierungsverfahren für Vektor- und Tensorfelder in drei Dimensionen, sowie zeitabhängige Daten.

Signalinterpretation mit Neuronalen Netzen unter Nutzung von modellbasiertem Nebenwissen am Beispiel der Verschleißüberwachung von Werkzeugen in CNC-Drehmaschinen

Bernhard Sick

Universität Passau
Fakultät für Mathematik und Informatik
Lehrstuhl für Rechnerstrukturen
email: `sick@fmi.uni-passau.de`

Zusammenfassung

Die zunehmende Komplexität industrieller Fertigungsprozesse erfordert den Einsatz geeigneter Prozeßüberwachungssysteme zur Gewährleistung der Prozeßsicherheit. Eine bereits seit langem, aber mit bisher unbefriedigenden Ergebnissen untersuchte Aufgabenstellung ist die Werkzeugverschleißüberwachung für Zerspanprozesse mit geometrisch bestimmten Schneiden, wie z.B. Drehen, Bohren oder Fräsen. Insbesondere das Problem der Verwendung von vorhandenem Nebenwissen über den Prozeßzustand wurde bis jetzt nicht gelöst. Die diesem Beitrag zugrunde liegende Dissertation stellt verschiedene neuartige Methoden zur Nutzung von prozeßspezifischem und zeitlichem Nebenwissen bei der Vorverarbeitung gemessener Signale (z.B. Kräfte), bei der Analyse der vorverarbeiteten Signale (d.h. der Extraktion verschleißsensitiver Signaleigenschaften) und der Interpretation dieser Signaleigenschaften mit Hilfe Neuronaler Netze vor. Anhand des Zerspanprozesses „Drehen" wird nachgewiesen, daß die Anwendung dieser Methoden zu signifikanten Verbesserungen bei der kontinuierlichen Verschleißbestimmung (Schätzung oder Klassifikation) führt. Die Verfahren können leicht hinsichtlich ihrer Relevanz bezüglich anderer Aufgabenstellungen bewertet und gegebenenfalls entsprechend parametrisiert bzw. modifiziert eingesetzt werden.

Der an einer detaillierteren Beschreibung der Verfahren oder an weiterführenden Literaturhinweisen interessierte Leser sei auf den Gesamttext der Dissertation (siehe [Sic00]) bzw. andere Publikationen (siehe `http://lrs.uni-passau.de/~sick/`) verwiesen.

1 Problemstellung

Wieso ist die Werkzeugverschleißüberwachung in Drehmaschinen aus Sicht der Informatik ein interessantes Thema? Um diese Frage zu beantworten, stellen wir uns vor, wir wollen einen technischen Prozeß überwachen. Dieser Prozeß ist beeinflußt von einer mehr oder weniger großen Zahl von Prozeßparametern, die also Eingangsgrößen dieses Prozesses darstellen. Um bestimmte, vorgegebene Anforderungen an die Prozeßsicherheit erfüllen zu können, müssen verschiedene sogenannte Wirkgrößen des Prozesses überwacht werden. Diese Überwachung soll im allgemeinen während des Prozesses (kontinuierlich) erfolgen. Wenn nun die Wirkgrößen nicht direkt gemessen werden können, dann müssen statt dessen verschiedene Hilfsgrößen erfaßt und interpretiert werden, die mit den Wirkgrößen in geeigneter Weise korreliert sind. Diese sogenannten Prozeßgrößen ermöglichen dann indirekte Rückschlüsse über die eigentlich zu überwachenden Wirkgrößen. Häufig wird das Prozeßverhalten auch durch unterschiedlichste Störgrößen beeinflußt. Zusätzlich können die Messungen von Prozeßparametern, Prozeßgrößen und / oder Wirkgrößen fehlerbehaftet sein.

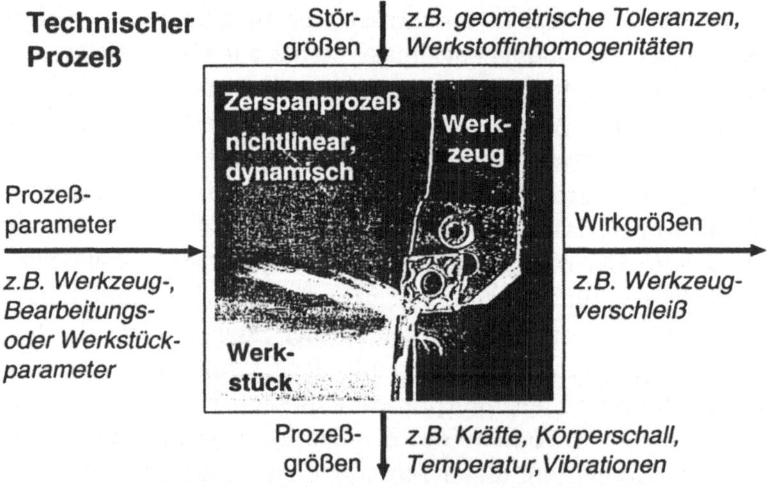

Abbildung 1: Charakteristika des Zerspanprozesses

Ein Zerspanprozeß mit geometrisch bestimmten Schneiden, wie z.B. Drehen, Bohren oder Fräsen, ist ein typisches Beispiel für ein derartiges Szenario (siehe Abb. 1 und [Tön95]). Die Wirkgröße, die hier überwacht werden soll, ist der Verschleiß des Werkzeugs. Es gibt eine große Zahl unterschiedlichster Prozeßparameter, die sich in unterschiedlichsten Gruppen zusammenfassen lassen, z.B. Werkzeugparameter, Bearbeitungsparameter oder Werkstückparameter. Der Werkzeugverschleiß läßt sich direkt und kontinuierlich nicht brauchbar

messen, daher erfaßt man verschiedene Prozeßgrößen, wie Kräfte, Vibratio-
nen, Körperschall oder Temperatur. Störgrößen sind zum Beispiel geometrische
Toleranzen des Werkzeugs bzw. Werkstücks oder Werkstoffinhomogenitäten.
Sie haben einen teilweise erheblichen Einfluß auf das Prozeßverhalten. Aufgrund der großen Zahl und des großen Einflusses von Prozeßparametern und
Störgrößen werden im allgemeinen mehrere Prozeßgrößen für die Überwachung
benötigt.

Der Zerspanprozeß selbst ist nichtlinear und dynamisch. Eine genaue funktionale Beschreibung der Zusammenhänge zwischen Ein- und Ausgangsgrößen
für beliebige Prozeßzustände existiert nicht. Aber: Der Prozeß ist experimen-
tell realisierbar und Beispielmessungen können durchgeführt werden. Aufgrund
der Vielzahl möglicher Prozeßsituationen ist die dabei anfallende Datenmenge
natürlich sehr hoch.

Ein wichtiges Ziel der Werkzeugverschleißüberwachung ist die automatische Bestimmung des optimalen Zeitpunkts für einen Werkzeugwechsel. Ein
zweites Ziel ist das Nachregeln von Prozeßparametern abhängig vom aktuellen
Schneidenverschleiß. Aufgabe ist es also, ein Verfahren für eine kontinuierliche
Verschleißbestimmung (Schätzung oder Klassifikation) basierend auf Signalen
verschiedener Prozeßgrößen zu finden. Daraus resultiert ein zweifacher ökono-
mischer Nutzen: Zum einen ist die Oberflächenqualität der Werkstücke höher;
es wird also weniger Ausschuß produziert. Zum anderen ist eine bessere Stand-
zeitnutzung der Werkzeuge möglich; auch so werden Fertigungskosten reduziert
(siehe z.B. [WSK$^+$95]). Aufgrund der genannten Randbedingungen, wie z.B.

- fehlende funktionale Beschreibung des nichtlinearen, dynamischen Zerspanprozesses für beliebige Prozeßzustände,

- eine hohe Anzahl möglicher Prozeßzustände aufgrund der großen Zahl
  unterschiedlichster Prozeßparameter,

- viele Störgrößen mit signifikantem Einfluß sowohl auf das Prozeßverhalten als auch auf die Genauigkeit der Messungen von Prozeßparametern,
  Prozeßgrößen und Wirkgrößen,

- Messungen mehrerer Prozeßgrößen, deren Informationen fusioniert werden müssen,

- große Datenmengen, die zu verarbeiten sind,

macht es Sinn, den Zusammenhang zwischen Prozeßgrößen und Werkzeugverschleiß mit Hilfe von Neuronalen Netzen zu modellieren [Mac98]. Zwei zentrale
Fragestellungen sind dabei zu bearbeiten:

- Wie kann Information über aktuelle Werte von Prozeßparametern geeignet genutzt werden?

- Wie kann das dynamische, also das zeitliche Prozeßverhalten berücksichtigt werden?

Diese Fragestellungen mit den genannten Randbedingungen sind es, welche das Problem der Werkzeugverschleißüberwachung aus Sicht der Informatik so interessant machen.

2 Lösungsansatz

Der in der Dissertation vorgestellte Lösungsansatz für das Problem der kontinuierlichen Werkzeugverschleißüberwachung läßt sich sehr übersichtlich durch eine Signalverarbeitungshierarchie beschreiben (siehe Abb. 2 und [SGD99]).

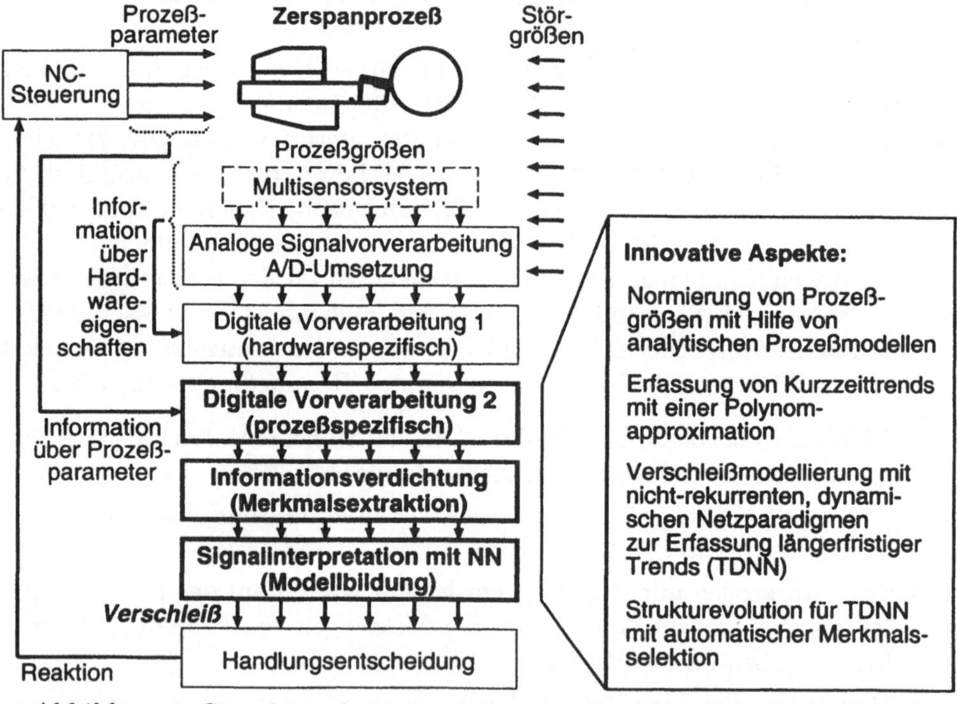

Abbildung 2: Signalverarbeitungsebenen bei der Verschleißüberwachung

Übersicht:

Abb. 2 zeigt links oben den Zerspanprozeß mit Einflüssen von Prozeßparametern und Störgrößen. Verschiedene Prozeßgrößen werden mit Hilfe eines Multisensorsystems gemessen, anschließend analog vorverarbeitet, z.B. gefiltert, und dann digitalisiert. Auf der nächsten Ebene wird Information über Hardwareeigenschaften für eine Vorverarbeitung der Signale genutzt, z.B. Wissen über Sensorcharakteristika für eine Kennlinienlinearisierung. Auf der Ebene der prozeßspezifischen Vorverarbeitung wird Information über Prozeßparameter verwendet, um die Signale bezüglich eines Einflusses variabler Prozeßparameter abzugleichen. Dann erfolgt eine Datenreduktion: Verschleißsensitive Signaleigenschaften werden aus den vorverarbeiteten Signalen extrahiert und mit Hilfe weniger, aber aussagekräftiger Merkmale beschrieben. Anschließend wird der Werkzeugverschleiß mit Hilfe Neuronaler Verschleißmodelle geschätzt oder klassifiziert. Auf der letzten Ebene löst die Handlungsentscheidung eine Reaktion des Überwachungssystems aus.

Die Dissertation beschäftigt sich mit den drei aus Sicht der Informatik interessantesten Signalverarbeitungsebenen: prozeßspezifische Vorverarbeitung, Merkmalsextraktion und Verschleißmodellierung. Die Verfahren auf diesen Ebenen sind unabhängig von der konkreten Wahl einer bestimmten NC-Maschine oder bestimmter Sensoren. Der Zerspanprozeß „Drehen" wird stellvertretend für Prozesse mit geometrisch bestimmten Schneiden betrachtet.

Prozeßgrößen, Wirkgröße und Prozeßparameter:
Für die Überwachung stehen vier Signale von Prozeßgrößen zur Verfügung. Es sind dies außer einem Vibrationssignal die Messungen der drei orthogonalen Komponenten der Gesamtzerspankraft, nämlich der Schnittkraft, der Vorschubkraft und der Passivkraft.

Die abstrakte Wirkgröße Schneidenverschleiß wird durch das Verschleißmaß „maximale Verschleißmarkenbreite auf der Freifläche" näher beschrieben. Freiflächenverschleiß ist im wesentlichen durch Abrasion beeinflußt. Ein sinnvoller Höchstwert für dieses Verschleißmaß ist 0.5 mm.

Der Einfluß von fünf Prozeßparametern wird näher untersucht und berücksichtigt. Darunter sind die drei wichtigsten, nämlich die Bearbeitungsparameter Schnittgeschwindigkeit, Vorschub und Schnittiefe, aber auch der Schneidstoff und der Werkstückdurchmesser.

Verfahren auf der Ebene der prozeßspezifischen Vorverarbeitung:
Bei der prozeßspezifischen Vorverarbeitung sollen die gemessenen Kraftsignale bezüglich eines Einflusses variabler Prozeßparameter abgeglichen werden. Dazu wird ein analytisches Kraftmodell verwendet. Im vorausgehenden Abschnitt wurde zwar erwähnt, daß eine brauchbare Beschreibung der funktionalen Zusammenhänge zwischen Ein- und Ausgangsgrößen des Prozesses für beliebige Prozeßzustände nicht existiert. Für den Sonderfall, daß neue, unverschlissene Schneiden verwendet werden, läßt sich jedoch ein derartiges Modell für den Zusammenhang zwischen Prozeßparametern und Kräften angeben. Dieses analytische Kraftmodell kann nun in geeigneter Weise zur Normierung der Kraftsignale eingesetzt werden. Einen vergleichbaren Ansatz gibt es in anderen Arbeiten bisher nicht.

Wie arbeitet nun dieses Normierungsverfahren? Information über aktuelle Werte der Prozeßparameter, hier also Vorschub, Schnittgeschwindigkeit, Schnittiefe, Werkstückdurchmesser und Schneidstoff, wird als Eingabe des Kraftmodells verwendet, das für jede Kraft einen Normierungsfaktor ausgibt. Dieser beschreibt das Verhältnis von einer geschätzten Kraft für die aktuellen Werte der Prozeßparameter zu einer geschätzten Kraft für bestimmte Basiswerte der Prozeßparameter. Wenn nun die gemessenen Kraftwerte durch die Normierungsfaktoren geteilt werden, so wird der Einfluß der Prozeßparameter so weit wie möglich eliminiert und der Einfluß des Verschleißes bleibt zurück.

Ausgangspunkt bei der Entwicklung des Kraftmodells war ein nichtlineares, statisches Modell zur Abschätzung von Kräften, das ursprünglich bis auf Versuche von KIENZLE und VICTOR 1957 zurückgeht (siehe [Pau92]). Im Rahmen genauerer Untersuchungen der Dissertation hat sich allerdings gezeigt, daß dieses Modell noch deutlich verbessert werden kann. Zum Beispiel war es möglich, den sogenannten Spanungsquerschnitt genauer zu berechnen, ein zusätzlicher Einfluß des Werkstückdurchmessers konnte modelliert werden und auch die Einflüsse von Schnittiefe und Schneidstoff wurden besser berücksichtigt.

Verfahren auf der Ebene der Merkmalsextraktion:
Aufgabe der Informationsverdichtung ist die Datenreduktion. Verschleißsensitive Signaleigenschaften sollen in wenigen, aber aussagekräftigen Merkmalen beschrieben werden, die dann als Eingaben der Neuronalen Verschleißmodelle auf der nächsten Ebene verwendet werden. Bisher wurden in anderen Arbeiten z.B. Kraftdurchschnittswerte, Kraftrichtungswinkel, Kraftquotienten, statistische Merkmale, spektrale Merkmale, fraktale Koeffizienten, Wavelet-Koeffizienten usw. verwendet. Neu in der Dissertation ist die Trenderfassung mit Hilfe von Koeffizienten der Orthogonalentwicklung eines Approximationspolynoms und die Verwendung von Energiekoeffizienten, wobei auch die Lage verschleißsensitiver Bereiche im Spektrum berücksichtigt wird.

Hinter der Trenderfassung steht folgende Idee: Ein Signal wird in einem Zeitfenster durch ein Polynom niedrigen Grades quadratmitteloptimal approximiert. Bei einem Polynom vom Grad Null entspricht dies dem Durchschnitt der Signalwerte im Zeitfenster; bei einem Polynom höheren Grades liefert eine Untersuchung des Anstiegs- oder Krümmungsverhaltens des Approximationspolynoms Informationen über entsprechende Signaltrends. Besonders interessant wird die Idee, wenn man für die Approximation eine Basis orthogonaler Polynome verwendet. Dann lassen sich nämlich die Koeffizienten, mit denen die Basispolynome gewichtet werden (Koeffizienten der Orthogonalentwicklung), direkt als die beste Approximation an den Durchschnitt, die Steigung, die Krümmung usw. des Signals im Zeitfenster interpretieren (siehe [Fuc00]). Ohne weitere Vorverarbeitung werden diese Koeffizienten neben weiteren Merkmalen als Eingabe der Neuronalen Netze auf der Modellebene verwendet.

Verfahren auf der Ebene der Signalinterpretation:
Auf der Modellebene soll nun ein überwacht trainiertes Neuronales Netz
den Verschleiß schätzen oder klassifizieren. In anderen Arbeiten werden – in
der Reihenfolge der Häufigkeit – mehrlagige Perzeptren, rekurrente Netze,
einlagige Perzeptren, Radiale-Basisfunktionen-Netze, Neuro-Fuzzy-Systeme,
Kohonen-Karten, ART-Netze usw. verwendet. Ein großes Problem bei der Verwendung Neuronaler Netze ist die Wahl der geeignetsten Netzstruktur. Dies
geschieht in anderen Arbeiten fast immer durch „trial-and-error"-Verfahren.

Zur Verarbeitung von Mustersequenzen, d.h. zur Berücksichtigung des dynamischen Verhaltens des Zerspanprozesses, liegt es nahe, dynamische Netzparadigmen einzusetzen. Aufgrund von Stabilitätsproblemen stellen sich allerdings die in anderen Arbeiten verwendeten rekurrenten Netze als wenig geeignet heraus. In der Dissertation werden daher Time-Delay-Netze genutzt.
Dabei handelt es sich um dynamische, aber nicht-rekurrente Netze. Zur Struk-
turfindung wird ein neuartiges Evolutionäres Verfahren verwendet, das – quasi
nebenbei – auch eine automatische Selektion der besten Merkmale vornimmt.

Time-Delay-Netze (TDNN) wurden ursprünglich zur Sprachverarbeitung
entwickelt, und zwar um kurze Mustersequenzen (Phoneme) innerhalb von
längeren Zeitreihen translationsinvariant zu erkennen [Wan93, WHH$^+$89]. Sie
können als Erweiterung von mehrlagigen Perzeptren aufgefaßt werden, bei der
Synapsen als FIR-Filter realisiert sind. D.h., die Aktivierung eines Vorgänger-
neurons wird in einer Kette von Verzögerungselementen jeweils um eine Zeit-
einheit verzögert. Die verzögerten Aktivierungen werden jeweils einzeln gewichtet und anschließend aufsummiert. Diese Summe wird dann als Eingabe
der Propagierungsfunktion des Nachfolgeneurons genutzt. Auf diese Art und
Weise erreichen TDNN ein dynamisches Verhalten nur mit vorwärtsgerichte-
ten Verbindungen, d.h., ohne Rückkopplungen zu verwenden. Dieses Verhalten
muß allerdings beim Training durch die Wahl geeigneter Lernalgorithmen (z.B.
Temporal Resilient Propagation) berücksichtigt werden.

Zur Optimierung der Netzstruktur wird ein neuartiges Evolutionäres Verfahren vorgestellt. Es verwendet ein graphikorientiertes Codierungsschema,
einen rangbasierten Selektionsmechanismus und siebzehn Reproduktionsope-
ratoren für Mutations- und Crossoveroperationen. Bei diesen Operationen
ändern sich die Struktureigenschaften der Individuen, also z.B. die Anzahl ver-
deckter Schichten in einem TDNN, die Anzahl von Neuronen in diesen Schichten oder die Anzahl von Verzögerungselementen in einer Synapse. Gleichzeitig werden auch noch bestimmte Merkmale (Eingangsgrößen des Netzes) ausgewählt oder wieder verworfen. Entsprechend dem Prinzip des „survival-of-
the-fittest" soll das Verfahren am Ende das fitteste Individuum, d.h. das Netz
mit der besten Struktur und den geeignetsten Merkmalen ausgegeben.

3   Ergebnisse

Abb. 3 zeigt zwei Beispielschätzungen über die gesamte Standzeit einer Schneide. In dem Versuch, der dem bisherigen Stand der Technik entspricht, sieht man erhebliche Abweichungen von tatsächlichem und geschätztem Verschleißverlauf. Im zweiten Versuch, mit der Kombination der vorgestellten neuen Verfahren, ist eine doch erheblich bessere Übereinstimmung zu erkennen.

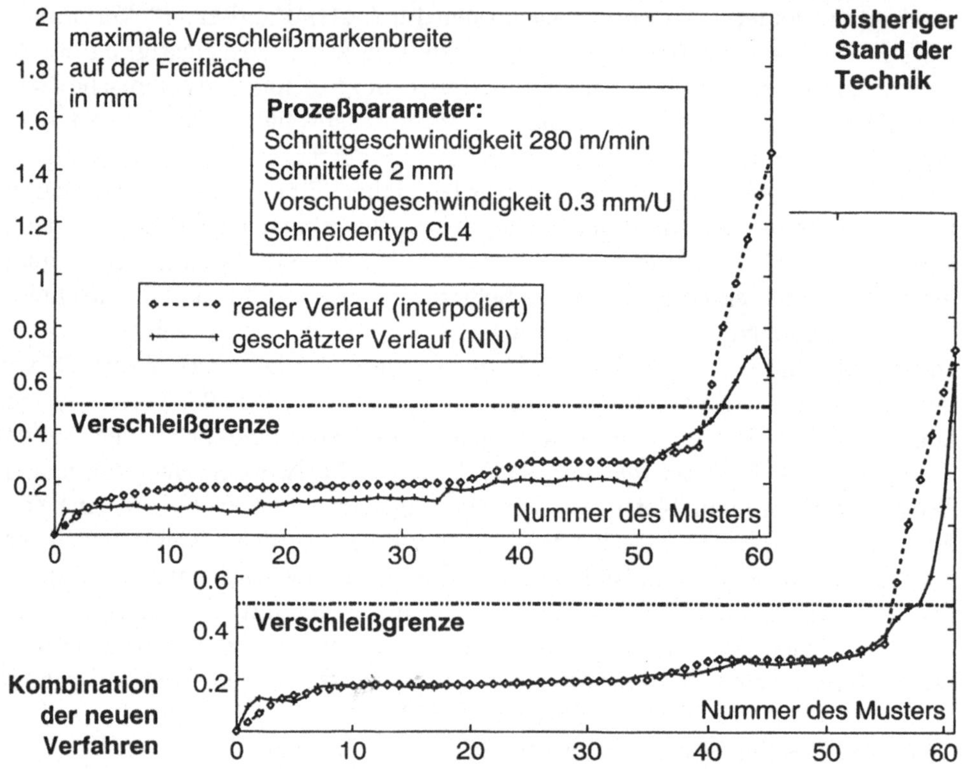

Abbildung 3: Beispiele für Verschleißschätzungen mit Verfahren nach dem bisherigen Stand der Technik bzw. mit der Kombination der neuen Verfahren

Wie hoch der Nutzen einer genauen Verschleißschätzung speziell im Bereich unterhalb der Verschleißgrenze ist, wird deutlich, wenn man die Auswirkungen des Verschleißes auf das Prozeßergebnis berücksichtigt. Verschleiß bedeutet eine Geometrieänderung des Werkzeugs, welche wiederum Einfluß auf die Maßgenauigkeit des Werkstücks hat. Wird für das im Rahmen der Dissertation verwendete Werkzeug der durchschnittliche Fehler bei der Schätzung der maximalen Verschleißmarkenbreite um nur etwa 10 μm reduziert, so könnte – durch ein entsprechend genaues Nachregeln der Werkzeugposition – die Maßgenauigkeit des Werkstücks bereits um etwa 1 μm verbessert werden. Werkstücke können derzeit tatsächlich mit einer Genauigkeit von wenigen μm produziert werden.

In der Dissertation werden die Ergebnisse von einigen Tausend Versuchen (einzelnen Trainingsdurchgängen mit einem Neuronalen Netz) dargestellt und mit statistischen Methoden ausgewertet. Dabei hat sich herausgestellt, daß speziell durch die Nutzung von prozeßspezifischem Nebenwissen und die Verwendung zeitbezogener Information eine signifikante Verbesserung der Ergebnisse möglich ist. Für die untersuchten Testdaten konnte beispielsweise der Fehler bei der Verschleißschätzung um fast 50% (entsprechend mehr als 30 μm) reduziert werden. Ebenso konnte bei der Verschleißklassifikation der Anteil falsch klassifizierter Muster um über 70% verringert werden.

4 Zusammenfassung und Ausblick

Abschließend sollen die wesentlichsten innovativen Aspekte der Arbeit kurz zusammengefaßt werden (siehe auch Abb. 2, rechte Seite). Es sind dies

- die Normierung von Prozeßgrößen mit Hilfe analytischer Kraftmodelle,
- die Erfassung von Kurzzeittrends mit einer Polynomapproximation,
- die Verschleißmodellierung mit dynamischen, nicht-rekurrenten Netzparadigmen (TDNN) zur Erfassung längerfristiger Trends,
- die Strukturevolution für TDNN mit automatischer Merkmalsselektion.

Durch die Verwendung von Methoden des Soft-Computing (TDNN) und des Hard-Computing (Kraftmodell) wird empirisch erworbenes Wissen mit analytisch erworbenem Wissen kombiniert. Die Verwendung von TDNN zur Verschleißmodellierung und einer Polynomapproxiation zur Merkmalsextraktion ermöglicht die simultane Berücksichtigung von Langzeittrends im Minutenbereich und Kurzzeittrends im Sekundenbereich auf eine sehr effiziente Weise.

Natürlich muß die Frage gestellt werden, wieso die neuen Verfahren besser sind als bisher bekannte. Aufgrund unterschiedlicher Voraussetzungen in verwandten Arbeiten sind numerische Resultate nicht vergleichbar. Daher wird in der Dissertation von Verfahren ausgegangen, die dem bisherigen Stand der Technik entsprechen. Schrittweise werden dann die neu entwickelten Verfahren eingesetzt, um die Ergebnisse zu verbessern. Um festzustellen, was Stand der Technik ist, werden insgesamt 71 andere Arbeiten ausführlich analysiert.

Die vorgestellten Verfahren sind auch allgemeiner verwendbar, und zwar um so leichter, je weiter die entsprechende Signalverarbeitungsebene vom Prozeß entfernt ist. Man kann z.B. eine Normierung von Kraftsignalen in ähnlicher Form bei der Überwachung von anderen Zerspanprozessen wie Bohren oder Fräsen durchführen. TDNN könnten bei der Verschleißüberwachung von

Lagern oder Getrieben verwendet werden, wo auch stark verrauschte Daten gemessen werden. Und die Strukturevolution mit automatischer Merkmalsselektion ist beispielsweise überall da einsetzbar, wo TDNN verwendet werden.

Literatur

[Fuc00]   E. Fuchs. *Schnelle Quadratmittelapproximation in gleitenden Zeitfenstern mit diskreten orthogonalen Polynomen.* Shaker Verlag, Aachen, 2000.

[Mac98]   J. MacIntyre. Editorial. In *Neural Computing & Applications*, volume 7 (4), pages 287 – 288. 1998.

[Pau92]   E. Paucksch. *Zerspantechnik.* Friedrich Vieweg & Sohn Verlagsgesellschaft, Braunschweig, Wiesbaden, 9 edition, 1992.

[SGD99]   B. Sick, W. Grass, and K. Donner. Techniken der Sensorfusion bei der Verarbeitung mikrosystembasierter Signale. In *it+ti: Informationstechnik und Technische Informatik*, volume 41 (4), pages 14 – 19. 1999.

[Sic00]   B. Sick. *Signalinterpretation mit Neuronalen Netzen unter Nutzung von modellbasiertem Nebenwissen am Beispiel der Verschleißüberwachung von Werkzeugen in CNC-Drehmaschinen.* VDI-Verlag, Düsseldorf, 2000. (Fortschritt-Berichte VDI, Reihe 10: Informatik/Kommunikationstechnik, Nr. 629).

[Tön95]   H. K. Tönshoff. *Spanen – Grundlagen.* Springer-Verlag, Berlin, Heidelberg, New York, 1995.

[Wan93]   E. A. Wan. *Finite Impulse Response Neural Networks with Applications in Time Series Prediction.* PhD thesis, Stanford University, Department of Electrical Engineering, 1993.

[WHH+89]   A. Waibel, T. Hanazawa, G. Hinton, K. Shikano, and K. J. Lang. Phoneme Recognition Using Time-Delay Neural Networks. In *IEEE Trans. on Acoustics, Speech, and Signal Processing*, volume 37 (3), pages 328 – 339. 1989.

[WSK+95]   A. Wolf, E. Schillo, M. Kaufeld, H.-U. Golz, P. Johannsen, P. Sprengel, and A. Heinek. Praxiserfahrungen beim Einsatz von Werkzeugüberwachungssystemen in der zerspanenden Fertigung. In VDI-Gesellschaft Produktionstechnik (ADB), editor, *Überwachung von Zerspan- und Umformprozessen*, pages 283 – 308. VDI-Verlag, Düsseldorf, 1995.

Bernhard Sick, geboren 1966 in Neustadt (Waldnaab), Abitur 1985 am Gymnasium Christian-Ernestinum in Bayreuth, Studium der Informatik mit Nebenfach Wirtschaftswissenschaften bzw. Mathematik und Zusatzqualifikation VLSI-Entwurf an der Universität Passau, Diplom 1992, seit 1993 wissenschaftlicher Mitarbeiter bzw. wissenschaftlicher Assistent am Lehrstuhl für Rechnerstrukturen an der Universität Passau bei Prof. Dr.-Ing. W. Grass, Industrie- und Forschungsprojekte in den Bereichen Signalverarbeitung in der Mikrosystemtechnik sowie graphische Programmierwerkzeuge für die Signalverarbeitung, Promotion 1999; Forschungsschwerpunkte: Entwurf von Echtzeitsystemen, Anwendungen von Methoden des Soft-Computing (insbesondere Neuronale Netze), Robotik sowie Entwicklung graphischer Programmierwerkzeuge in den Bereichen Messen, Steuern und Regeln

Backup und Recovery in Datenbanksystemen: Verfahren, Klassifikation, Implementierung und Bewertung

Uta Störl

Friedrich-Schiller-Universität Jena
Institut für Informatik
Lehrstuhl für Datenbanken und Informationssysteme
Ernst-Abbe-Platz 1–4
07740 Jena
Uta.Stoerl@gmx.de

Verfügbarkeit von Daten und Schutz vor Datenverlust sind Hauptanforderungen von Datenbankanwendern. Durch die rapide wachsende Menge der in Datenbanksystemen verwalteten Daten und die gleichzeitig steigenden Verfügbarkeitsanforderungen treten bei den heute verwendeten Sicherungs- und Wiederherstellungsverfahren oftmals erhebliche Performance-Probleme auf. Daraus ergibt sich die Notwendigkeit effizienter Techniken für die Datensicherung und -wiederherstellung, deren Darstellung, Klassifikation, Vergleich und Weiterentwicklung Inhalt der vorliegenden Arbeit ist. Neben der Diskussion der Funktionalität von Sicherungs- und Wiederherstellungstechniken bilden quantitative Leistungsbetrachtungen einen Schwerpunkt der Arbeit. Um quantitative Vergleiche, Bewertungen und Performance-Abschätzungen vornehmen zu können, werden analytische Kostenmodelle für verschiedene Backup- und Recovery-Techniken vorgestellt. Zur Validierung der Modelle wurden verschiedene Verfahren in einem DBMS-Prototyp implementiert und entsprechende Leistungsuntersuchungen durchgeführt. Ausgehend von den bei der Modellierung und den Messungen erzielten Ergebnissen und dabei aufgedeckten Schwachstellen existierender Ansätze, werden Verbesserungsmöglichkeiten und neue Ansätze für die Behandlung von Externspeicherfehlern vorgeschlagen. Schwerpunkt bilden dabei Verfahren zur Steigerung der Performance des Anwendens von Log-Information während der Recovery, Verfahren zur inkrementellen Sicherung von Datenbanken und Techniken zur Parallelisierung von Backup und Restore.

1 Einleitung

1.1 Motivation

Immer weiter steigende Datenmengen sind das aktuelle Problem der heutigen Informationsverarbeitung. Dies gilt auch und gerade im Bereich der Datenbanken. 1998 war die weltweit größte produktive Datenbank eine bei dem Transportunternehmen UPS installierte Datenbank mit einem Datenvolumen von 16,8 Terabyte. Und vor allem im Bereich großer integrierter betrieblicher Informationssysteme à la SAP R/3 sind Datenbanken im Bereich mehrerer hundert Gigabyte heute bereits keine Ausnahme mehr.

Aus diesen wachsenden Datenmengen ergeben sich zum einen Performance-Probleme für den normalen Datenbankbetrieb, zum anderen wird aber auch die Administration dieser Datenmengen komplizierter. Dies betrifft insbesondere die Sicherung der Daten (*Backup*). Die anwachsende Datenmenge führt zu längeren Sicherungs- und natürlich auch Wiederherstellungszeiten. Regelmäßige Komplettsicherungen sind kaum noch möglich, und die Frage der Sicherungsverfahren erhält dadurch eine völlig neue Dimension.

Erschwerend kommt eine zweite Tendenz, die Forderung nach immer höherer Verfügbarkeit, hinzu. Die Gründe für die wachsenden Verfügbarkeitsanforderungen sind vielfältig. Neben möglichen Wettbewerbsvorteilen, die man sich von einem hochverfügbaren EDV-System erhofft, wirkt sich auch der Zusammenschluß und die Internationalisierung von Unternehmen aus. Durch die Zentralisierung von Unternehmensdaten, auf die von Arbeitsplätzen in verschiedenen Ländern und Erdteilen zugegriffen wird, müssen aufgrund der Zeitverschiebung viele Daten nahezu rund um die Uhr verfügbar sein. Dadurch reduzieren sich die früher üblichen Zeiten für die Offline-Wartung der Daten dramatisch bzw. entfallen ganz.

Aus den dargestellten Problemen ergibt sich die Notwendigkeit effizienter Techniken für die Datensicherung und -wiederherstellung, deren Darstellung, Klassifikation, Vergleich und Weiterentwicklung Schwerpunkt der Arbeit sind.

1.2 Grundlagen

Für Datenbanksysteme (DBMS) werden im wesentlichen drei Fehlerszenarien unterschieden: Transaktions-, System- und Externspeicherfehler. Allen drei Fehlerarten ist gemeinsam, daß die Datenbank durch die Fehlerbehandlungsmechanismen des Datenbanksystems wieder in einen transaktionskonsistenten Zustand gemäß dem ACID-Prinzip (Atomarität, Konsistenz, Isolation und Dauerhaftigkeit) gebracht werden muß. Während sowohl bei Transaktions- als auch bei Systemfehlern die Daten auf den Externspeichern vollständig erhalten sind, ist für *Externspeicherfehler* der teilweise oder vollständige Verlust bzw. die Unbrauchbarkeit von Daten auf einem oder mehreren Externspeichern charakteristisch. Die Behandlung dieser Fehler kann i. a., im Gegensatz zu Transaktions- und Systemfehlern, nicht automatisch durch das Datenbanksystem erfolgen, sondern erfordert ein Eingreifen des Datenbankadministrators. Insbesondere ist für die Fehlerbehandlung zusätzliche, separat gespeicherte Information notwendig.

Die möglichen Ursachen für den Verlust von Externspeicherinformation sind vielfältig. Neben Hardwarefehlern der Externspeicher selbst bzw. der sich anschließenden Hardware-Komponenten können die Externspeicher auch durch Umgebungsfehler wie Überspannung, Brand, Erdbeben o. ä. zerstört werden. Eine Zerstörung oder Unbrauchbarkeit von Information kann aber auch durch Softwarefehler, insbesondere Fehler der Systemsoftware, hervorgerufen werden. Eine weitere, oft in der Betrachtung vernachlässigte Fehlerursache sind Benutzerfehler. Darunter werden syntaktisch korrekte, aber inhaltlich falsche Aktionen, wie beispielsweise das versehentliche Löschen von Daten, verstanden. Deshalb werden diese Fehler auch als logische Fehler bezeichnet. Solche Fehler können mit den normalen Mitteln des Datenbanksystem nicht behoben werden, sondern es muß auf Mechanismen der Externspeicherfehlerbehandlung zurückgegriffen werden. Inhalt dieser Arbeit sind Konzepte und Verfahren zur Behandlung von Externspeicherfehlern.

Bei einem Externspeicherfehler sind die Daten auf einem oder mehreren Externspeichern zerstört. Folglich müssen diese zunächst mit Hilfe von Sicherungskopien der kompletten Datenbank oder von Teilen der Datenbank wiederhergestellt werden. Dieser Vorgang wird als *Restore* bezeichnet. In einer zweiten Phase muß mit Hilfe von Log-Information die Datenbank in den letztgültigen transaktionskonsistenten Zustand gebracht werden. Dieses Anwenden von Log-Information auf eine mit Hilfe eines Restore wiederhergestellte Datenbank bezeichnen wir als *Reapply*. Der komplette Vorgang der Wiederherstellung der Datenbank nach einem Externspeicherfehler wird im folgenden als *Recovery* bezeichnet. Die Recovery setzt sich somit aus einer Restore- und einer Reapply-Phase zusammen.

1.2.1 Ziele der Arbeit

In der Arbeit wird ein ausführlicher Überblick über existierende Ansätze für die Behandlung von Externspeicherfehlern in Forschungsarbeiten und Produkten zu geben. Zwar existiert eine Vielzahl von Arbeiten, welche sich mit der Behandlung von Systemfehlern in Datenbanksystemen beschäftigen, hingegen gibt es bisher nur wenige wissenschaftliche Arbeiten zu Methoden und Verfahren der Behandlung von Externspeicherfehlern in Datenbanksystemen. Eine systematische Darstellung und Klassifikation fehlt bislang völlig.

Die Betrachtungen müssen dabei unter verschiedenen Gesichtspunkten erfolgen. Aus Sicht eines Anwenders bzw. Datenbankadministrators ist es zunächst einmal natürlich wichtig zu wissen, welche Sicherungs- und Wiederherstellungsmöglichkeiten ein Datenbanksystem überhaupt anbietet. Deshalb wird die angebotene bzw. wünschenswerte Funktionalität der Sicherungs- und Wiederherstellungsverfahren analysiert. Dazu werden existierende Ansätze in der Literatur und die in Produkten vorhandene Funktionalität untersucht. Davon ausgehend werden Kriterien zur Klassifikation aufgestellt, welche eine systematische Darstellung und Einordnung ermöglichen.

Aufgrund der aus den wachsenden Datenmengen bei gleichzeitig steigenden Verfügbarkeitsanforderungen resultierenden Performance-Probleme bei der Sicherung und Wiederherstellung von Datenbanken ist es aber nicht nur wichtig, die Funktionalität der verschiedenen Verfahren zu analysieren, sondern ihre Leistungsfähigkeit muß auch unter Performance-Gesichtspunkten betrachtet werden. Quantitative Leistungsbetrachtungen verschiedener Verfahren bilden deshalb den Schwerpunkt der Arbeit. Dabei werden nicht nur existierende Verfahren verglichen, sondern ausgehend von den erzielten Ergebnissen und aufgedeckten Schwachstellen Verbesserungsmöglichkeiten und neue Ansätze für die Behandlung von Externspeicherfehlern aufgezeigt. Um existierende Verfahren vergleichen und die Leistungsfähigkeit neuer Ansätze untersuchen zu können, werden in der Arbeit analytische Kostenmodelle für verschiedene Sicherungs- und Wiederherstellungstechniken angegeben. Diese wurden mit Hilfe prototypischer Implementierungen und Benchmark-Untersuchungen validiert.

Andere Ansätze zum Schutz vor Datenverlust, wie RAID-Systeme und Remote-Backup, werden in der Arbeit ebenfalls dargestellt. Es wird diskutiert, ob bzw. in welchem Maße sie zur Behandlung von Externspeicherfehlern in Datenbanksystemen einsetzbar sind. Dabei hat sich gezeigt, daß es eine Reihe von Fehlerszenarien gibt, in denen diese Mechanismen für den sicheren Schutz vor Datenverlust in Datenbanksystemen allein nicht ausreichen.

Der Rest dieser Kurzfassung ist wie folgt gegliedert. In Abschnitt 2 werden die Vorgehensweise bei den quantitativen Untersuchungen sowie die verwendeten Werkzeuge und deren Zusammenspiel erläutert. Abschnitt 3 gibt einen Überblick über die Untersuchungen verschiedener Backup- und Restore-Techniken und die neu entwickelten Ansätze zur effizienteren Sicherung von Datenbanken. In Abschnitt 4 werden die Ergebnisse der Analyse der Log-Protokollierungstechniken und Reapply-Algorithmen und Vorschläge zur Verbesserung der Reapply-Performance skizziert. Abschließend wird in Abschnitt 5 ein Ausblick auf mögliche weitere Arbeiten in diesem Gebiet gegeben.

2 Konzepte und Werkzeuge für quantitative Untersuchungen

Die Leistungsfähigkeit von Backup- und Recovery-Verfahren sollte nicht nur unter dem Gesichtspunkt der Funktionalität, sondern auch unter Performance-Gesichtspunkten betrachtet werden. Hierfür wurden Modelle und Werkzeuge entwickelt, mit deren Hilfe entsprechende quantitative Vergleiche, Bewertungen und Performance-Abschätzungen vorgenommen werden können. Diese Werkzeuge sind in Abbildung 1 dargestellt, und der zwischen ihnen mögliche Datenfluß ist veranschaulicht.

Zum Vergleich und zur Bewertung der Backup- und Recovery-Verfahren wurden für verschiedene Sicherungs- und Wiederherstellungstechniken analytische Kostenmodelle entwickelt und diese als MATLAB-Funktionen implementiert. Um die entwickelten Modelle zu validieren, wurden verschiedene Verfahren in einem *DBMS-Prototyp* implementiert. Die Architektur des Prototyps wurde so gewählt, daß die einzelnen Schichten bzw. Komponenten (Manager) austauschbar sind. Dadurch konnten in diesem Prototyp unterschiedliche Backup-Verfahren sowie verschiedene Log-Protokollierungstechniken und Recovery-Algorithmen implementiert und untersucht werden. Somit ist insbesondere der Nachweis der Effizienz neuer, im Prototyp realisierter Algorithmen möglich.

Ein großes Problem bei quantitativen Untersuchungen in Datenbanksystemen stellt die Auswahl repräsentativer Transaktionslasten dar. Damit die Untersuchungen nicht nur mit generischen, künstlichen Transaktionslasten, sondern auch mit realitätsnahen Anwendungsprofilen durchgeführt werden können, wurde eine Möglichkeit geschaffen, entsprechende Informationen aus einem realen Datenbanksystem zu gewinnen. Dazu wurden *Werkzeuge zur Untersuchung und Verarbeitung von Log-Daten des Datenbanksystems DB2 Universal Database* entwickelt. Diese ermöglichen zum einen die Analyse von DB2-Log-Information. Dabei werden statistische Angaben über Anzahl, Größe und Verteilung der Log-Einträge ermittelt. Damit können die Profile beliebiger DB2-Anwendungen durch Auswertung ihrer Log-Daten analysiert werden. Die ermittelten statistischen Angaben können als Eingabeparameter für die analytischen Modelle dienen. Zum anderen wurde eine Konvertierungsmöglichkeit der DB2-Log-Einträge in eines der vom DBMS-Prototyp unterstützten Log-Formate bereitgestellt. Somit können die entsprechenden Transaktionslasten sowohl in DB2 als auch im Prototyp untersucht werden.

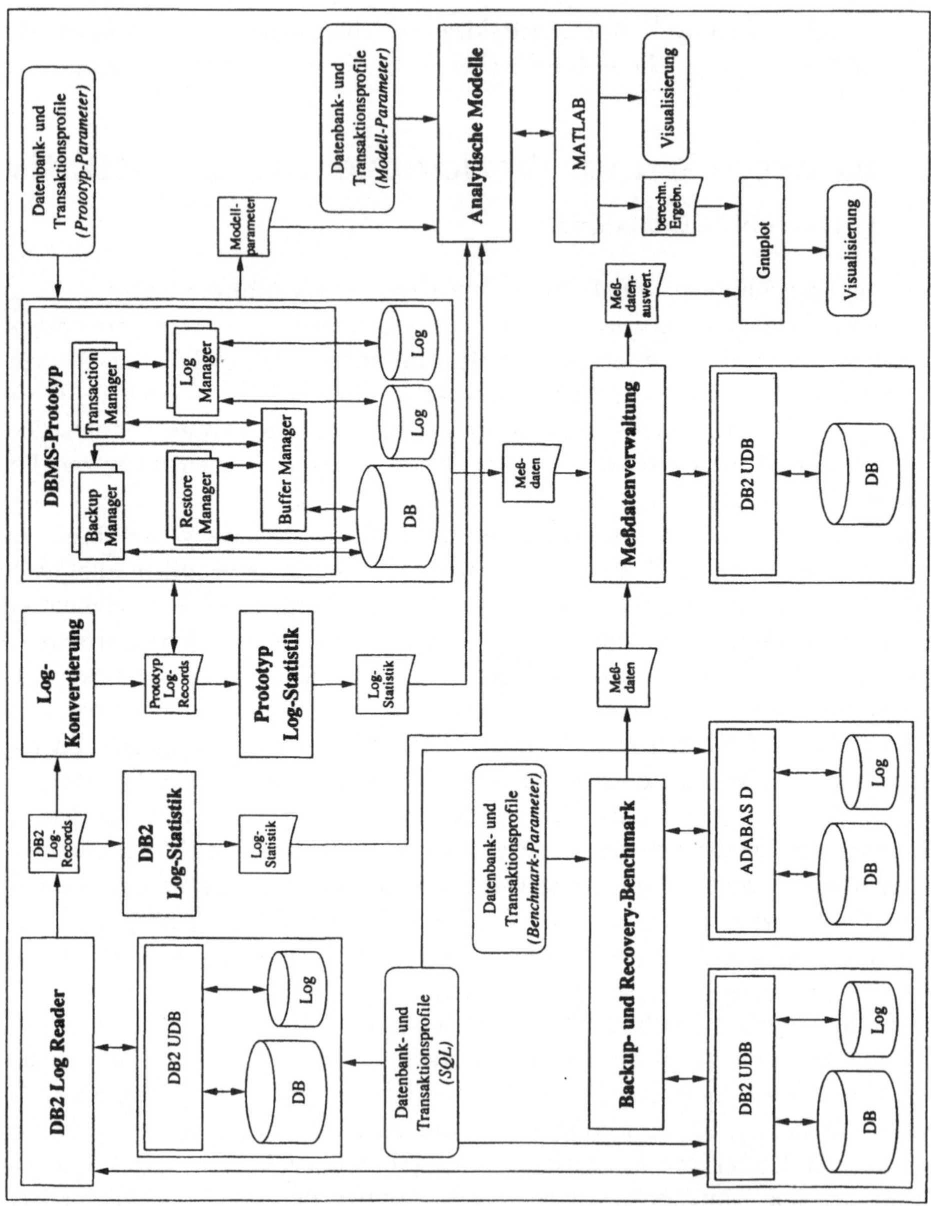

Abbildung 1: Verwendete Werkzeuge und ihr Zusammenspiel

Um die mit den Modellen und dem Prototyp erhaltenen Ergebnisse neuer
Verfahren mit denen in real existierenden Datenbanksystemen und diese Datenbanksysteme untereinander vergleichen zu können, wurde außerdem ein

datenbanksystemunabängiger Backup- und Recovery-Benchmark entworfen und implementiert. Dieser ermöglicht den Aufbau einer Datenbank und die Ausführung von Anwendungsprofilen, welche dem TPC Benchmark C entsprechen. Außerdem wurden weitere Transaktionsprofile zur Untersuchung spezieller Verteilungen definiert.

3   Backup und Restore

Für ausgewählte Backup- und Restore-Techniken werden in der Arbeit *Klassifikationen, Implementierungsvarianten und Leistungsuntersuchungen* vorgestellt.

3.1   Komplett-Backup und Restore

Für das Komplett-Backup wurden analytische Modelle entwickelt und diese Meßergebnissen, welche mit Hilfe des Backup- und Recovery-Benchmarks für *ADABAS D* und *DB2 Universal Database* ermittelt wurden, sowie Ergebnissen aus dem DBMS-Prototyp gegenübergestellt. Dabei hat sich gezeigt, daß die Modelle für eine grobe Abschätzung der Sicherungs- und Wiederherstellungszeiten geeignet sind, aber für noch genauere Vorhersagen die Berücksichtigung spezifischer Eigenschaften des konkreten Datenbanksystems notwendig sind.

3.2   Online-Backup

Für das Online-Backup wird eine Klassifikation der Verfahren angegeben. Diese orientiert sich an der Frage, inwieweit bei einem Online-Backup Transaktionen zum Beginn des Backup, während des Backup bzw. zum Ende des Backup aktiv sein können. Ausgehend davon werden die Begriffe des vollständigen bzw. eingeschränkten Online-Backup und seiner Varianten eingeführt. Es werden Implementierungsmöglichkeiten für die verschiedenen Verfahren diskutiert und dabei insbesondere die Implikationen für das Reapply dargestellt.

3.3   Inkrementelles Backup

Ein weiterer Schwerpunkt der Arbeit sind Verfahren zur inkrementellen Sicherung von Datenbanken. Die verschiedenen Varianten des inkrementellen Backup, d. h. das einfache inkrementelle Backup und das inkrementelle Multilevel-Backup mit seinen verschiedenen Ausprägungen, werden erläutert und eine Klassifikation der Verfahren zur inkrementellen Sicherung angegeben. Für

das inkrementelle Multilevel-Backup werden Implementierungsvarianten vorgeschlagen, die in ihren Möglichkeiten teils über bekannte Vorschläge hinaus-
gehen.

Weiterhin wird gezeigt, welche entscheidende Rolle die *effiziente Implementierung des Lesens der veränderten Seiten* für die Leistungsfähigkeit der inkrementellen Sicherungsverfahren darstellt. Diese Aussagen werden mit analytischen Modellen und Meßergebnissen belegt.

Verfahren SelectiveRead$_{Gap}$

Ausgehend von den Ergebnissen der Leistungsuntersuchungen und den dabei aufgedeckten Schwachstellen existierender Ansätze wird das *Verfahren
SelectiveRead*$_{Gap}$ entwickelt. Idee dieses Verfahrens ist es, nicht die veränderten Seiten einzeln, sondern eine Menge von Seiten zu lesen, selbst wenn diese
einige nicht veränderte, also eigentlich nicht benötigte Seiten ·enthält. Dieses
Verfahren wurde im DBMS-Prototyp implementiert und es konnten signifikante Performance-Verbesserungen gegenüber anderen Implementierungsvarianten nachgewiesen werden.

3.4   Paralleles Backup und Restore

Der begrenzende Faktor beim Backup und Restore ist i. allg. nicht die CPU-
Leistung, sondern die I/O-Performance. Motiviert dadurch, werden Möglichkeiten der Nutzung von I/O-Parallelität beim Backup und Restore diskutiert.
Die verschiedenen Varianten der Datenverteilung werden mit Hilfe eines Puffer-
Prozeß-Modells beschrieben. Damit können die Verfahren anhand der Puffer-
zuordnung und der Reihenfolge der Pufferverarbeitung sowohl auf Seite der
Datenbank- als auch der Sicherungsmedien klassifiziert werden. Die resultierenden Eigenschaften bezüglich Geschwindigkeit, Ausfalltoleranz, Berechenbar-
keit der Speicherplatzverteilung und der Implikationen für das Restore werden
erläutert und Implementierungsvarianten diskutiert.

Anhand der Analyse der Eigenschaften lassen sich die Verfahren in zwei große
Gruppen einteilen. Während bei *statischen* Verfahren eine genaue Vorausbe-
rechnung der Speicherplatzverteilung möglich ist, haben die *dynamischen* Verfahren ihre Stärke in Umgebungen mit starken Lastschwankungen. Es werden
analytische Modelle zur Abschätzung der Sicherungs- bzw. Wiederherstellungszeiten dieser Verfahrensklassen angegeben und diese durch Messungen mit dem
DBMS-Prototyp belegt.

4 Logging und Reapply

4.1 Log-Protokollierung in Datenbanksystemen

Log-Protokollierungstechniken lassen sich anhand der Frage, welche Informationen protokolliert werden, klassifizieren. Die wichtigsten Protokollierungstechniken sind *physisches, logisches* und *physiological Logging*. In der Arbeit werden diese Techniken darstellt und ihre Vor- und Nachteile aufgezeigt. Neben Ansätzen aus der Literatur werden dabei auch die im DBMS-Prototyp realisierten Techniken vorgestellt und ein Vergleich zur Realisierung im kommerziellen Datenbanksystem *DB2 Universal Database* präsentiert. Eine ausführliche Darstellung der Log-Protokollierungstechniken war insbesondere auch deshalb notwendig, weil sich existierende Darstellungen in der Literatur primär an den sich aus der Behandlung von Transaktions- und Systemfehlern ergebenden Anforderungen orientieren. Fragestellungen wie die Archivierung von Log-Daten und die spezifischen Probleme bei langen Transaktionen werden hier bislang zu wenig beachtet.

4.2 Reapply-Algorithmen

Auch bei der Diskussion der Reapply-Algorithmen, also der Algorithmen zur Wiederherstellung eines transaktionskonsistenten Zustands der Datenbank mit Hilfe von Log-Information, wird deutlich, daß bei einer Externspeicherfehlerbehandlung signifikant andere Anforderungen als bei Transaktions- und Systemfehlern existieren. Diese ergeben sich insbesondere aus der im Falle eines Externspeicherfehlers wesentlich größeren Menge an zu verarbeitender Log-Information, welche normalerweise zu einem Zeitpunkt nicht vollständig im Sekundärspeicher gehalten werden kann. Reapply-Algorithmen lassen sich anhand der Frage, ob bzw. in welchem Maße eine zusätzliche Analysephase notwendig ist, klassifizieren. Es wird erläutert, daß aufgrund der beschriebenen Besonderheiten im Falle eines Externspeicherfehlers Reapply-Algorithmen ohne Analysephase eingesetzt werden sollten. In der Arbeit werden außerdem ausgehend von den vorgestellten Algorithmen Realisierungsmöglichkeiten für die in der Literatur bislang wenig beachteten Recovery-Verfahren Point-In-Time-Recovery, partielle Recovery und Online-Recovery vorgestellt.

4.3 Log-Clustering-Verfahren **LogSplit**

Für das Reapply wurden umfangreiche Leistungsuntersuchungen durchgeführt. Hierfür wurden *analytische Modelle für verschiedene Protokollierungstechniken* entwickelt und angegeben. Diese wurden entsprechenden Messungen im

DBMS-Prototyp gegenübergestellt. Für die Protokollierungstechniken, bei denen während des Reapply die Veränderung der Daten im Datenbankpuffer stattfindet, wurde dabei die Buffer Hit Ratio des Datenbankpuffers als einer der Haupteinflußfaktoren für die Performance des Reapply identifiziert. Um diese zu verbessern, wird in der Arbeit ein neues *Log-Clustering-Verfahren* LogSplit vorgeschlagen. Idee dieses Verfahrens ist eine Neusortierung und physische Neuanordnung der Log-Einträge dergestalt, daß beim Anwenden der Log-Einträge die Lokalität der Änderungsoperationen erhöht wird. Dadurch kann die Buffer Hit Ratio während des Reapply signifikant verbessert und damit die Reapply-Zeit verringert werden. Die Korrektheit des Verfahrens wird diskutiert, und die möglichen Performance-Verbesserungen durch die Anwendung von LogSplit aufgezeigt. Außerdem wird aufgezeigt, daß neben der generellen Reduzierung der Reapply-Zeit durch die Verbesserung der Buffer Hit Ratio zusätzlich für die partielle Recovery und die Online-Recovery durch die Anwendung von LogSplit die Menge der wiedereinzuspielenden und zu lesenden Log-Einträge deutlich reduziert werden kann. Desweiteren werden die Einsatzmöglichkeiten von LogSplit bei der Parallelisierung des Reapply diskutiert.

5   Ausblick

Die in der Arbeit entwickelten Modelle können nicht nur als Hilfsmittel zum Vergleich von Backup- und Recovery-Verfahren dienen, sondern auch als möglicher Ausgangspunkt für die Entwicklung eines Werkzeugs, mit dessen Hilfe der Datenbankadministrator beim Finden einer individuellen, also auf die jeweilige Datenbank und das Benutzungsprofil zugeschnittenen Sicherungs- und Wiederherstellungsstrategie unterstützt wird. Heutige Produkte bieten für die Vorhersage von Sicherungs- bzw. Wiederherstellungszeiten oder gar für das Finden einer individuellen Sicherungsstrategie keine bzw. nur sehr rudimentäre Unterstützung an.

Uta Störl, geboren am 31. Dezember 1970 in Jena, Abitur 1989 an der Spezialschule mathematisch-naturwissenschaftlich-technischer Richtung „Carl Zeiss" in Jena. Von 1989 bis 1994 Studium der Mathematik mit Vertiefungsrichtung Informatik an der Friedrich-Schiller-Universität Jena, Diplomarbeit am Institut für Datenbanken und Software Engineering des Wissenschaftlichen Zentrums der IBM in Heidelberg. 1995–1999 wissenschaftliche Mitarbeiterin bei Prof. Dr. Klaus Küspert am Lehrstuhl für Datenbanken und Informationssysteme in Jena. Promotion zum Dr. rer. nat. im Oktober 1999. Seit November 1999 Research Professional bei der Dresdner Bank AG in Frankfurt am Main, Referat IT-Research.

Semantic Integrity Constraints in Federated Database Schemata (Extended Abstract)

Can Türker

Swiss Federal Institute of Technology (ETH) Zürich
Institute of Information Systems, ETH Zentrum
CH-8092 Zurich, Switzerland
tuerker@inf.ethz.ch

Federated database systems [SL90] provide a uniform and transparent interface to distributed and heterogeneous databases. Such an interface consists of a federated database schema which is an integrated view onto different database schemata. This federated database schema should correctly reflect the semantics of the component database schemata of which it is composed. Since the semantics of a database schema is also determined by a set of semantic integrity constraints, a correct schema integration has to deal with integrity constraints existing in the different component database schemata.

Traditionally, most schema integration approaches solely concentrate on the structural integration of given database schemata. Integrity constraints are often simply neglected. Their relationship to global extensional assertions, which form the basic integration constraints, are even ignored completely.

This extended abstract of my doctoral thesis [Tür99] sketches the role of integrity constraints in federated database schemata. In particular, it addresses the problem of relating local integrity constraints as a basis of the schema comparison process. Moreover, it discusses the consistent definition and derivation of global extensional assertions, which are one of the main parameters of all schema integration methods. Finally, it illustrates the correct integration of existing local integrity constraints.

1   Motivation

In todays informations systems, data is usually dispersed over distributed,
heterogeneous databases. Integrated access to these data sources requires an
homogeneous interface. Such an interface is often provided by a federated (database) schema [Sch98]. A federated schema is the result of an integration of
component schemata based on a given set of global assertions that defines the
relationships among the component schemata [SP91].

A federated schema shall reflect the correct real world semantics of the component schemata [BLN86]. This requirement has two implications. Firstly, each
local object has to be representable by a global object. Secondly, a globally
created or updated object has to be representable by at least one local object.
Both requirements can be satisfied only if there are adequate mappings between the federated database states and component database states. Since local
integrity constraints restrict the set of possible database states, they have to
be captured by a correct mapping function. In the other direction, global integrity constraints restrict the set of possible federated database states. Thus,
a mapping function has to consider these integrity constraints, too.

Nevertheless, federated databases shall support *global transparency*, i.e., global
users shall not see the component databases and their schemata while local
users shall not be aware of the existence of a federated database and its schema.
[Tür99] introduces the notion of *understandability* as a quality criterion to
point out problems related to global transparency and integrity constraints in
federated schemata. In this context, understandability means that the reason
for a rejection of a database operation (insert, update, and delete) has to be
traced back to a violation of an integrity constraint. At the global level, *global understandability* demands that global transactions should not be rejected
if they satisfy all global integrity constraints that are defined in the federated schema. Accordingly, at the local level, *local understandability* demands
that local transactions should not be rejected if they satisfy all local integrity
constraints that are defined in the corresponding component schema.

Figure 1 illustrates both understandability problems. There are two related
local classes Emp which are integrated into one global class Emp based on
the assertion that these local classes are extensionally equivalent, i.e., always
contain the same set of employee objects. The local class Emp of DB1 (DB2)
contains an integrity constraint stating that each employee must have a salary
greater than 2000 (5000). However, the federated schema does not reflect the
local integrity constraints because in this scenario they were not integrated.

The global insertion is rejected because it cannot be performed on any component database system. From the global user's perspective there is no obvious

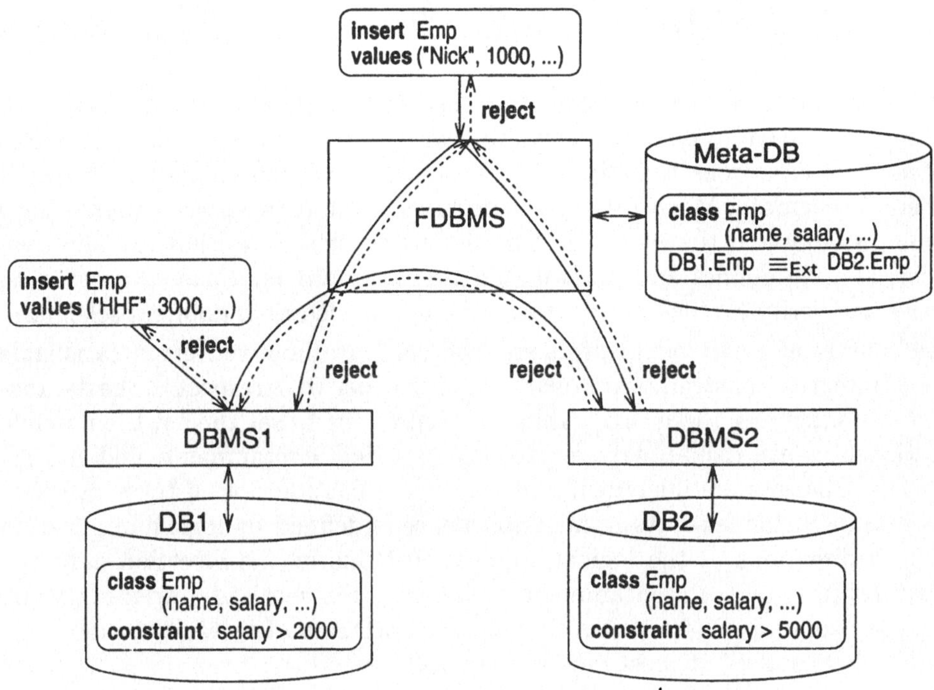

Abbildung 1: The Problem of Global and Local Understandability

explanation for the rejection of the request, because there are no integrity constraints on the federated schema. Due to the global transparency requirement the federated database management system cannot tell the user that there is a local integrity constraint which was violated. The local insertion is rejected in order to maintain the global extensional assertion that both classes must be extensionally equivalent. In this case, a transparent propagation of the insertion is not possible because the object to be inserted does not satisfy the integrity constraints of the other component database system. Hence, the local insertion is rejected without any obvious reason for the local user.

In summary, we can state the following theses:

1. *Local integrity constraints must be reflected in the federated schema in order to avoid the problem of global understandability.*

2. *Global integrity constraints must be reflected in the component schemata in order to avoid the problem of local understandability.*

Thus, schema integration has to consider both local integrity constraints as well as their relationships to global extensional assertions.

2   Relationships between Integrity Constraints

Before schemata can be integrated they have to be compared and relationships among them have to be defined exactly. An important type of relationship are extensional assertions that fix the extensional relationships among classes of different schemata. Motivated by the observation that two classes cannot have common objects if they are based on integrity constraints that exclude each other, [Tür99] defines and investigates the *constraint relationship problem* to derive and verify extensional relationships among classes of different schemata.

The constraint relationship problem is to compute how two given satisfiable sets of integrity constraints are related to each other with respect to the database states satisfying these constraints. In accordance to set theory, the possible relationships are disjointness, equivalence, (strict) containment, and (strict) overlap. The sets are disjoint if and only if the conjunction of these integrity constraints yields false. As usual, equivalence is defined by logical implication in both directions. If the logical implication holds in one direction only, the relationship is (strict) containment. Otherwise, the sets are overlapping, i.e., there are some database states that satisfy both sets of integrity constraints, while others satisfy at most one of these sets.

The constraint relationship problem can be mapped to the well-known satisfiability and implication problems [GSW96]. Since we know that the implication problem is undecidable for general integrity constraints, we have restricted our focus to special types of integrity constraints which are often used in practice. These are linear arithmetic constraints, uniqueness constraints (and functional dependencies), referential constraints (and inclusion dependencies), and aggregate constraints (which are defined using aggregate functions like **sum** or **avg**).

It could be shown that the constraint relationship problem is efficiently solvable for various types of integrity constraints, for instance, for linear arithmetic constraints of the form $(x \, \theta \, y + c)$, where x and y are numeric variables, c is a constant, and θ is one of the usual six comparison operators or for aggregate constraints of the form $(\Gamma(M, x) \, \theta \, c)$, where $\Gamma \in \{\textbf{count}, \textbf{sum}, \textbf{avg}, \textbf{max}, \textbf{min}\}$ is an aggregate function, M refers to a multi-set of objects, and x is a numeric attribute of these objects. The constraint relationship problem can even be solved efficiently for sets of integrity constraints of mixed types, e.g. uniqueness constraints combined with special linear arithmetic constraints and/or special aggregate constraints. In particular, the relationship between linear arithmetic and aggregate constraints were explored and procedures for deriving implicit constraints were provided. However, here we omit a discussion on the detailed results and refer to [Tür99].

3   Conflicts between Global Extensional Assertions and Local Integrity Constraints

Since component schemata are modeled by different designers, the representations of the modeled real world may differ in the component databases. Hence, it is important for the database integrator to exactly know about the semantics of the component schemata. The schema comparison depends on the assumption made by the integrator about the "quality" of the component schemata. For instance, if we assume that each component schema is correct but some of them may be incomplete with respect to their integrity constraint sets, i.e. some integrity constraints are either missing or stated too weak, then the component databases allow states for which no correspondence exists in the real world. However, such an assumption allows to exploit local integrity constraints to support the assertion derivation and specification process.

Clearly, from disjoint sets of integrity constraints we can infer that the corresponding classes have to be extensionally disjoint. Thus, the database integrator has to specify extensional assertions only in case of non-disjoint integrity constraint sets. Theoretically, all kinds of extensional assertions can be specified in this case. We investigated the applicability of the most common extensional assertions with respect to the local understandability problem and pointed out possible insert, update, and delete anomalies that can occur in the presence of local integrity constraints and global extensional assertions.

Figure 2 shows that the local understandability problem can even occur in the presence of equivalent integrity constraints. In both component databases, there is an integrity constraint ($\mathbf{sum}(x) > 50$). The object of the different classes are related by the same-relationship which is defined on the attribute y. At the time being, there are two objects in **DB1** and one object in **DB2** such that the containment assertion as well as the local integrity constraints are

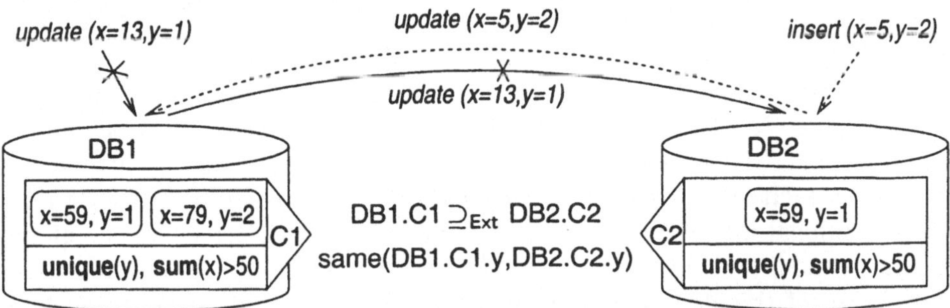

Abbildung 2: Local Updates in the Presence of Containment Assertions

satisfied. The update operation on the class C1 fails because the propagation of this update operation to the class C2 fails. It has to be rejected in order to maintain the extensional containment assertion. The insertion into the class C2, however, can be performed successfully since this operation can be propagated to the class C1 without violating the local integrity constraints. Note that in this case the local insertion leads to an update propagation since the locally inserted object may already exist in the other related class.

Note that n-ary extensional assertions are needed to adequately capture relationships among more than two classes. We analyzed n-ary extensional assertions and showed how they can be specified. Consistency checking procedures were provided for the binary case as well as the n-ary case. For binary extensional assertions, we presented a graph-based approach that checks the consistency in cubic time with respect to the number of distinct classes involved in the extensional assertions. In contrast, the consistency of n-ary extensional assertions can only be checked in exponential time.

In summary, we can state that there are practically relevant application scenarios in which the problem of local understandability is avoidable. A prerequisite is, however, a deep knowledge about this problem and its causes. We developed general guidelines for the definition of extensional assertions in the presence of local integrity constraints. Following these guidelines, the database integrator can exactly state which component database modifications in which local classes are crucial with respect to the local understandability problem. These guidelines and the consistency checking algorithms lay the foundation of a semi-automated schema comparison and assertion specification process.

4   Integration of Integrity Constraints

During schema integration, global classes are derived from local classes of the component schemata. These classes are thus extensionally dependent on the local classes. Obviously, certain integrity constraints of the local classes also have to hold for the global classes.

[Tür99] exploits the extensional properties of schema integration operations to conclude which local integrity constraints have to be attached to which global class. For that, the notion of *monotonic* integrity constraints is introduced. The monotonicity property can be exploited during schema integration to decide which local integrity constraints are valid for which classes of the global schema. A monotonically increasing integrity constraint can be adopted to all superclasses of the class on which the constraint was defined. Analogously, a monotonic decreasing integrity constraint can be taken over into all subclasses of the class on which the constraint was defined. For instance, intra-object constraints like (**salary** > 2000) are monotonic decreasing since they are always valid for all subsets of a class extension for that they are valid. Another example for monotonically decreasing integrity constraints are uniqueness constraints. If we know that a certain attribute combination is unique for each object in a given class extension, then obviously this attribute combination is also unique for each object in any subset of this extension. In case of aggregate constraints, the monotonicity criterion mainly depends on the monotonicity of the underlying aggregate function. For instance, the function **sum**(x) is monotonically increasing (decreasing) if there is an additional integrity constraint restricting the domain of x to positive (negative) values.

Based on the monotonicity notions, rules for the correct treatment of certain kinds of local integrity constraints during schema integration are presented. It is also shown that the application of some of these rules does not automatically exclude the problem of global understandability. The global understandability problem may occur if the integrity constraints of the federated schema are too weak with respect to the local integrity constraints. In order to completely avoid the problem of global understandability, all local integrity constraints have to be adequately reflected in the federated schema. This, however, is not always possible, for instance, when there are aggregate constraints based on the aggregate function **avg**.

Nevertheless, the discriminant approach provides a solution to achieve global understandability in many cases. Discriminant attributes store the relationship between a global object and the corresponding local class(es) the object belongs to. The discriminant approach often requires the introduction of artificial discriminant attributes which are not derivable from the attributes or integrity constraints of the component schemata. It further has the disadvantage that it may violate the global transparency because the information about the local classes is encoded in the values of the discriminant attributes. Considering this problem, we may conclude that the global transparency requirement is not practical. However, if global transparency is not supported, the practicality of a federated database system allowing global updates is questionable.

5   Conclusions

A correct database integration is based on a correct resolution of pre-existing semantic heterogeneity among the component databases to be integrated. Since data semantics is often expressed by integrity constraints, the latter have to be comprised by an integration method in order to detect and solve conflicts among related classes of different component schemata.

With respect to the results of this thesis, there is little hope for developing and maintaining *large* and *globally consistent* federated database systems when the component schemata contain complex integrity constraints and/or the classes of the component schemata are related to each other in a complex way. The semantic problems that have to be solved by an integration method are complex, even if data model heterogeneity is completely ignored. From a "positive" point of view, we can state that there are also many application scenarios that either do not exhibit such strict correctness requirements or contain simple integrity constraints only. In these cases, a methodical database integration can improve the quality of the federated schema. We can systematically approach a complete design framework by providing step by step means for the methodological development of federated databases. The results of this thesis may contribute to the achievement of this goal.

The question is now which impact the results of this thesis have on federated database systems:

- Without solving the problem of local understandability it seems to be hard to improve the confidence of database users in federated database systems. It is unacceptable that a user who has the right to locally perform a modification operation is rejected due to a global extensional assertion which is not visible to this user. Global transparency is thus a main problem, but it is unalterable if the huge complexity of a federated database systems shall be hidden from local as well as global database users. Besides, global transparency provides the basis for implementing secure access control protocols in federated database systems. Thus, we have to live with the contradicting goals global transparency versus local understandability.

- Another problem concerns the complexity of local integrity constraints. As we could show, the relationship between local integrity constraints can only be computed efficiently for some special classes of integrity constraints. Therefore, in many cases it is impossible to identify a local understandability problem in advance, that is, at the time of the specification of the extensional assertions.

- A detailed analysis of the consistency of the specified extensional assertions and the known relationships between the local integrity constraints can reveal deficiencies of the component schemata. In this way, the result of this analysis might help to reengineer component schemata.

- In practice, schema integration often fails because the extensional relationships among all classes are not known or cannot be determined in an ad hoc manner. In [ST98], we presented an incremental approach to schema integration. The main idea of the approach is that the process of semantic reconciliation can start with incomplete semantic knowledge about the component schemata. Based on an incomplete set of extensional assertions, an intermediate federated schema is derived. If this schema reflects the intended semantics, then this process ends here. Otherwise, the sets of extensional assertions are incrementally refined until the federated schema has the desired semantics. During each step the consistency of the extensional assertions is checked. This approach is implemented in the federated database design tool **SIGMA**$_{BENCH}$ [SST$^+$99].

In conclusion, due to the inherent complexity of the integration problem, schema integration which intends to derive a correct and complete federated schema is hard to perform without tool assistance. We support the process of defining correct extensional assertions, for instance, by considering the relationship between local integrity constraints and global extensional assertions as well as by checking the consistency of the specified extensional assertions. Besides, we also support the integration of integrity constraints by providing a method based on a set of integration rules. In this way, we contribute to a systematic design of federated schemata.

Acknowledgments

I would like to thank my thesis advisor Gunter Saake, the second and third thesis reviewers Andreas Heuer and Michael Gertz, and all former colleagues at the Institute of Technical and Business Information Systems of the Computer Science Department at the University of Magdeburg for their contributions to this thesis. Last but not least, many thanks to my family for their support.

Literatur

[BLN86]   C. Batini, M. Lenzerini, and S. B. Navathe. A Comparative Analysis of Methodologies for Database Schema Integration. *ACM Computing Surveys*, 18(4):323–364, December 1986.

[GSW96]   S. Guo, W. Sun, and M. A. Weiss. Solving Satisfiability and Implication Problems in Database Systems. *ACM Transactions on Database Systems*, 21(2):270–293, June 1996.

[Sch98]   I. Schmitt. *Schema Integration for the Design of Federated Databases*, Dissertationen zu Datenbanken und Informationssystemen, Vol. 43. infix-Verlag, Sankt Augustin, 1998. (In German).

[SL90] A. P. Sheth and J. A. Larson. Federated Database Systems for Managing Distributed, Heterogeneous, and Autonomous Databases. *ACM Computing Surveys*, 22(3):183–236, September 1990.

[SP91] S. Spaccapietra and C. Parent. Conflicts and Correspondence Assertions in Interoperable Databases. *ACM SIGMOD Record*, 20(4):49–54, December 1991.

[SST+99] K. Schwarz, I. Schmitt, C. Türker, M. Höding, E. Hildebrandt, S. Balko, S. Conrad, and G. Saake. Design Support for Database Federations. In J. Akoka, M. Bouzeghoub, I. Comyn-Wattiau, and E. Metais, editors, *Conceptual Modeling — ER'99, Proc. 18th Int. Conf.*, LNCS 1728, pages 445–459. Springer-Verlag, Berlin, 1999.

[ST98] I. Schmitt and C. Türker. Refining Extensional Relationships and Existence Requirements for Incremental Schema Integration. In G. Gardarin, J. French, N. Pissinou, K. Makki, and L. Bougamin, editors, *Proc. 7th ACM CIKM Int. Conf. on Information and Knowledge Management*, pages 322–330. ACM Press, New York, 1998.

[Tür99] C. Türker. *Semantic Integrity Constraints in Federated Database Schemata*, Dissertationen zu Datenbanken und Informationssystemen, Vol. 63. infix-Verlag, Sankt Augustin, 1999.

Dr.-Ing. Can Türker was born 1969 in Ankara, Turkey. He studied computer science at the Technical University of Darmstadt, Germany, from which he received the diploma in September 1994. The title of the thesis was "Foundations of Rule Management in Active Object Systems" (in German). Between 1994 and 1999 he was a teaching and research assistant in the database research group of Prof. Dr. Gunter Saake at the University of Magdeburg, Germany. During that time, his main research activities concerned database integration, transaction models and design, and formal specification of behavior evolution in agent systems. Besides, he co-authored a lecture book on Object Databases (in German), which was published by International Thomson Publishing in 1997. He was a member of the database research team headed by Prof. Dr. Gunter Saake that won the research prize of the University of Magdeburg for their research activities and results in the field of federated databases. Since August 1999 he is member of the database research group of Prof. Dr Hans-Jörg Schek at the Swiss Federal Institute of Technology (ETH) Zurich, Switzerland. In October 1999, he received his Ph.D. degree in computer science from the University of Magdeburg, Germany. His doctoral thesis "Semantic Integrity Constraints in Federated Database Schemata" was published by infix-Verlag in 1999.